建筑固废资源综合利用关键技术

Comprehensive Utilization Key Technologies for Construction Solid Waste Resources

主编　高育欣　杨　文　王晓波

中国建材工业出版社

图书在版编目（CIP）数据

建筑固废资源综合利用关键技术／高育欣，杨文，王晓波主编. -- 北京 ：中国建材工业出版社，2021.1
ISBN 978-7-5160-3104-9

Ⅰ. ①建… Ⅱ. ①高… ②杨… ③王… Ⅲ. ①建筑垃圾一废物综合利用 Ⅳ. ①X799.1

中国版本图书馆 CIP 数据核字（2020）第 225857 号

内 容 简 介

本书系统介绍了建筑垃圾资源化相关的最新政策、技术标准、预处理技术、产品及自动化处置技术，并通过应用案例对建筑垃圾资源化的全过程进行了详尽介绍，为建筑垃圾专项治理提供理论和技术支撑。

本书对建筑垃圾资源化有重要意义，可为从事建筑垃圾资源化利用的管理人员、研究人员和工程人员提供借鉴和参考。

建筑固废资源综合利用关键技术
Jianzhu Gufei Ziyuan Zonghe Liyong Guanjian Jishu
主编　高育欣　杨　文　王晓波

出版发行：中国建材工业出版社
地　　址：北京市海淀区三里河路1号
邮　　编：100044
经　　销：全国各地新华书店
印　　刷：北京雁林吉兆印刷有限公司
开　　本：787mm×1092mm　1/16
印　　张：12.5
字　　数：280 千字
版　　次：2021 年 1 月第 1 版
印　　次：2021 年 1 月第 1 次
定　　价：78.00 元

本社网址：www. jccbs. com，微信公众号：zgjcgycbs

本书编委会

主　　编: 高育欣　杨　文　王晓波

副 主 编: 祝小靓　郭照恒　程宝军

参　　编: 涂玉林　刘　离　严明明　张凯峰　曹　峰

鲁官友　侯　磊　麻鹏飞　司常钧

前　言

随着城市建设的快速发展，大量旧建筑物被拆除，导致“建筑垃圾围城”问题越发凸显。与此同时，近年来我国城市基础设施和民用建筑的大规模建设消耗了大量的建筑材料。如果能够将建筑垃圾回收、加工，并将其进行合理利用，不仅可以解决建筑垃圾堆放引起的土地占用、环境污染等各种问题，还能节省大量天然原材料，促进资源和环境良性循环。

全书共分为6章。第1章介绍建筑垃圾资源化技术现状，并对国内外相关政策、标准进行解读，对建筑垃圾资源化行业进行了分析。第2章主要介绍建筑垃圾预处理技术，包括建筑垃圾分选、破碎整形、筛分、传送及除尘降噪等技术。第3章介绍建筑垃圾制备再生无机混合料、再生预拌砂浆、再生混凝土、再生制品及微粉等高附加值产品，并有针对性地做了典型案例分析。第4章对建筑垃圾的生产设备进行了介绍，包括自动化控制技术及智慧工厂建设。第5章、第6章详细介绍丰台区建筑垃圾资源化处理厂和浙江金华建筑固废资源化处理厂。书中所述内容详尽，可帮助读者更深入理解建筑垃圾资源化处置相关技术，为相关工程技术人员提供技术性和实用性指导。

本书在编写过程中参考了许多专家、学者的专著、文章、论述及标准规范，并得到了许多单位和同仁的支持与帮助，在此对有关的作者、编者致以诚挚的谢意，并衷心希望能继续得到建筑垃圾资源化领域各位同仁的广泛帮助和指正。由于作者水平有限，疏漏和不足之处在所难免，敬请读者批评指正。

编　者

2020年9月

目　录

第 1 章　概　　述

1.1　建筑垃圾资源化技术现状

1.1.1　定义和分类

1. 建筑垃圾的定义

根据建设部 2005 年颁布的《城市建筑垃圾管理规定》（建设部令第 139 号），建筑垃圾是指建设单位、施工单位新建、改建、扩建和拆除各类建筑物、构筑物、管网等以及居民装饰装修房屋过程中所产生的弃土、弃料及其他废弃物。

2. 建筑垃圾的分类

（1）按来源分类。建筑垃圾按来源分为工程渣土、工程泥浆、工程垃圾、拆除垃圾和装修垃圾 5 类。

（2）按成分分类。建筑垃圾按成分分为惰性废弃物和非惰性废弃物两大类，如图 1-1 所示。

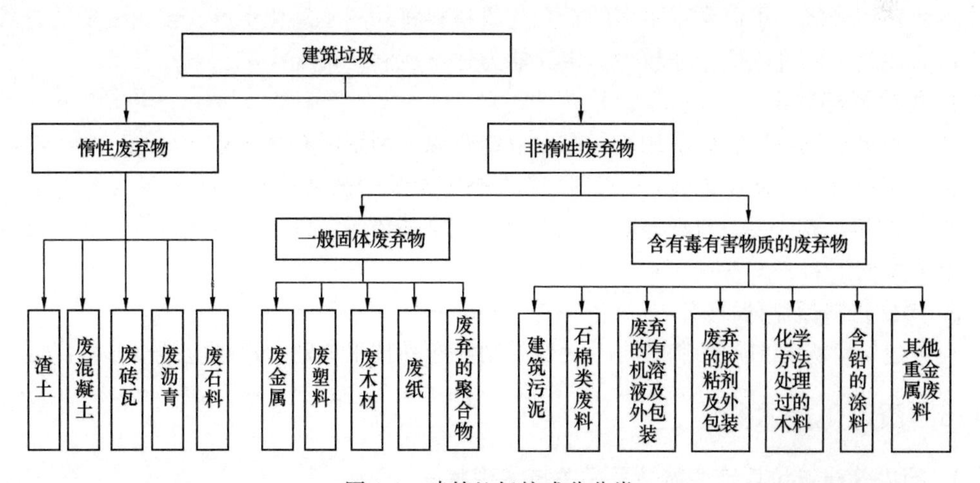

图 1-1　建筑垃圾按成分分类

（3）按资源化方式分类。建筑垃圾按资源化方式分为渣土类、废混凝土类、砖瓦类、砖混类、废金属类、轻物质类（含塑料、木屑等杂物）沥青混凝土类、其他类等。

1.1.2　资源化概述

建筑垃圾体量大、组分复杂且不稳定、利润空间较小，大部分仅做填埋处理。建筑垃圾在填埋期间，渗滤水和释放的有害气体会污染周边地下水、地表水、土壤和空气等，即使建筑垃圾已达到稳定化程度，占用大量土地，继续导致持久的环境问题。

建筑垃圾应在各组分分选分离的前提下，根据各组分的特性进行分类处置、循环利用，实现建筑垃圾的资源化（图1-2）。

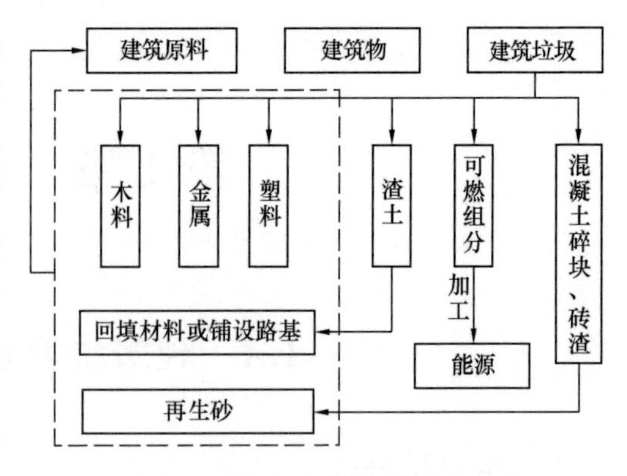

图1-2　建筑垃圾资源化循环流程

建筑垃圾再生骨料建材制品具有良好的发展前景，混凝土骨料可用于生产再生混凝土，或作为路基材料，或与碎砖、石灰混合用于夯扩桩。

1. 无机混合料产品

无机混合料作为道路基层或者底基层材料，已广泛应用于普通公路、高等级公路、高速公路及城市道路、运动场、机场、码头等，作为基层稳定材料而被施工运用，用于道路建设的底基层和基层。

全国多数城市路网的大规模建设必将引领无机混合料供应量的上升及产业的快速发展。以建筑垃圾再生骨料生产无机混合料具有广泛的市场空间。

2. 再生混凝土

地下综合管廊等战略工程实施，为高质量的混凝土构件项目提供了千载难逢的发展机遇，未来几年是混凝土构件行业最好的发展时期。

3. 再生预制构件

预制构件可以克服传统的人工作业效率低、劳动强度大、质量不稳定的缺点。随着未来建筑业转型升级，可以预料更多的新型建筑材料将采用工厂化生产、现场装配的方式完成。目前混凝土构件生产企业较少，生产能力远不能满足市场需求。

4. 再生预拌砂浆

预拌砂浆与现场配制砂浆相比，可以节约资源、利用废弃物、减少污染。地区经济的增长、城市建设水平的不断提高，都将拉动预拌砂浆的消费使用，而在转变经济增长方式、建设低碳经济社会的宏观环境下，预拌砂浆以其环保绿色、高质高效等优势，具有巨大的市场发展潜力。

5. 再生骨料压制砖

利用建筑垃圾骨料产品制备再生骨料压制砖产品技术成熟，市场应用也非常广泛。

1.1.3　资源化技术概述

1. 国内外建筑垃圾产生特性及相关技术现状

在欧美等发达国家，建筑垃圾被纳入城市固体废弃物管理和统计资料公布的范畴。例如，欧盟在整理了其28个成员国建筑垃圾相关数据后，公布了各成员国的废弃物产生量，从而有了废弃物统一标准下估算的产生量报告。在产生量清单分析方面，Villori等对西班牙新建工程的废弃物产生情况进行了调研与产生量估测分析。O. K. M. Ouda等人的研究中发现，海湾合作国家（GCC）的人均废弃物排放量一直排在世界前10%，GCC每年共产生约1.2亿t废弃物，包括55%建筑垃圾，20%城市固体废弃物，18%工业废弃物和7%危险废弃物，根据O. K. M. Ouda等人对沙特阿拉伯81家建筑公司进行的调研，仅39.5%的项目有污染控制计划，废弃物的回收率也只有13.6%，其余的86.4%则被运往垃圾填埋场进行填埋处理。在发展中国家，由于城市化率和建筑活动的增长，建筑垃圾的产量急剧增长，如 VG Ram 等人研究表明，在印度的一些早期建筑垃圾研究中，普遍低估了废弃物的产生量，金奈市仅 2013 年一年就产生建筑垃圾 114 万 t，几乎占城市固体废弃物的 36%。

中国作为世界上最大的发展中国家，随着建筑垃圾产量的逐年增加，垃圾围城的问题日益突出，建筑垃圾产生和管理方面的定量研究成为学术界的热点问题，近年来的相关研究多集中在区域水平上，研究方法主要是模型和调研。例如，陈天杰利用统计分析方法估算了成都市建筑垃圾产生量，然后建立灰色预测模型对成都市建筑垃圾年产生量进行了预测，同时，识别了建筑垃圾产业链的相关环节，并对产业效益进行了分析，在此基础上，提出了成都市建筑垃圾减量化及资源化利用的技术对策。左浩坤和付双立则通过多元回归方程的建立，预测了“十二五”时期北京市建筑垃圾的产生量，同时，基于估算结果对建筑垃圾资源化处理设备进行合理布点，并对资源化厂的建设规模进行了分析。

2. 国内外建筑垃圾资源化产业发展现状

由于在施工过程中，新建、装修及拆除阶段由于结构、材料、工艺等方面有所不同，因此很难对建筑垃圾进行统一的管理。我国建筑垃圾处理做法主要是露天直接堆放或填埋，用于城乡道路的回填、场地平整、生产再生产品等综合利用的很少。我国建筑垃圾资源化率不足 5%，与国外部分发达国家建筑垃圾资源化率的 70%及以上存在着很大的差距。建筑垃圾处理、处置问题日益突出，已成为城市管理一大“顽疾”。建筑垃圾围城，侵占大量土地，据估计，建筑垃圾每年需要占用的土地面积约有 20 万亩（1 亩 = 666.67m^2；下同）；建筑垃圾不仅占用大量土地资源，同时会对土壤、河道、空气产生严重的二次污染。由此可见，大力推行建筑垃圾资源化是实施可持续发展战略的必然要求。

目前建筑垃圾等固体废弃物在国外部分发达国家已经取得了很成熟的应用。经过近 70 年的研究实践，欧盟、日本、美国等发达国家通过不断探索和实践，建筑垃圾资源化率已达 70%～98%，欧盟国家的建筑垃圾回收利用率在 2005 年时已经达到 50%。其中，日本 95%以上的建筑垃圾都得到了有效利用；韩国建筑垃圾的再生利用率为 97%；美国的建筑垃圾再生利用约占 75%；为了减少建筑材料的资源浪费，荷兰政府制定了限制废弃物的堆填、处理政策，强制要求企业进行废弃物的循环再利用，这一举措使荷兰 90%的建筑废弃物可以被再循环利用；丹麦约有 90%的建筑垃圾得到了重新利用。这些建筑垃圾资源化率高的发达国家目前已经构建了资源化全产业链的技术体系，主要做法：在规划、设计、施工、运维、拆除过程中就考虑减少建筑垃圾的产生和后续处理，如丹麦利用 BIM 技术研究建筑垃圾的减量；实现建筑垃圾资源化利用的最大化和最终填埋量的最小化，根据再生骨料的特点，合理利用，不追求骨料自身的完美和再生产品的高附加值（最早提出高品质骨料概念的日本，在工程实践中仍采用普通骨料）；从产生源头开始强化分类，为后期资源化利用打好基础。

1.1.4 存在问题

1. 缺少源头分类和全产业链高效利用

“2015 年 12 月 20 日”深圳“光明滑坡事件”使建筑垃圾的问题呈现在公众的视野中。从建筑垃圾最终去向来看，非法倾倒、填埋和再生利用资源化是最主要的 3 个方向。

从供应链的角度来看，建筑垃圾资源化是一个系统工程，从垃圾源头控制到末端管理的整个过程涉及多个主体，如建筑物拆除承包人、建筑废弃物运输车队、垃圾填埋场以及垃圾资源化中心等。

目前，建筑垃圾缺少源头分类和全产业链的高效利用，导致我国建筑垃圾处置不能从“量”上解决问题，现阶段我国建筑垃圾的“存量”和“增量”都非常巨大，“建筑垃圾围城”占用土地和污染环境的形势越来越严峻。

2. 建筑垃圾综合利用率不高、处理方式落后

目前我国建筑垃圾的处理、处置方式落后，仍以传统的倾倒和堆填为主，资源化利用率仅为5%左右，远远低于发达国家水平。

3. 相关的法律法规不完善

建筑垃圾资源化产业的主要政府监管部门包括国家工业和信息化部、住房城乡建设部、发展改革委、生态环境部以及各地方城市管理局、交通部门等相关政府机关部门，各部门缺乏统一系统的沟通，在法律法规方面存在衔接差、不健全的问题。

1.2 建筑垃圾资源化技术集成内容

1.2.1 破碎技术

破碎技术的关键在于破碎设备。破碎设备可分为固定式和移动式两大类。其中固定式破碎设备目前常见的有颚式破碎机、锤式破碎机、反击式破碎机、辊式破碎机、圆锥式破碎机等；移动式破碎设备是一款可以承载颚式破碎机、反击式破碎机等诸多破碎设备，以及振动筛、输送机等筛分输送设备的一体式移动设备，分为轮胎式移动破碎站和履带式移动破碎站。

1.2.2 筛分技术

筛分技术的关键在于筛分设备的选择。筛分设备主要分为重型预筛分设备、圆振动筛分设备、滚筒筛分设备等几种类型。

1.2.3 分选技术

在建筑垃圾处理过程中，对物料进行有效分选，将不符合处置工艺要求的物料分离出来尤为关键。建筑垃圾的分选除杂可分为人工和机械分选两种途径。机械分选根据建筑垃圾中杂物在尺寸、磁性、相对密度等物理特性的不同进行高效分离，主要包括筛分、风选、水力浮选、磁选等；人工分选主要针对无磁性金属、玻璃、陶瓷等一般机械手段难以分离的杂物。因建筑垃圾所含杂质种类繁杂，在分选除杂过程中往往并用多种分选方法。

1.2.4 环保技术

建筑垃圾资源化处理过程中的环保技术主要包括除尘技术、抑尘技术及降噪技术。其中除尘技术主要包括脉冲式布袋除尘技术、静电除尘技术、湿式除尘技术。抑尘技术主要有喷雾抑尘技术、生物纳膜抑尘技术、干雾抑尘技术等。降噪技术主要是针对工业生产过程中产生的噪声进行控制，主要从声源、设计、安装厂房等几个方面实施降噪措施。

1.2.5　再生产品技术

建筑垃圾经过预处理工艺得到了不同级配的再生骨料，将再生骨料与相关结合料混合可生产出不同类型的再生建筑材料。相关试验结果显示，以再生骨料为原料生产得到的建材，其强度等性能与天然骨料产品的性能相差不大。再生产品技术主要是对再生砖、再生无机混合料、再生混凝土、再生预拌砂浆、再生预制构件等产品的生产工艺、技术参数、产品性能等方面的技术集成。

1.2.6　自动化技术

自动化技术包括智能工厂的理念、智能工厂架构设计（ERP经营管理层，包括生产计划、采购管理、销售管理、仓储管理、财务管理、人力资源管理等）、智能工厂制造执行系统（生产调度、生产管理、设备管理、能源管理、质量管理、工艺管理等）、智能工厂自动控制系统［控制技术包括可编程逻辑控制器（PLC）、集散控制系统（DCS）、数据采集与监视控制系统（SCADA）］、智能工厂厂区应用。

1.2.7　其他技术

目前在建筑垃圾资源化处置过程中出现的新型技术：砖混分离技术、渣土分离技术、轻杂质集中利用技术、机器人分选技术、微粉及粉尘综合利用技术、筛分风选一体机、装修垃圾资源化技术、再生骨料强化技术等。

1.3　建筑垃圾资源化技术发展趋势

建筑垃圾资源化的回收利用主要是以再生骨料的形式。再生骨料的强度、表观密度、堆积密度、吸水率、压碎指标、骨料的弹性模量、杂质含量等直接影响对再生混凝土的物理力学性能产生影响。再生骨料来源的多样性和地方差异性，决定了再生骨料性能的不稳定性及试验结果的离散性。应加强对用于生产再生骨料的废弃混凝土的特性对再生骨料及再生骨料混凝土性能影响的研究；加强对再生骨料的颗粒的组成对再生混凝土影响的研究；加强对再生骨料的加工处理方法对骨料性能影响的研究；加强对再生骨料力学性能检测方法的研究。由于再生骨料的离散性直接影响再生混凝土的特性，必须加强对再生混凝土物理性能和力学性能的研究。如再生骨料不同掺量对再生混凝土强度、弹性模量、本构关系等力学性能的影响；不影响混凝土物理力学性能和质量标准的再生骨料掺量的研究；再生混凝土耐久性能的研究；再生混凝土的抗冻融性、抗侵蚀和碳化性能等；对再生混凝土变形性能的研究，如收缩和徐变等；加强对再生混凝土结构性能的研究。

建筑垃圾资源化再生材料已广泛应用于回填、公路建设、道路及铁轨的垫层等，有资料表明在振动桩基、挡墙和边坡稳定等加固工程中也有应用。但是，与天然材料相比，再生材料的强度弱、吸水性高、耐久性差，这在一定程度上限制了其在结构构件中的应用。国外大量试验研究表明，在一定条件下，再生材料完全可以用于结构中。日本、美国、德国、荷兰、英国等发达国家已经在试验的基础上制定了相应的规范、指南（如日本的JIS

TR A 0006——Japanese Industrial Standard Technical Report A 0006 和德国钢筋混凝土委员会颁布的《再生骨料混凝土指南》——Beton Mit Rezykliertem Zuschlag)，以规范再生材料在建筑结构中的应用。目前日本和德国已经有了再生材料结构应用的成功范例（如德国达姆施特塔的 Vibler Weg 和 Waldspirale 建筑，日本的 ACROS Shin-Osaka 建筑）。建筑垃圾资源化的再生材料在结构中应用将是发展趋势之一。

1.4 建筑垃圾资源化技术成果

1.4.1 国外技术成果

1. 建筑垃圾减量化

国外非常重视建筑垃圾的减量化，从设计和施工阶段就开始考虑如何减少建筑垃圾的产生量和排放量。在建筑物拆除阶段运用创新方法，尽可能提高建筑垃圾的利用率。

英国皇家建筑师协会指出，减少建筑材料消耗和建筑垃圾的产生，最好时机是在整个建造过程的最开始阶段，所以促使设计者在设计过程中考虑减少建筑垃圾的产生具有重要意义。

国外土木工程师已将资源循环的理念融合到房屋结构设计中，设计出可循环结构体系——全装配式抗震体系，以保证在地震过后，结构构件仍然能够很好地循环利用。新西兰结构工程专家 Priesley 教授提出的墙体摇摆抗震技术（图 1-3）：墙体预留孔洞，预应力钢绞线穿过孔洞，将墙体与基础相连，墙体与基础本身不现浇连接。在地震作用下，墙体将形成摇摆系统，地震结束时，摇摆系统将回到原点。与普通现浇钢筋混凝土结构相比，破坏程度大幅降低，稍加修复即可继续利用，这样就减少了建筑垃圾的产生。

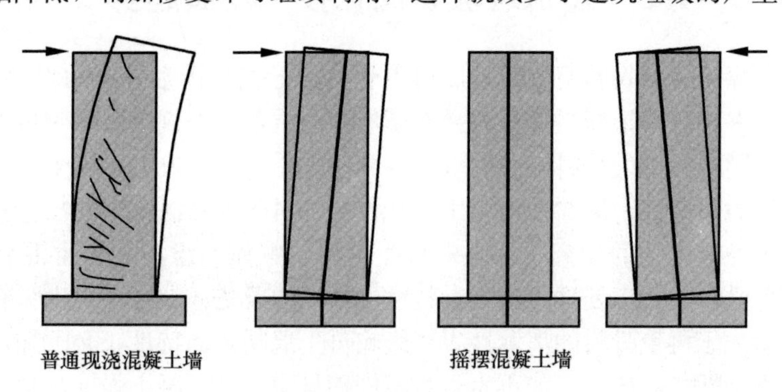

图 1-3 墙体摇摆系统

在日本，建筑垃圾被称为“建筑副产品”，政府明确要求建筑师在设计时要考虑到建筑在 50 年或 100 年后拆除的回收效率，建造者在建造时要采用可回收的建筑材料和方法，做到建造零排放。

新加坡的设计师在建筑结构设计时，考虑到日后建筑物拆除，在特殊位置预留改造空间和接口，最大限度地减少了建筑垃圾。

另外，发达国家还利用“选择性拆除”技术实现智能化拆除，在建筑物拆除的过程中按照建筑物的设计结构进行拆除，拆除过程中尽量不破坏建材，产生洁净的混凝土骨料。

2. 建筑垃圾源头分类

建筑垃圾若从产生源头就开始精细化分类收集，可以大大提高其资源化再利用的效率，降低处理成本，国外的建筑垃圾分类管理制度已经非常完善。在德国的施工现场和拆除现场，我们可以看到专门用来存放建筑垃圾的收集箱（图1-4）。政府规定，只要有建筑垃圾产生，就必须分类堆放、收集，按木材、金属、废砖（混凝土）、土、塑料制品等分别堆放在收集箱内，然后统一运输回收。

图1-4 德国建筑垃圾分类收集箱

3. 建筑垃圾的分选

建筑垃圾回收利用的过程中，分选是关键技术之一。建筑垃圾的组分很多，即使做到分类收集，也需要进一步分离建筑垃圾各组分，以得到纯度更高的物料。

荷兰是世界上建筑废弃物回收利用率较高的国家之一，有着高超的建筑垃圾资源化技术。荷兰BUSSCHERS公司生产的建筑及装修垃圾分拣设备通过三维分拣鼓筛和特色风选机，实现了建筑垃圾的立体式分选。三维分拣鼓筛的滚筒构造（图1-5）提高了分选线的适用性和分级的纯度。特色风选机（图1-6）采用真空技术，在有效吸走轻质材料的同时，减少了粉尘的排放。以这些设备为基础构建的建筑拆除及装修垃圾分选生产线，单线处理能力可达每小时45～75t。

图1-5 三维分拣鼓筛

4. 建筑垃圾的破碎、筛分

建筑垃圾要实现资源化，必须经过破碎和筛分。发达国家破碎和筛分建筑垃圾使用的机械设备科技含量很高，具有卓越的工业设计和生产加工工艺，从而保证了破碎筛分后得

图 1-6 特色风选机

到的再生骨料有较高品质。

德国移动式建筑垃圾破碎、分筛处理设备的主要特点是“多功能、智能化”，Kleemann 公司生产的多功能移动式设备，针对不同的建筑垃圾原料实现了一体化协同工作和智能控制，多个单独部件的组合使用，大大提高了建筑垃圾处理的效率。

荷兰 Schenk 公司研发的智能破碎设备，可以根据砂、碎石和硬化水泥抗压强度的不同，设计相应的输出应力，将废弃混凝土破碎和碾磨，达到用户需要的粒径，并分离出高纯度的砂、碎石和硬化水泥。

美国破碎机械工业有限公司（Screen Machine Industries）生产的建筑垃圾处理设备采用超高强耐磨钢材（一般用于航母潜艇），所以设备更加耐用且质量更轻，便于移动处理。该公司发明的“破碎机卡料清除系统”，可控制破碎机盖的抬升。由于开口高度增大，大部分堵塞物料将被移开，避免了因为给料量过多而产生的物料堵塞，降低了垃圾处理设备的故障率，在保障安全生产的同时，提高了破碎效率。

5. 再生骨料的处理

对再生骨料的处理的主要目的是提高再生骨料的纯度，从而提高相关再生建筑材料的品质。

荷兰的再生建材企业在骨料生产线上通过激光光谱分析，有效检测出骨料质量。通过“质量控制传感器技术”分析再生骨料中各种物质的含量、各种杂质的种类，对再生骨料的生产进行在线控制和动态调整。

日本利用先进的技术提高骨料的质量，主要技术如下：

（1）热处理技术：混凝土块体可能包裹水泥等杂质，利用传统的破碎技术可能很难完全将其分离。试验研究表明，在高温下，水泥比混凝土更容易碎裂。将混凝土颗粒在300℃温度下进行热处理，水泥部分会发生脱水和脆弱化。在特殊机械作用下使这些废料相互摩擦，将骨料周围的水泥除去，得到洁净的混凝土再生骨料。

（2）采用旋转推进磨碎装置：混凝土块在螺旋式的机械装置中互相摩擦，从投入口到排出口的过程中，除去表面杂质，这样也有效降低了再生骨料吸水率。

（3）偏心回转粉碎机：将 5～40mm 粒径的破碎混凝土块放入偏心回转粉碎机内筒和外筒的间隙内。通过偏心回转产生激振力，使混凝土块之间相互摩擦，从而将粗骨料和灰浆分离出来。

6. 再生建筑材料的应用

国外建筑垃圾再生骨料的应用范围非常广泛，对再生建筑材料一般分级利用，不仅可用在路基材料中，以再生骨料为原料生产的再生混凝土、再生砖、再生砌块等产品的质量也可以与天然砂石料生产的建筑材料媲美。

德国建立了关于再资源化产品质量的标准及标志（RAL），只有在符合该质量标准、成功通过相应政府部门质量验证、被授予合格的再生资源化产品标志后，该产品才能再利用。

法国利用破碎混凝土和砖块生产出的砖石混凝土砌块，完全符合有关规范要求，可以代替普通砌块在建筑结构中使用。

1.4.2 国内技术成果

国内建筑垃圾处理的指导思想是"减量化""无害化""资源化"。"减量化"主要针对城市规划、建筑设计和施工技术的优化，从源头减少建筑垃圾的产生。"无害化"主要依赖于建筑垃圾分选技术，去除建筑垃圾中混杂的塑料、布料、石膏等有害物质，避免在堆放和填埋过程中因不良的化学反应产生有害污染物，提高建筑垃圾在填埋和堆放过程中的物理和化学问题定性。"资源化"主要通过破碎、分选和再生产品制备技术，回收建筑垃圾中的骨料、细分等材料，制备再生混凝土、混凝土砌块、墙板、路面砖、路缘石、透水砖等混凝土制品，以及再生道路无机料、再生砂浆等建筑材料。

1. 建筑垃圾源头减量化

（1）规划阶段建筑垃圾减量化。跟欧美发达国家相比，我国对建筑垃圾源头减量化研究起步较晚，20世纪80年代末90年代初，我国才开始对建筑垃圾进行研究，国家和地方政府制定了相关政策以促进建筑垃圾的综合利用，这一系列的法律规范构成了我国建筑垃圾管理的法律法规体系，见表1-1。在城市总体规划方面，我国正在制定基于建筑垃圾循环利用的规划体系。

表1-1　我国建筑垃圾相关政策一览表

序号	时间	政策	备注
1	1992年	《城市市容和环境卫生管理条例》	2017年修订
2	1995年	《中华人民共和国固体废物污染环境防治法》	2020年修订
3	2003年	《城市建筑垃圾和工程渣土管理规定》	
4	2005年	《城市建筑垃圾管理规定》	
5	2009年	《建筑垃圾处理技术规范》	
6	2015年	《促进绿色建材生产和应用行动方案》	
7	2015年	《2015年循环经济推进计划》	

（2）设计阶段建筑垃圾减量化。设计阶段的疏忽和建筑材料的性能低下是产生大量建筑垃圾的主要原因之一，因此可以通过设计阶段对设计概念的改变和建筑材料的选择来实现建筑垃圾减量化。例如，在设计时注意尺寸配合和标准化，尽量采用标准化的灵活建筑设计，以减少切割产生的废料；保证设计方案的稳定性，提供更详细的设计，尽量避免对设计方案进行频繁更改而产生不必要的剔凿；注重长远规划设计、提高耐久性设计、合理

选购材料和构件，尽量采用可修理、可重新包装的耐用建筑材料，以及考虑延长建筑物的使用寿命。目前，国内在建筑垃圾设计减量化方面尚未形成系统化的标准体系，设计减量仅体现在《建筑工程绿色施工评价标准》（GB/T 50640—2010）、《建筑工程绿色施工规范》（GB/T 50905—2014）等标准中有所体现。基于当前技术状况，未来还需加强对设计全过程的标准化，合理安排设计进程。

（3）施工阶段建筑垃圾减量化。在施工阶段，我国部分地区经实践探索，初步形成了一套较为完整的技术系统，用于指导地方性建筑垃圾减量。如采用便于拆除的铺贴地砖、道路砖，可重复利用的围墙等。地基和基础开挖土虽然不计入每 10000$m^2$400t 内，但对开挖土应合理调配、充分利用，减少不必要的开挖，尽量减少外运量。有条件时，可现场堆放用于后期回填。

建筑垃圾分类是资源化利用的基础和前提，分类后各种材料才有可能被进一步利用，在施工现场收集的同时进行分类存放，是最有效的方法。

在施工过程中，应及时统计，常用废塑料种类大体分为 PE（聚乙烯）包装薄膜材料，PP（聚丙烯）水泥编织袋、打包带、捆扎绳等，PVC（聚氯乙烯）塑料门窗型材、管材等，EPS 和 XPS（膨胀聚苯乙烯）保温泡沫塑料板，可根据种类进行回收。无法明确分类的建筑垃圾，将其归入其他垃圾。施工现场产生的建筑垃圾应全部进行分类和收集。

碎石类渣土经过破碎筛分后可用于建筑物基坑、道路路基回填，它们是比较传统的做法，除在本项目处理利用外，要与邻近项目加强沟通调配利用，减少堆放、二次搬运、覆盖材料及废弃。

废混凝土、砂浆及砖渣通过二级破碎和筛分，可制成 5～31.5mm 粗骨料、0.315～5mm 细骨料及小于 0.315mm 粉料。再生骨料可加入一定比率的胶凝材料、增稠剂、减水剂、有机纤维等材料，用于配制 M15 及 M15 以下强度等级的砌筑砂浆和抹灰砂浆。配制 C30 及 C30 以下强度等级的再生骨料混凝土，可用于建筑物的垫层基础及临时路面硬化，也可用于制作混凝土砌块、墙板、路面砖、路缘石、透水砖等。施工现场应做好剩余混凝土利用计划，及时支好模板，扎好钢筋，做好浇筑准备，以便在剩余混凝土初凝之前入模，注意混凝土的强度等级应满足现场制作构件强度要求。

2. 建筑垃圾无害化

对建筑装修垃圾采用减量化和再利用措施可有效减少排入环境中废弃物的总量。一方面，能减少有害物质对土壤质量的破坏；另一方面，住宅装修垃圾的减少将减少土地资源的侵占，这对我国某些土地资源使用紧张的大城市来说是非常重要的。据估计，每 10000t 建筑垃圾可侵占 67m^2 土地，对组成复杂的住宅装修垃圾来说，由于木材、包装物等物质的含量比率更大，因而会占用更大面积的土地，并且危害较其他建筑垃圾更为严重。

3. 建筑垃圾资源化

（1）废砖、瓦的综合利用。建筑物拆除的废砖，如果块型比较完整且黏附的砂浆比较容易剥离，通常可作为砖块回收并重新利用。如果块型已不完整或与砂浆难以剥离，就要考虑其综合利用问题。废砂浆、碎砖石经破碎、过筛后与水泥按比例混合，再添加辅助材料，可制成轻质砌块、空（实）心砖、发渣混凝土多孔砖等，具有抗压强度高、耐磨、轻质、保温、隔声等优点，属环保产品。破碎后的建筑垃圾微粉可以替代部分水泥并全部或大部分替代粉煤灰，起到降低成本、充分消耗建筑垃圾的作用。高活性再生微粉和活性再生微粉与水泥混合使用时具有较好的反应活性，主要作为矿物掺合料用以生产不同等级和性能的预拌混凝土。低活性再生微粉的反应活性较低，颗粒也较粗，主要用于生产预拌砂浆和混凝土砌块、砖等制品。

（2）废弃混凝土的综合利用。

1）配制再生骨料混凝土：建筑废料中的废弃混凝土进行回收处理（被称为循环再生骨料），一方面可以解决大量废弃混凝土的排放及其造成的生态环境日益恶化等问题；另一方面可以减少天然骨料的消耗，缓解资源的日益匮乏及降低对生态环境的破坏问题。因此，再生骨料是一种可持续发展的绿色建材。大量的工程实践表明，废旧混凝土经破碎、过筛等工序处理后可作为砂浆和混凝土的粗、细骨料（或称再生骨料），用于建筑工程基础和路（地）面垫层、底基层、基层，非承重结构构件，砌筑砂浆等；但是由于再生骨料与天然砂石骨料相比性能较差（内部存在大量的微裂纹，压碎指标值高，吸水率高），配制的混凝土工作性和耐久性难以满足工程要求。要推动再生骨料混凝土的广泛应用，必须对再生骨料进行强化处理。例如，日本利用加热研磨法处理的再生骨料，其各项性能已经接近天然骨料，但使用这种方法耗能较大，生产的再生骨料成本较高，不利于推广利用。

研究表明，利用颗粒整形技术强化得到的高品质再生骨料配制的混凝土的力学性能、耐久性能等已经接近天然骨料混凝土，从根本上解决了再生骨料的各种缺陷，完全可以取代天然骨料应用于结构混凝土中。

2）配制绿化混凝土：绿化混凝土属于生态混凝土的一种，它被定义为能够适应植物生长的混凝土块。使用绿化混凝土，可进行植被作业，并具有环境保护、改善生态环境、基本保持原有防护作用。但是，混凝土浇筑后，水泥水化生成氢氧化钙，使混凝土碱度增加，不利于植物生长。普通水泥混凝土的孔隙率约为4％、pH值为13，而绿化混凝土则要求其空隙率达到20％以上、pH值下降到11左右，这样才能实现混凝土与绿色植物共存。因此，筛选合适的耐碱植物、解决混凝土孔隙率和强度的矛盾，以及确定植物培养基，是绿化混凝土技术要重点解决的问题。

3）制作景观工程：利用建筑垃圾制作景观工程，工艺简单，难度较小。对建筑垃圾筛选处理后，可进行堆砌胶结表面喷砂，做成假山景观工程。例如合肥市政务新区天鹅湖边护坡就利用拆除的混凝土道路面层块修建而成。

4）用于地基基础加固：建筑垃圾中的石块、混凝土块和碎砖块也可直接用于加固软土地基。建筑垃圾夯扩桩施工简便、承载力高、造价低，适用于多种地质情况，如杂填土、粉土地基、淤泥路基和软弱土路基等。

5）建筑垃圾粉体的再生利用：建筑垃圾粉体是指在建筑工地或建筑垃圾处理厂产生的粒径小于0．075mm的微小粉末，也有文献将建筑垃圾粉体定义为粒径小于0．16mm的微小粉末。在利用建筑垃圾的各种方法中，利用颗粒整形技术对经过简单破碎的粗、细骨料进行强化处理已经被证明是项成功的技术，但在整形过程中会产生占原料质量15％左右的粉体。粉体主要由硬化水泥石和粗、细骨料的碎屑组成，在一定条件下仍具有活性，如不加以利用，既会造成浪费又会产生新的污染。目前有关建筑垃圾粉体资源化的研究还比较少，主要是将建筑垃圾粉体用于生产免烧砖和空心砌块的研究。

1.5 建筑垃圾资源化国内外政策解读

1.5.1 国外政策

1. 法律法规

国外发达国家较早就着手建筑垃圾的管理并制定了相应的法律、法规及政策措施，这些国家大多采用“建筑垃圾源头削减策略”，即通过科学管理和有效的控制措施将其减量化，并采用科学技术使产生的建筑垃圾具有再生资源的功能，同时通过强制性或鼓励性政策促使建筑垃圾进一步资源化利用（表 1-2）。

表 1-2 各国建筑垃圾处理和回收回用的相关法规

国家	法规名称	主要内容	主要特点
德国	《废弃物处理法》《垃圾法》《支持可循环经济和保障对环境无破坏的垃圾处理法规》等	垃圾产生者或拥有者有义务回收利用；重新利用要作为处理垃圾的首选；垃圾进行分类保存和处理	最早开展循环经济立法，与垃圾处理有关的法规有 180 多个
英国	《建筑业可持续发展战略》《废弃物战略》《工业废弃物管理计划 2008》	2020 年建筑垃圾实现零填埋；投资超过 30 万英镑的建筑项目，将建筑垃圾从直接填埋转移出来	采用规章、经济和自愿协议相结合的方法，推动废弃物管理日常工作
美国	《固体废弃物处理法》《超级基金法》	任何生产有工业废弃物的企业，必须自行妥善处理，不得擅自随意倾卸	工业废弃物产生企业须在源头上减少垃圾的产生
日本	《废弃物处理法》《资源有效利用促进法》《建筑再利用法》		规定垃圾资源化回收方式，在分类拆除和资源化利用方面明确各个主体的责任
新加坡	《绿色宏图 2012 废弃物减量行动计划》	在 2012 年前建筑垃圾回收回用比率达到 98%，60%的建筑垃圾实现循环利用	纳入验收指标体系；将建筑垃圾循环利用纳入绿色建筑标志认证
韩国	《建筑废弃物再生促进法》	1. 提高循环骨料建设现场的实际再利用率； 2. 建筑废弃物减量化； 3. 妥善处理建设废弃物	明确政府、企业的义务，明确建筑垃圾处理企业资本、规模、技术要求

2. 优惠政策

发达国家一方面从源头入手，通过征收税费减少建筑垃圾的产生和随意处置，另一方面以财政补贴、税收减免的方式资助再生建筑材料生产企业，鼓励再生建筑材料的研发和生产；同时，在需求端进行拉动，通过政府采购等优惠措施，鼓励政府和建设单位使用再生建筑材料。相关优惠政策见表 1-3。

表 1-3 国外建筑垃圾资源化优惠政策

国家	政策类别	主要内容
德国	多层级的建筑垃圾收费价格体系	收费体系分成4个层级：大城市和小城市；未分类的建筑垃圾与分类的建筑垃圾；受到污染的建筑垃圾与未受到污染的建筑垃圾；经过回收处理后的建筑材料与原生建筑材料
英国	填埋税、财政补贴	征收填埋税，并从中拿出一部分以政府资助形式用于废弃物管理措施
美国	低息贷款、税收减免和政府采购	资源循环利用企业在各州除可获得低息贷款，还可相应减免其他税；对使用再生材料的产品实行政府采购
日本	财政补贴贴息贷款或优惠贷款	鼓励企业增加对污染防治设备、技术的研发投入；鼓励建设单位使用再生产品，《建筑再利用法》规定了处罚措施，最高可以判处一年以下徒刑和50万日元以下的罚款
新加坡	财政补贴、研究奖励、特许经营、高额惩罚	降低建筑垃圾回收回用企业租金成本；提供建筑垃圾回收回用企业创新项目研究基金；收取高额的建筑垃圾随意倾倒罚款

3. 监管机制

日本通过监管机制对垃圾的产生、收集和处理实行全过程管理，实现了垃圾的减量化和资源化。其具体做法如下：首先，通过评价和合理的规划减少建筑垃圾在源头的产生量，在建造时利用延长建筑物寿命的技术和建筑结构减少改造和拆除频次；其次，强化建筑材料应用技术，减少建筑垃圾产生；最后，通过科学的建筑工法，实现建造过程的少排放。在美国和其他发达国家，建筑垃圾的排放环节和再生产品的生产环节也建立了较详细的监管制度，见表1-4。

表 1-4 各国建筑垃圾处理回收回用的监管制度

监管环节	国家	监管模式
建筑垃圾的排放环节	英国、丹麦	“税收管理型”模式
	德国、瑞典、奥地利	“收费控制型”模式
	美国	政府倡导和企业自律的结合，采取准入制度和传票制度，保障建筑垃圾的正常回收
建筑垃圾再生产品的生产环节	美国、新加坡	建立建筑垃圾处理的行政许可制度，实行特许经营；将建筑垃圾处置情况纳入验收指标体系，促进建筑垃圾资源化利用
建筑垃圾再生产品的使用环节	韩国	规定了建筑垃圾再生产品使用义务，强制推行部分类别的再生产品的使用
全过程管理	日本	对建筑垃圾的产生、收集和处理的过程进行全过程管理；保障建筑垃圾的正常回收，并掌握资源信息

4. 技术体系

发达国家从建筑垃圾减量化设计、建筑垃圾分离处理和再生骨料利用技术方面进行技术研发，形成了较为完整的技术体系，并制定了相关的标准规范，努力实现建造零排放、施工零排放的工业化技术，相关技术体系见表1-5。

表 1-5　各国建筑垃圾处理和回收回用的技术体系

技术系列	国家	主要内容
建筑垃圾减量化设计	英国	发布《废弃物和资源行动计划》的指南，在废弃物减量化方法上为建筑师提供指导意见
	美国	从规范到政策、法规，从政府的控制措施到企业的行业自律，从建筑设计到现场施工，各方面限制建筑垃圾的产生
	日本	明确要求建筑师在设计时考虑建筑在 50 年或者 100 年后拆除的回收效率，建造者在建造时采用可回收的建筑材料
	新加坡	广泛采用绿色设计、绿色施工技术，优化建筑流程，大量采用预制构件，减少现场施工量，延长建筑设计使用寿命并预留改造空间和接口
建筑垃圾分离处理	德国	干馏燃烧垃圾处理工艺
	英国	建筑垃圾分级评估、再利用质量控制等技术规范标准
	美国	对建筑垃圾进行严格的分类，不同的类别都有较为成熟的处理方案和技术
再生骨料利用技术	各国	有关混凝土再生骨料的相关标准规范
	法国	利用碎混凝土和砖块生产出砖石混凝土砌块
	日本	废旧混凝土砂浆和石子的分离再生
	韩国	从废弃的混凝土中分离水泥，并使这种水泥能再生利用

5. 推广方式

发达国家结合本国实际，对建筑垃圾进行分类综合应用，许多产品推广方式值得借鉴，见表 1-6。

表 1-6　各国建筑垃圾再生产品的推广方式

国家	推广方式	重点应用领域
德国、丹麦、芬兰、瑞典等	环境标志（具有普遍的借鉴意义）	再生骨料混凝土主要应用于公路路面
荷兰	建立砂再循环网络	依照砂的污染水平进行分类，储存干净的砂，清理被污染的砂
美国	将建筑垃圾分为 3 个级别进行综合利用	再生骨料应用方面，混凝土路面的再生利用，推广一种“资源保护屋”
日本	建筑垃圾分类综合利用	废弃沥青混凝土块、木材、金属等再生利用
新加坡	建筑垃圾综合利用	对建筑垃圾实施初步分离和二次分类，建筑施工防护网、废纸、木材、混凝土、砂石再生利用
韩国	再生骨料分类使用	普通骨料可用于铺路，优质骨料可按一定比例混入生产混凝土

1.5.2　国内政策

1. 国家及行业政策

2005，建设部发布《城市建筑垃圾管理规定》，要求建筑垃圾处置实行减量化、资源化、无害化和谁产生、谁承担处置责任的原则；国家鼓励建筑垃圾综合利用，鼓励建设单位、施工单位优先采用建筑垃圾综合利用产品。

2009年实施的《中华人民共和国循环经济促进法》（现行为2018年修订版）规定，建设单位应当对工程施工中产生的建筑废物进行综合利用；不具备综合利用条件的，建设单位应当委托具备条件的生产经营者进行综合利用或者无害化处置；省、自治区、直辖市人民政府可以根据本地区经济社会发展状况实行垃圾排放收费制度；国家实行有利于循环经济发展的政府采购政策。

2011年，财政部、国家税务总局发布的《关于调整完善资源综合利用产品及劳务增值税政策的通知》规定，生产原材料中掺兑比率不低于30%的特定建材产品免征增值税，对销售自产的以建（构）筑废物、煤矸石为原料生产的建筑砂石骨料免征增值税。生产原料中建（构）筑废物、煤矸石的比重不低于90%。对垃圾处理、污泥处理处置劳务免征增值税。对再生节能建筑材料企业扩大产能贷款贴息。

2013年，国务院发布的《循环经济发展战略及近期行动计划》指出，要“推进建筑废物资源化利用。推进建筑废物集中处理、分级利用，生产高性能再生混凝土、混凝土砌块等建材产品。因地制宜建设建筑废物资源化利用和处理基地。”

2014年起，国务院和各部委相关政策频频出台，详见表1-7。

表1-7 2014—2018年建筑垃圾处理重要政策法规一览表

序号	政策法规	相关内容	发布部门	日期
1	《住房城乡建设部建筑节能与科技司2018年工作要点》	深入推进建筑能效提升，提升建筑垃圾利用效能	住房城乡建设部	2018年4月
2	《全国城市市政基础设施建设“十三五”规划》	加强建筑垃圾源头减量与控制。加强建筑垃圾资源回收利用设施及消纳设施建设	住房城乡建设部、发展改革委	2017年5月
3	《建筑垃圾资源化利用行业规范条件》（暂行）（征求意见稿）	新建、改扩建建筑垃圾资源化利用项目应符合规范条件，项目建设要满足勘探、咨询、设计、施工和监理要求	工业和信息化部	2016年12月
4	《循环发展引领计划》（征求意见稿）	发布加强建筑垃圾管理及资源化利用工作的指导意见，制定建筑垃圾资源化利用行业规范条件	发展改革委	2016年8月
5	《促进绿色建材生产和应用行动方案》	提出今后将要“以建筑垃圾处理和再利用为重点，加强再生建材生产技术和工艺研发，提高固体废弃物消纳量和产品质量”	工业和信息化部、住房城乡建设部	2015年9月
6	《中共中央国务院关于加快推进生态文明建设的意见》	完善再生资源回收体系，推进建筑垃圾资源化利用。住房城乡建设部将“提高建筑垃圾综合利用水平”列为工作要点	国务院	2015年4月
7	《重要资源循环利用工程（技术推广及装备产业化）实施方案》	要求产业废弃物资源化利用，研发建筑物的拆除技术、再生骨料处理技术、建筑废物资源化再生关键装备等	发展改革委、工业和信息化部、财政部、科技部、环保部、商务部	2014年12月

续表

序号	政策法规	相关内容	发布部门	日期
8	《2014—2015年节能减排科技专项行动方案》	将“建筑垃圾处理和再生利用技术设备”列为“节能减排先进适用技术推广应用”重点任务	工业和信息化部、科技部	2014年2月

2. 各省部分地区相关政策

（1）山东省。2010年，山东省发布《关于进一步做好建筑垃圾综合利用工作的意见的通知》，综合利用财政、税收、投资等经济杠杆支持建筑垃圾的综合利用，鼓励采取企业直接投资、BOT等投资方式推进建筑垃圾综合利用项目建设。凡按照规划建设建筑垃圾综合利用处理厂的，投资主管部门、国土资源部门要在项目立项、土地审批等环节给予优先考虑。各地可采取向建筑垃圾产生单位收取处置费、政府补贴等方式，支持建筑垃圾综合利用企业发展。

（2）河南省。2015年，河南省发布的《关于加强城市建筑垃圾管理促进资源化利用的意见》要求，到2016年，省辖市建成建筑垃圾资源化利用设施，城区建筑垃圾资源化利用率达到40%。到2020年，省辖市建筑垃圾资源化利用率达到70%以上，县（市、区）建成建筑垃圾资源化利用设施，建筑垃圾资源化利用率达到50%以上。通过以奖代补、贷款贴息等方式，鼓励社会资本参与建筑垃圾资源化利用设施建设，享受当地招商引资优惠政策，促进建筑垃圾资源化利用设施建设和再生产品应用。

（3）贵州省。2015年，贵州省住房和城乡建设厅发布《关于做好建筑垃圾资源化利用工作的指导意见》，明确要求大力提升各地的建筑垃圾资源化利用率，逐步降低填埋方式处置建筑垃圾的比率，以新型的资源化处理基地替代传统的消纳场。到2020年，建筑垃圾资源化利用比率要达到30%。

（4）广东省。2015年，广东省广州市印发《广州市建筑废弃物综合利用财政补贴资金管理试行办法》，安排专项资金支持建筑废弃物的综合利用生产活动。建筑废弃物处置补贴资金按再生建材产品中建筑废弃物的实际利用量予以补贴，补贴标准为2元/t；生产用地补贴资金对符合补贴条件企业的厂区用地，结合企业的生产规模予以补贴，补贴标准按3元/m^2执行。

1.5.3 政策趋势

近年来，国家高度重视且持续推进建筑垃圾再生利用。国务院在2016年2月6日发布的《关于进一步加强城市规划建设管理工作的若干意见》中提出，到2020年，力争将垃圾回收利用率提高到35%以上。2018年3月23日，住房城乡建设部启动全国35个城市（区）的建筑垃圾治理试点，通过规划引导、存量整治、设施建设、资源化利用、机制建设、制度完善等实践，加速推进产业发展。然而，由于缺少具体实施措施，政策条款强制性不够，使这些政策要求只成为一纸空谈。

当前，在建筑垃圾资源化管理方面，各地还存在以下主要问题：

（1）处置设施建设用地未列入城市用地总规划；

（2）跨市协作机制有待完善；

（3）装修垃圾、工程垃圾、工程泥浆管理有待加强；

（4）监管平台需进一步提升加强。

因此，在后续政策制定方向，将会偏重于以下问题的解决：

（1）加快落实建筑垃圾处置核准机制；

（2）构建和完善跨市处置协调机制；

（3）在规划阶段适当控制地下空间开发；

（4）保障处置设施用地。

1.6 建筑垃圾资源化技术标准

1.6.1 国外标准

日本政府从20世纪60年代末开始便制定了一系列法规政策和标准规范以促进垃圾资源化，先后制定颁布了《再生骨料和再生混凝土使用规范》《建材标准》《推进废弃物对策行动计划》《建设再循环指导方针》《推进建筑副产物正确处理纲要》《路面废料再生利用技术指南》等相关标准规范，对建筑垃圾资源化的回收标准和使用规范做出相应规定。除此之外，还有各县、市自主制定的地方法规，如千叶县在2010年修订的《建设副产物的处理标准及再生材料的利用标准》《千叶县建设再循环推进计划2009》等。

德国最早推行垃圾资源化利用，在全国范围内有许多大型的建筑垃圾资源化利用的综合工厂，也出台了《在混凝土中采用再生骨料的应用指南》，要求采用再生骨料配置的混凝土必须完全符合天然骨料混凝土的国家标准。此外，再生建筑垃圾将按照德国工业标准DIN 1045-2、4226-100和欧标206-1的规定测试是否达到再利用标准。通过检测的即归为符合使用标准的建筑材料，而不再是建筑垃圾。其物质组成、纯净度、有害物质含量、硬度、吸水性等数据都会按照德国工业标准DIN 522099和DIN 4226在该批检测的建筑垃圾证书上予以明确，而不合格的原料将被退回，不得再利用。

1.6.2 国内标准

我国建筑垃圾资源化起步较晚，当前的建筑垃圾标准相对零散、未成体系，标准偏重于处理利用技术本身，在管理、现场控制、设备等方面仍存空缺，资源化标准体系尚在完善中。2009年，为贯彻国家有关建筑垃圾处理的法律法规和技术政策，促进建筑垃圾统一管理、集中处理、综合利用，提升建筑垃圾处理的减量化、资源化和无害化水平，保证建筑垃圾处理全过程的规范化，根据原建设部《关于印发〈2007年工程建设标准规范制订、修订计划（第一批）〉的通知》（建标〔2007〕125号）的要求，住房城乡建设部规范编制组在广泛调查研究，认真总结实践经验，参考有关国际标准和国外先进标准，并在广泛征求意见的基础上，制定并发布了行业标准《建筑垃圾处理技术规范》（CJJ 134—2009），自2010年7月1日起实施。

该规范包含总则、术语、基本规定、收集与运输、转运调配、再生利用、回填、填埋和环境保护与安全卫生等主要技术内容，适用于建筑垃圾的收集、运输、转运、利用、回填、填埋的规划、设计和管理；规定了建筑垃圾处理的基本技术要求，且明确指出了建筑垃圾处理除应符合该规范规定外，尚应符合国家现行有关标准的规定。在建筑垃圾再生利用方面，该规范要求建筑垃圾作为生产再生建筑材料的原料时，应符合相应的再生建筑材料标准。其中对废旧建筑混凝土生产混凝土用再生骨料，废旧道路水泥混凝土生产再生骨料，再生砖和砌块生产，再生沥青混合料生产，建筑垃圾微粉再生，废木材再生，废弃的管道回收，钢架、钢梁、钢屋面与钢墙体再生，以及建筑垃圾中碎砖、碎混凝土块、碎石和水泥拌合物再生等方面做了相应要求，并明确了各种建筑垃圾再生时需符合的相应标准规定。

2014 年，为了解决制约我国建筑垃圾资源化产业技术主要瓶颈问题，提升建筑垃圾资源化利用的实际工程经验与关键装备的国产化能力，建筑垃圾资源化产业技术创新战略联盟依据国家科学技术部《关于推动产业技术创新战略联盟构建与发展的实施管理办法（试行）》制定并发布了“建筑垃圾资源化产业技术创新战略联盟——联盟标准”。初步建立了以技术标准为主，配套关键管理手段的环境、能源、安全、信息化的标准体系框架，编制了包括产品系列、节能、环保、安全、信息化系列在内的 74 项标准。2015 年，建筑垃圾资源化产业技术创新战略联盟重新梳理了标准体系框架，充分研究了标准体系框架结构，增加产品、应用技术、试验检测、质量控制、节能等标准共计 106 项，进一步完善联盟标准体系。

2016 年，为促进绿色发展，引导建筑垃圾资源化利用、行业持续健康发展，工业和信息化部、住房城乡建设部公示《建筑垃圾资源化利用行业规范条件》（暂行）（征求意见稿）、《建筑垃圾资源化利用行业规范条件公告管理办法》（征求意见稿），确立了进入建筑垃圾资源化企业的资质，设立了入行的“门槛”，首次要求建筑垃圾资源化利用企业的资源化利用率应达到 95％以上。

2019 年，为了更好地适应建筑垃圾处理规范化，住房城乡建设部标准编制组发布《建筑垃圾处理技术标准》行业标准，编号为 CJJ/T 134—2019，自 2019 年 11 月 1 日起实施，原行业标准《建筑垃圾处理技术规范》（CJJ 134—2009）同时废止。

该标准主要技术内容：总则；术语；基本规定；产量、规模及特性分析；厂（场）址选择；总体设计；收集运输与转运调配；资源化利用；堆填；填埋处置；公用工程；环境保护与安全卫生。该标准修订的主要技术内容：增加了产量、规模及特性分析、厂址选择、总体设计、公用工程等章节；更改了再生利用、处置章名，分别改为资源化利用、填埋处置；合并了收集与运输、转运调配章节；对原标准中各章节的有关内容做出了相应调整、补充和细化。

《建筑垃圾处理技术标准》（CJJ/T 134—2019）对建筑垃圾资源化利用要求如下：

1. 一般规定

（1）建筑垃圾资源化可采用就地利用、分散处理、集中处理等模式，宜优先就地利用。

（2）建筑垃圾应按成分进行资源化利用。土类建筑垃圾可作为制砖和道路工程等所用原料；废旧混凝土、碎砖瓦等宜作为再生建材用原料；废沥青宜作为再生沥青原料；废金属、木材、塑料、纸张、玻璃、橡胶等，宜由有关专业企业作为原料直接利用或再生。

（3）进入固定式资源化厂的建筑垃圾宜以废旧混凝土、碎砖瓦等为主，进厂物料粒径宜小于 1m，大于等于 1m 的物料宜先预破碎。

（4）应根据处理规模配备原料和产品堆场，原料堆场储存时间不宜少于30d，制品堆场储存时间不应少于各类产品的最低养护期，骨料堆场不宜少于15d。

（5）建筑垃圾原料储存堆场应保证堆体的安全稳定性，并应采取防尘措施，可根据后续工艺进行预湿；建筑垃圾卸料、上料及处理过程中易产生扬尘的环节应采取抑尘、降尘及除尘措施。

（6）资源化利用应选用节能、高效的设备，建筑垃圾再生骨料综合能耗应符合表1-8中能耗限额限定值的规定。

表1-8　建筑垃圾再生骨料综合能耗限定值

自然级配再生骨料产品规格分类（粒径）	标准煤（t标煤/10^4t骨料）
0～80mm	≤5.0
0～37.5mm	≤9.0
0～5mm，5～10mm，5～20mm，	≤12.0

（7）进厂建筑垃圾的资源化率不应低于95%。

2. 混凝土、砖瓦类建筑垃圾再生处理

（1）再生处理前应对建筑垃圾进行预处理，包括分类、预湿及大块物料简单破碎。

（2）再生处理应符合下列规定：

① 处理系统应主要包括破碎、筛分、分选等工艺，具体工艺路线应根据建筑垃圾特点和再生产品性能要求确定。

② 破碎设备应具备可调节破碎出料尺寸功能，可多种破碎设备组合运用。破碎工艺宜设置检修平台或智能控制系统。

③ 分选宜以机械分选为主、人工分选为辅。

（3）应合理布置生产线，减少物料传输距离。合理利用地势势能和传输带提升动能，设计生产线工艺高程。

（4）再生处理工艺应根据进厂物料特性、资源化利用工艺、产品形式与出路等综合确定，可分为固定式和移动式两种。处理工艺应包括给料、除土、破碎、筛分、分选、粉磨、输送、储存、除尘、降噪、废水处理等工序，各工序配置宜根据原料与产品确定。

（5）给料系统应符合下列要求：

① 工艺流程中有预筛分环节的，建筑垃圾原料给至预筛分设备。

② 工艺流程中没有预筛分环节的，建筑垃圾原料给至一级破碎设备，给料应结合除土工艺进行，宜采用振动给料方式。

③ 给料仓规格尺寸和给料速度应与原料相匹配。

（6）除土系统应符合下列要求：

① 工艺流程中有预筛分环节的，除土应结合预筛分进行。

② 工艺流程中没有预筛分环节的，除土应结合一级破碎给料进行。

③ 预筛分设备宜选用重型筛，筛网孔径应根据除土需要和产品规格设计进行选择。

（7）破碎系统应符合下列要求：

① 应根据产品需求选用一级或二级破碎。

② 一级破碎设备可采用颚式破碎机或反击式破碎机；二级破碎设备可采用反击式破碎机或锤式破碎机。

③ 在每级破碎过程中，可通过闭路流程使大粒径的物料返回破碎机再次破碎。

④ 破碎设备应采取防尘和降噪措施。

（8）筛分系统应符合下列要求：

① 筛分宜采用振动筛。

② 筛网孔径选择应与产品规格设计相适应。

③ 筛分设备应采取防尘和降噪措施。

（9）分选系统应符合下列要求：

① 分选应根据处理对象特点和产品性能要求合理选择，以机械分选为主、人工分选为辅。

② 应有磁选分离装置，将钢筋、铁屑等金属物质分离。

③ 可采用风选或水选将木材、塑料、纸片等轻物质分离。

④ 宜设置人工分选平台，将不宜破碎的大块轻质物料及少量金属选出。人工分选平台宜设置在筛分或破碎后的物料传送阶段。

⑤ 磁选和轻质物分选可多处设置。

⑥ 分选出的杂物应集中收集、分类堆放。

（10）粉磨系统应符合下列要求：

① 应采取防尘降噪措施。

② 可添加适用的助磨剂。

（11）输送系统应符合下列要求：

① 宜采用皮带输送设备。

② 传输皮带送料过程中应注意漏料及防尘。

③ 皮带输送机的最大倾角应根据输送物料的性质、作业环境条件、胶带类型、带速及控制方式等确定，上运输送机非大倾角皮带输送机的最大倾角不宜大于 17°，下运输送机非大倾角皮带输送机的最大倾角不宜大于 12°，大倾角输送机等特种输送机最大倾角可提高。

（12）产品储存应符合下列要求：

① 按不同类别规格分别存放。

② 再生骨料堆场布置应与筛分环节相协调，堆场大小应与储存量相匹配。

③ 再生粉体储存应封闭。

（13）防尘系统应符合下列要求：

① 有条件的企业宜采用湿法工艺防尘。

② 易产生扬尘的重点工序应采用高效抑尘收尘设施，物料落地处应采取有效抑尘措施。

③ 应加强排风，风量、吸尘罩及空气管路系统的设计应遵循低阻、大流量的原则。

④ 车间内应设计集中除尘设施，可采用布袋式除尘加静电除尘组合方式，除尘能力应与粉尘产生量相适应。

（14）噪声控制应符合下列要求：

① 应优先选用噪声值低的建筑垃圾处理设备，同时在设备处设置隔声设施，设施内

宜采用多孔吸声材料。

② 固定式处理主要破碎设备可采用下沉式设计。

③ 封闭车间采用少窗结构，所用门窗宜选用双层或多层隔声门窗，内壁表面装饰吸声材料。

④ 合理设置绿化和围墙。

⑤ 可利用建筑物合理布局，阻隔声波传播，高噪声源在厂区中央尽量远离敏感点。

⑥ 作业场所噪声控制指标应符合现行国家标准《工业企业噪声控制设计规范》（GB/T 50087）的规定。

（15）当采用湿法工艺或水选工艺时，应采用沉淀池处理污水，生产废水应循环利用。

3. 沥青类建筑垃圾再生处理

（1）回收沥青路面材料再生处理，应筛分成不少于两挡的材料，且最大粒径应小于再生沥青混合料用集料最大公称粒径。

（2）沥青类建筑垃圾回收和储存应符合下列要求：

① 回收和储存过程中不应混入基层废料、水泥混凝土废料、杂物、土等杂质。

② 不同的回收沥青路面材料应分别回收，按来源、粒级分别储存。

③ 回收沥青路面材料的储存场所应具有防雨功能，避免长期堆放、结块。

（3）回收沥青路面材料的再生处理应符合现行行业标准《公路沥青路面再生技术规范》（JTG/T 5521）的规定。

4. 再生产品应用

（1）道路用再生级配骨料和再生骨料无机混合料应符合下列要求：

① 建筑垃圾再生骨料、再生粉体可作为再生级配骨料直接应用于道路工程，也可制成再生骨料无机混合料应用于道路工程。用于道路路面基层时，其最大粒径不应超过31.5mm，用于道路路面底基层时，其最大粒径不应超过37.5mm。再生级配骨料与再生骨料无机混合料应符合现行行业标准《道路用建筑垃圾再生骨料无机混合料》（JC/T 2281）的规定。

② 建筑垃圾再生骨料用于道路路床时，其最大粒径不宜超过80mm。

③ 再生骨料无机混合料按无机结合料的种类可分为水泥稳定、石灰粉煤灰稳定、水泥粉煤灰稳定三类。

④ 再生级配骨料和再生骨料无机混合料用于道路工程，其施工与质量验收应符合现行行业标准《公路路面基层施工技术细则》（JTG/T F20）和《城镇道路工程施工与质量验收规范》（CJJ 1）的规定。

（2）再生骨料砖和砌块应符合下列要求：

① 再生骨料和再生粉体可用于再生骨料砖和砌块的生产。

② 再生骨料砖的性能及用途应符合现行国家和行业标准《非烧结垃圾尾矿砖》（JC/T 422）、《蒸压灰砂实心砖和实心砌块》（GB/T 11945）、《蒸压灰砂多孔砖》（JC/T 637）、《混凝土实心砖》（GB/T 21144）、《再生骨料应用技术规程》（JGJ/T 240）的有关规定。

③ 再生骨料砌块的性能及用途应符合现行国家和行业标准《普通混凝土小型砌块》（GB/T 8239）、《轻集料混凝土小型空心砌块》（GB/T 15229）、《蒸压加气混凝土砌块》（GB 11968）、《装饰混凝土砌块》（JC/T 641）、《再生骨料应用技术规程》（JGJ/T 240）

的规定。

（3）再生骨料混凝土与砂浆应符合下列要求：

① 混凝土与砂浆用再生细骨料应符合现行国家标准《混凝土和砂浆用再生细骨料》（GB/T 25176）的有关规定；混凝土用再生粗骨料质量应符合现行国家标准《混凝土用再生粗骨料》（GB/T 25177）的有关规定。具体标准规定见表 1-9。

表 1-9　具体标准规定

类别	项目		Ⅰ类	Ⅱ类	Ⅲ类
混凝土与砂浆用再生细骨料	微粉含量（按质量计）（%）	*MB*＜1.40 或合格	＜5.0	＜7.0	＜10.0
		MB≥1.40 或不合格	＜1.0	＜3.0	＜5.0
	泥块含量（质量）（%）		＜1.0	＜2.0	＜3.0
	云母含量		＜2.0		
	轻物质含量		＜1.0		
	有机物含量		合格		
	硫化物及硫酸盐含量（%）		＜2.0		
	氯化物（%）		＜0.06		
	饱和硫酸钠溶液中质量损失（%）		＜8.0	＜10.0	＜12.0
	单机最大压碎指标值（%）		＜20	＜25	＜30
	表观密度（kg/m³）		＞2450	＞2350	＞2250
	堆积密度（kg/m³）		＞1350	＞1300	＞1200
	孔隙率（%）		＜46	＜48	＜52
	再生胶砂需水量比＜		1.35（细）；1.30（中）；1.20（粗）	1.55（细）；1.45（中）；1.35（粗）	1.80（细）；1.70（中）；1.58（粗）
	强度比＞		0.80（细）；0.90（中）；1.00（粗）	0.70（细）；0.85（中）；0.95（粗）	0.60（细）；0.75（中）；0.90（粗）
混凝土用再生粗骨料	微粉含量（按量）（%）		＜1.0	＜2.0	＜3.0
	泥块含量（按量）（%）		＜0.5	＜0.7	＜1.0
	吸水率（按量）（%）		＜3.0	＜5.0	＜8.0
	针片状颗粒（质量）（%）		＜10		
	有机物		合格		
	硫化物及硫酸盐（%）		＜2.0		
	氯化物（%）		＜0.06		
	杂物（按质量计）（%）		＜1.0		
	坚固性（质量损失,%）		＜5.0	＜10.0	＜15.0
	压碎指标（%）		＜12	＜20	＜30
	表观密度（kg/m³）		＞2450	＞2350	＞2250
	孔隙率（%）		＜47	＜50	＜53

② 再生骨料混凝土和砂浆用再生骨料、技术要求、配合比设计、制备与验收等应符合现行行业标准《再生骨料应用技术规程》(JG/T 240) 的规定。

③ 再生骨料混凝土和砂浆的技术要求、配合比设计、制备与验收等应满足现行行业标准《再生骨料应用技术规程》(JGJ/T 240) 的规定。

④ 再生骨料混凝土用于公路工程时，应预先按照现行行业标准《公路工程集料试验规程》(JTG E42) 的有关规定进行试验。用于路面混凝土时，其性能指标应符合现行行业标准《公路水泥混凝土路面设计规范》(JTG D40) 和《公路水泥混凝土路面施工技术细则》(JTG/T F30) 的规定；用于桥涵混凝土时，其性能指标应符合现行行业标准《公路桥涵施工技术规范》(JTG/T 3650) 的规定。

5. 再生粉体用于混凝土和砂浆需经过严格的试验验证

回收沥青路面材料的资源化利用应符合现行行业标准《公路沥青路面再生技术规范》(JTG F41) 的规定。

6. 其他建筑垃圾再生处理

(1) 建筑垃圾中废金属的再生处理应符合现行国家标准《废钢铁》(GB/T 4223)、《铝及铝合金废料》(GB/T 13586)、《铜及铜合金废料》(GB/T 13587) 等的相关规定。

(2) 建筑垃圾中废木材的再生处理应符合现行国家标准《废弃木质材料回收利用管理规范》(GB/T 22529)、《废弃木质材料分类》(GB/T 29408) 的规定。

(3) 建筑垃圾中废塑料的再生处理应符合《废塑料回收分选技术规范》(SB/T 11149) 的规定。

(4) 建筑垃圾中废橡胶的再生处理应符合《再生橡胶 通用规范》(GB/T 13460) 的规定。

1.7 建筑垃圾资源化行业分析

1.7.1 发展目标

我国每年产生建筑垃圾约18亿t，到2020年将达到26亿t。从资源化利用来看，当前总体资源化率不足10%，相较于美日韩及欧洲的发达国家的90%～95%，存在较大差距。近年来，全国人大、国务院到各部委及各地政府等相继颁布了一系列法律、法规，以促进建筑垃圾资源化产业发展。

《城市建筑垃圾管理规定》(中华人民共和国建设部令第139号) 提出鼓励建筑废弃物综合利用，鼓励建设单位、施工单位优先采用建筑废弃物综合利用产品；《关于印发2015年循环经济推进计划的通知》(发改环资〔2015〕769号) 要求“推进建筑废弃物资源化利用，发展和创造再生利用产品”；《关于印发促进绿色建材生产和应用行动方案》(工信部联原〔2015〕309号) 要求“以建筑废弃物处理和再利用为重点，加强再生建材生产技术和工艺研发，提高固体废弃物消纳量”；2016年2月，《关于深入推进新型城镇化建设的若干意见》(国发〔2016〕8号) 和《关于进一步加强城市规划建设管理工作的若干意见》(中发〔2016〕6号) 相继发布，要求建立建筑垃圾回收和再生利用体系。此外，从2010年起，我国共有10余个省市和超过167个地区出台了关于建筑垃圾管理的政策。

2018 年 3 月 23 日，住房城乡建设部印发《关于开展建筑垃圾治理试点工作的通知》（建城函〔2018〕65 号），决定在全国 35 个城市（区）开展建筑垃圾治理试点工作。试点任务包括加强规划引导、开展存量整治、加快设施建设、推动资源化利用、建立长效机制、完善相关制度等试点任务，标志着建筑垃圾资源化产业进入新的发展阶段。

1.7.2 市场分析

现阶段我国建筑垃圾处理行业的收入主要来自于建筑垃圾运输收费与建筑垃圾处置收费，费用标准一般是各地方发展改革委员会出台价格指导标准，按市场情况进行浮动，不同地区的指导标准不一。据市场研究预测，2018 年我国建筑垃圾处理市场的体量已经超过 800 亿元，相较于 2010 年 400 亿元翻了一番，8 年内的平均增长率超过 10%。若维持现有的增长率，到 2020 年，我国建筑垃圾处理市场规模可以突破 1000 亿大关。还有机构预测，到 2030 年，我国建筑垃圾能够带来的产值将超过 3300 亿元。

建筑垃圾资源化是建筑垃圾处理产业的延伸，随着中央、地方多项利好政策出台，限制天然砂石开采，鼓励建筑垃圾资源化，建筑垃圾再生骨料和再生建材市场前景广阔。2017 年 11 月 1 日，在第十二届全国人民代表大会常务委员会第三十次会议上，《中华人民共和国固体废弃物污染环境防治法》实施情况的报告的意见指出，要加强先进实用技术研发，鼓励建筑垃圾再生利用与城市道路交通、河道堤防等基础设施建设相结合，提高资源化利用水平。

国家财政给予建筑垃圾资源化项目较多税费优惠，鼓励建筑垃圾处理和资源化利用。技术方面，建筑垃圾处理处置相关标准、规范陆续出台，为建筑垃圾资源化产业发展奠定了一定的基础。近年来多地出台天然砂石开采禁限令，建材原料供应紧张，价格水涨船高，为建筑垃圾资资源化再生砂石骨料和再生制品带来新的发展契机。

当前，建筑垃处理与资源化产业处于探索阶段，国内建筑垃圾存量和产量均难以准确评估，建筑拆除、清运、分类、处理和再利用全产业链尚未形成较为成熟的商业模式，建筑垃圾资源化再生制品尚未形成批量化应用。从建筑垃圾的产生必然性来看，这是人类持续发展和对物质生活无止境的追求与有限的工程寿命及地理资源环境之间的难以调和的矛盾，在有限的工程寿命及地理资源条件下，要追求符合当代人需求的生活条件就必然要不断地改旧建新。由此，建筑垃圾的产生是不可避免的，只是多与少、慢与快、能否循环利用的问题。建筑垃圾资源化或将成为城市发展不可或缺的基础行业。

1.7.3 竞争态势

当前建筑垃圾资源化产业尚处于探索阶段，暂未形成行业巨头，比较有代表性的企业有许昌金科、北京联绿、建工资源、北京首钢资源、陕西元方实业、北京万方云等。其中，许昌金科通过获取当地建筑垃圾清运的特许经营权，每年处理建筑垃超过 450 万 t，并于 2017 年 7 月 4 日在“新三板”上市；建工资源主要采用移动式建筑垃圾处理工艺，用于存量和旧城改造项目中的建筑垃圾资源化利用；陕西元方实业将废弃混凝土路面切割回收、打磨处理再生的新型环保型建筑材料，改变了传统建筑垃圾行业的运营模式；北京万方云先后推出建筑垃圾大数据监管云平台、建筑垃圾智能生产平台、再生产品电子商务平台等系统产品，已在河南许昌开展“建筑垃圾管理和资源化利用试点”，促进政府监管和产业良性发展。

我国对建筑垃圾处理和再生利用技术研究起步较晚，当前建筑垃圾资源化产业政策、技术、装备等均处于高速发展期。

（1）政策方面：当前还没有形成一个切实有效的指导意见或者实施细则用于指导城市建筑垃圾资源化利用。建筑垃圾的资源化产业链节间表现为孤立和碎片化，缺乏源头减排约束机制，产生者负责机制尚未建立，再生产品推广机制缺少，是从业企业所面对的共性问题。

（2）技术层面：目前我国尚未实行建筑垃圾的源头分类，企业在特许运营中，政府会把该地区所有建筑垃圾都交由该企业处理，其原料的复杂性往往超出设计预期。建筑垃圾资源化利用固定式处理设备绝大部分是在原先的砂石生产设备增加部分功能改进而来，其处理建筑废弃物能力有限。

建筑垃圾资源化从业企业需要取建筑垃圾资源化的“特许经营权（BOT)”，进行合理配置和利用，实现建筑垃圾资源残值的开发，将其转移到再生建材中，即建立回收—加工—再利用一条龙式的产业关联，实现资源价值转移的最大化。在此过程中，上述政策变化、技术更新、产业链延伸、大数据的介入等，对企业竞争格局变化都有着深远影响。

第 2 章　建筑垃圾预处理

2.1 分　　选

在处理建筑垃圾过程中，有效分选（将不符合处置工艺要求的物料分离出来）尤为关键。建筑垃圾成分种类繁多，只有对其进行必要的分拣，才能根据各种物料的特点进行再生利用。

建筑垃圾的分选除杂过程主要分为机械和人工分选两种途径：机械分选是根据建筑垃圾中的杂物在尺寸、磁性、相对密度等物理特性方面的不同进行高效分离，主要包括风选、水力浮选、磁选技术等；人工分选主要针对无磁性的金属、玻璃、陶瓷等一般机械手段难以分离的杂物进行分离。在建筑垃圾处理过程中，因其所含杂质种类繁杂，除杂过程通常并用多种分选方法。

2.1.1 风选除杂技术

1. 概述

（1）定义。风选（风力分选）是重力分选的一种常用方法，该分选技术以空气为分选介质，在气流作用下使固体废弃物按相对密度和粒度大小进行分离。

（2）特点。风选技术是国际上最先进的轻物质分离技术，相比以往的人工分拣，其工作效率高、分离精度好、环保性好、不污染环境，整个生产处理过程为干式分离，不产生新的二次污染，大大提高了工作环境的舒适度。风选装备可以较大地提升建筑垃圾再生骨料生产线建设的整体性能和附加值，使我国的建筑垃圾处理成套技术向着绿色化、和谐化、智能化发展。

（3）分类。

1）风选技术按照气流作用的方向可分为正压风选（鼓风式）和负压风选（吸风式）两种。正压风选（鼓风式）是指轻质物在气流的作用下向上带走或水平方向带向较远的地方，重质物则由于上升气流不能支持而沉降，或由于惯性在水平方向抛出较近的距离，被气流带走的轻质物进一步从气流中分离出来。负压风选（吸风式）风选原理与除尘器类似，在建筑垃圾输送或筛分过程中设置吸风口，利用负压实现轻质物、细微颗粒等物质的分离，再经过旋风除尘器、布袋除尘器等实现杂物捕集。根据目标分离物的不同，吸、出风口风速一般控制在 15～50m/s。

2）风选技术按照气流流动的方向可分为水平气流分选和垂直气流分选。水平气流风选是目前应用较多的类型，此种结构的风选装置效率高、需要的动力相对较小，且水平气流结构中的气流较为稳定，控制好气流的角度和大小能够较好地避免产生气流漩涡，从而影响风选效率与效果，其结构示意图如图 2-1 所示。垂直气流风选的基本原理是基于轻质物和重质物受到自身重力和阻力，一定强度的气流将轻质物向上方吹，在轻组分收集槽收集，重质物则由于较大的惯性力在底部重组分收集槽沉降，其结构如图 2-2 所示。

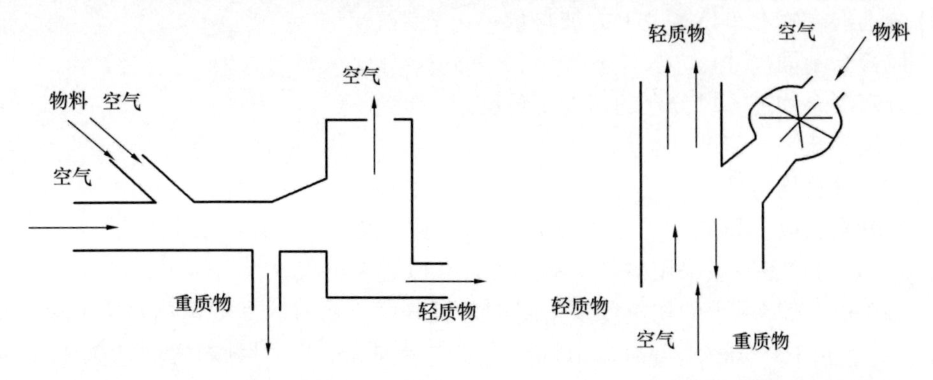

图 2-1　水平气流风选结构示意图　　　图 2-2　垂直气流风选结构示意图

2. 关键技术

（1）风选除杂系统的工作原理。风选除杂系统基于风力浮选的原理进行工作。由于重质物与麻丝、纸片、塑料等轻质物之间的悬浮速度存在差异，在气流的作用下，轻质物随着气流上升，而重质物在重力作用下下降。为了使轻质物与重质物进行有效分离，则必须制造一个垂直风场，同时因轻质物与某些重质物悬浮速度的差异并不悬殊，因此风场需要足够的分离空间。在风场与重力的双重作用下，实现轻质物与重质物的分离。分离出的杂物与重质物通过慢速带由人工挑选，此时杂物集中，负荷很小，便于杂物的剔除。

（2）风选除杂系统的工艺流程。风选除杂系统的工艺流程如图 2-3 所示。

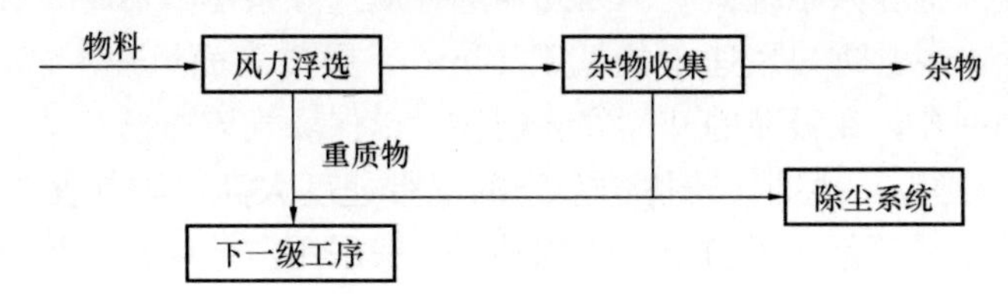

图 2-3　风选除杂系统的工艺流程

（3）风选除杂的工艺位置。风选除杂放于人工挑选前还是人工挑选后都是可行的。

1）放于人工挑选之前。当将风选除杂放在人工挑选前时，经过风选除杂后，物料的洁净度提高，其中的麻丝、纸屑、塑料、干草等轻质物已经被剔除，可以降低人工挑选时的难度，且经过风选除杂后，物料中的部分游离灰尘已进入除尘系统，可使人工挑选环节的工作环境得到改善。

2）放于人工挑选之后。当将风选除杂放在人工挑选后时，经过人工挑选后的物料比较松散，流量均匀，风选除杂的效果比较好，更利于杂物的剔除。通常为了提高杂物的剔除率，一般将风选除杂工艺放在人工挑选之后。

（4）风选除杂系统的组成。风选除杂系统由风分设备、落料器、风机、皮带、循环管路、均料设备、振筛输送机等组成。下面主要介绍前 3 者。

1）风分设备。目前常用的风分设备大都采用悬浮式风分器，其原理是利用不同物料悬浮速度的差异而实现物料分离。悬浮式风分器的风分效率主要受以下因素影响：

① 分离混合物中各单体悬浮速度差异；

② 分离混合物在单位宽度上的加料量；

③ 风分仓断面尺寸；

④ 分离混合物进入风分仓的速度及角度；

⑤ 作用气流平均速度；

⑥ 作用气流均匀性；

⑦ 风分仓分离空间。

目前，风分设备一般采用皮带送料的方式，以避免出现堵料等问题。风分器为达到分离效果，物料一般以一定的初速度及角度进入风分区，物料的速度与抛料方向宽度相关，当抛料方向达到1200mm宽度时，抛料初速度应达到3m/s，对抛料方向达到1500mm宽度时，抛料初速度应达到4～5m/s；皮带速度通过变频调节，当皮带速度较高时，从结构上要防止皮带跑偏及动平衡等问题，皮带的角度通常为24°。

2）落料器。落料器也称为气料分离器，其作用是将混合在一起的物料与空气进行分离，原理是物料流从落料器进口进入后，由于物料惯性，物料紧贴落料器蜗壳向下运行，沿落料器的内壁滑落进落料器下部的气锁内，旋转的气锁使落料器内的气体与外界气体相隔离，物料随气锁旋转被排出落料器，而气体从筛网吸鼓被风机抽走，实现物料和空气的分离。

落料器主要依靠物料的惯性工作，因此物料进入风分器的速度起到关键作用，同时气体从吸鼓处被吸走，吸鼓表面的风速也影响物料分离。对风选除杂系统，物料以轻质杂物为主，因此吸鼓表面的风速对物料影响更为显著，若选型不合理，则会造成吸鼓的网孔完全被麻丝堵死，使风选除杂系统瘫痪。因此在选择风选除杂落料器时，必须考虑进口风速及吸鼓表面的风速，通常进口风速不能低于15m/s，吸鼓表面风速不能超过3m/s。为避免麻丝堵死吸鼓的网孔，在吸鼓的外侧安装刷辊，以保障气流通畅。

3）皮带。因为是人工挑选，若挑选杂物的皮带速度太高，则易使工人眼睛疲劳，影响除杂效果，同时皮带颜色也要利于杂物挑选。一般采用白色皮带，带速为0.2m/s。

3. 正压风选技术

当每小时的垃圾处理量比较大、含有的轻质物比较多时，需要选择正压风选技术（鼓风式）。

（1）正压风选设备。Nihot鼓式风选机是一种利用可控气流进行高效风选的设备。其可以分选和提升多种废弃物，如城市生活垃圾、建筑废弃物等。

（2）正压风选机可风选的废弃物特点。正压风选机（鼓式风选机）能够高效处理的废弃物的特点如下：

① 较大尺寸的废弃物；

② 较大的轻质物；

③ 含有较多水分的物料。

（3）风选机处理量。鼓风式风选机可以处理150t/h的废弃物，其中轻质物的量可达到25t/h，可处理尺寸较大的物料。气流的循环使用是风选机的一个非常关键的因素，气流的回用率越高，使用的过滤器（除尘器）越小，整体的功率也就越小，相同处理量的情况下，当气流回用70%时，可节省60%的能耗。

(4) 风选机的特点。

① 很好地控制出料的热值；

② 有效去除杂质，保护垃圾预处理过程中的破碎机；

③ 需要很少的易耗件；

④低维护和高可靠率；

⑤ 鼓风式风选机是可控气流分选方案之一，最高可达99%的分选纯度；

⑥ 分选物产量非常高。

4. 负压风选技术

在单位时间内处理量较小和物料中轻质物含量较低的情况下，可以选用负压风选技术。

(1) 负压风选设备。负压风选机也是目前国内外企业制造的主要机型，一般以负压吸气为主，有Z形风选机和V形旋风分离器。当每小时进料量很小，同时物料中含有的轻质物含量较少时，可以选用此类机型，例如在塑料回收利用过程中，经常使用Z形风选机将塑料碎片上的标签等轻质物吸走。在建筑垃圾和生活垃圾处理中，在轻质物含量非常少的情况下，可以将吸气口放置于输送带上方，将少量的轻质物吸走，达到分离效果。

(2) 负压风选设备特点。

优点：结构简单，造价经济，在处理较少轻质物和不考虑去除轻质物品质的时候效果相对不错。

缺点：当遇到每小时进料量较大，同时物料中轻质物含量较高时，风吸式风选机不能有效地将轻质物去除，同时也由于物料在输送带上会存在“叠加”的现象，若气流控制不准确，风吸式风选机会将轻、重质物吸走，不能达到完全分离的效果。这也是目前很多风吸式风选机在建筑垃圾和生活垃圾项目中应用失败的主要原因，因此风吸式分选机不具有处理大量轻质物的能力。

(3) 负压风选机的形式。负压风选机有不同的形式，如S形、V形、Z形，如图2-4所示。S形分离单元是一个对角风选设计，在此对角风分室内，轻、重质物被分开。对角气流分选可处理的物料尺寸为20～400mm，该设备的特点和优势体现在：①70%的气流将被回用；②极高的分选效率，高达99%；③放置灵活，可以在不同地方安置和布置。

5. 正负压结合分选技术

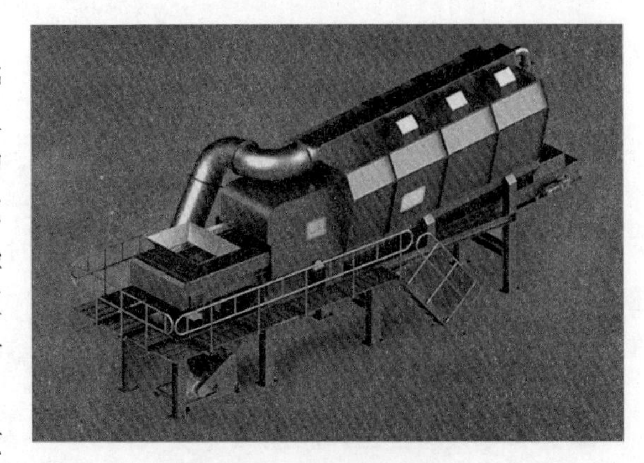

图2-4 负压风选机

建筑垃圾中轻物质物（木头、纸片、塑料等）的分离，是影响建筑垃圾再生骨料质量的关键技术环节。轻质物的清除是建筑垃圾资源化再生利用工艺设计中的重点，也是技术难点。目前轻质物的清除所用到的风选机多数采用正负压一体式，配备低噪声鼓风系统和粉尘收集系统。

本节以某一正压＋负压吸附式轻质物分离设备为例，对正负压结合技术展开相关介绍。该设备采用正压＋负压吸附的技术原理，可以将建筑垃圾混凝土中的轻质物有效分离。

（1）正负压结合分选设备的工作原理。如图 2-5 和图 2-6 所示，分选除杂过程中，通过风吹正压和负压抽吸吸附两种气流作用，在将轻质物从骨料中分离之后，又使轻质物进一步分离成中重质物、较轻质物两类，满足高端要求的复杂的轻质物分离。

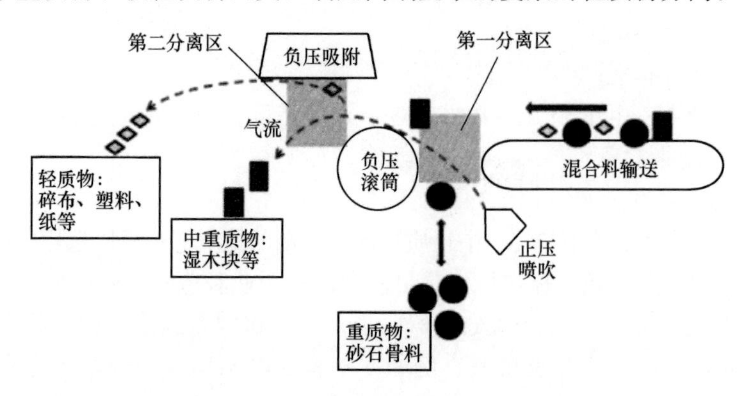

图 2-5　正负压结合分选设备工作原理

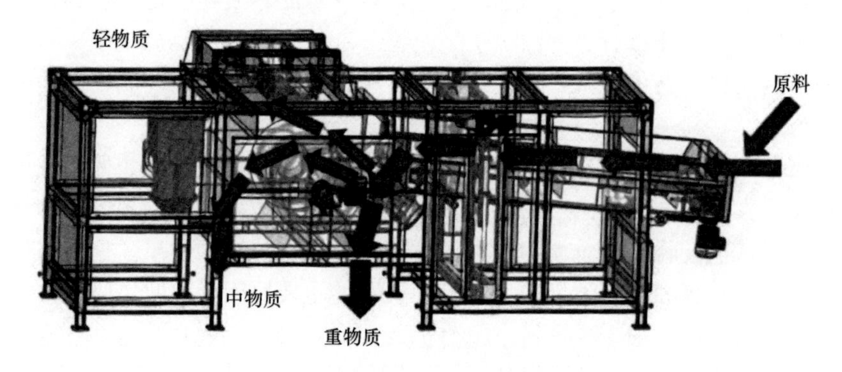

图 2-6　正压＋负压吸附式设备结构图

（2）正负压结合分选设备的特点。整体设备采用集装箱式结构，便于运输和移动；采用全包封及过滤除尘设计，有效抑制粉尘及噪声排放，满足建筑垃圾处理恶劣的工作环境需求。

2.1.2　水浮选除杂技术

1. 概述

建筑垃圾中混杂的废塑料、废木材、废纸张、混凝土等轻质物的密度小于水，利用其在水中的可浮性实现与混凝土、砖瓦等重质物的分选。区别于选矿行业的浮选工艺，建筑垃圾浮选并不需要添加浮选药剂改变可浮性，通过自然可浮性的差别即可实现分选。建筑垃圾从浮选设备中部进料，不可浮的重质物沉入浮选设备底部的输送装置上，由该输送装置向一侧运出，输送过程中一并沥水；轻质物（杂质）浮于水面上，由上部的桨叶装置从浮选设备另一侧刮出。

2. 水浮选设备的工作原理

水浮选工艺是高品质骨料生产的必备工艺。该设备利用水浮力原理，分离清除物料中的轻质物，同时清洗骨料表面黏结的泥土，可大大降低物料中轻质物和泥土的含量，提高骨料品质。水浮选设备如图 2-7 所示。

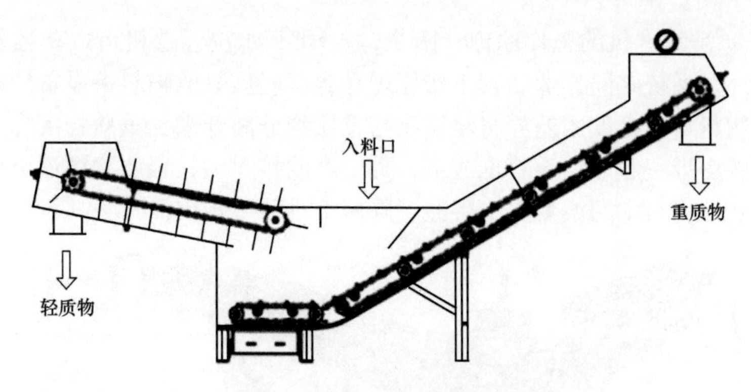

图 2-7　建筑垃圾水浮选设备

水浮选系统包括浮选槽、除杂器、清洗管道、骨料皮带、沥水筛、淤泥排出装置、水净化系统等。水净化系统包括供水装置、回水装置、过滤装置、沉淀池等，系统工艺设计应满足水浮选系统的需要，及时过滤清除污水中的淤泥，保证水的循环使用，没有污水外排。

3. 水浮选的特点

建筑垃圾水浮选的优点是处理能力大，分选效率高，除杂效果好；但由于建筑垃圾中含有一定量的渣土，因此配套的水循环系统需定期清除水中的泥砂。为避免泥砂快速堆积，进入浮选工艺的建筑垃圾原料中渣土含量不宜过高，且粒度适中，因此浮选前应进行初级破碎及渣土预筛分。同时，浮选应与人工拣选、风选、磁选等除杂工艺相配合，不宜承担过高的除杂负荷。

4. 水浮选机介绍

水浮选机是专门针对建筑垃圾经人工分拣之后，物料中仍然存在的橡胶、包装废弃物、废纸、布块、塑料等轻质物杂质进行洗选分离的设备。其中带式浮选机的优点在于对破碎后的建筑废弃物物料进行处理，能有效去除再生骨料中的淤泥和杂物，且除尘效果好，可有效提升再生骨料的质量，其结构如图 2-8 所示。

图 2-8　水洗浮选机的主要结构

（1）BHF 水洗浮选机的工作原理（图 2-9）。BHF 水洗浮选机可以单独作业，也可与其他设备组成一个系统共同作业。其工作原理是含有轻质物的物料由设备的入料口进入水中，根据混合物料与水密度的差异将轻质物与重质物分离开来。重质物沉降至水下的皮带机受料段并随着皮带一起运动至料堆或下一道工序的接料点；轻质物漂浮至刮料区域，被刮料皮带机刮除，物料中的淤泥在水中经沉降后由排污口排出。

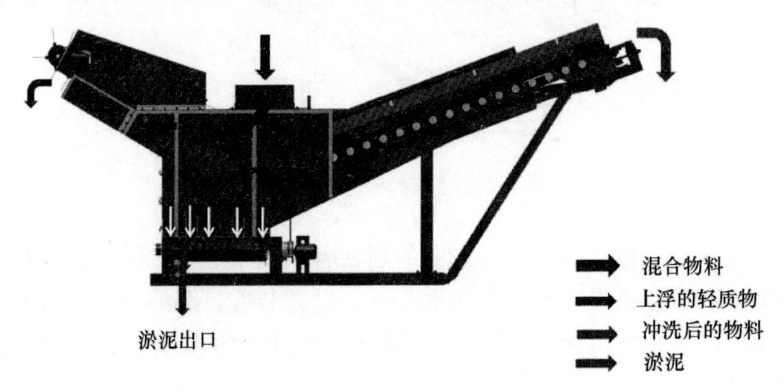

图 2-9 BHF 水洗浮选机的工作原理

（2）BHF 浮选机的技术参数（表 2-1）。

表 2-1 BHF 浮选机的技术参数

型号	线速度（m/s）		处理能力（t/h）	耗水量（m^3）	功率（kW）			质量（kg）
	输送皮带机	刮料板除杂机			输送皮带机	刮料板除杂皮带机	排泥螺旋铰刀	
BHF8	0.3～0.8	0.25	70～225	2～7	5.5	1.5	3	6695
BHF10	0.3～0.8	0.25	110～300	3～9	7.5	1.5	4	7595
BHF12	0.3～0.8	0.25	170～450	5～13.5	11	1.5	4	8145
BHF14	0.3～0.8	0.25	210～560	6～17	15	1.5	5.5	9375
BHF16	0.3～0.8	0.25	250～670	7.5～2.0	18.5	1.5	5.5	10215

（3）BHF 水洗浮选机的特点：

1）主皮带机采用变频调速电动机，可以满足现场不稳定料流的分选，以及控制皮带机在较低的速度下运行。

2）皮带机倾角 20°，减小了浮选机单元的外形尺寸，可以节约现场的安装空间并增强物料的沥水效果，节约用水。

3）螺旋铰刀出料口采用翻板阀，方便清淤。

4）水面加装浮球液位计，通过监测水面的高度来控制加水时间。

5）环形胶带采用裙边带，并在承载处有 90°开口人字纹，解决了普通胶带角度的限制，同时也保证输送机两侧不会撒料。

6）方孔结构的刮板，偏于水流通过，使刮料时的水阻力更小。

7）落料点水面空间大，保证了轻质物的漂浮时间。

8）结构合理，采用模块化设计，使水洗浮选机单元安装方便，维修简单。

2.1.3 磁选除杂技术

1. 概述

建筑垃圾中的磁性物大多为混凝土建筑结构中的钢筋。建筑物拆除后，裸露的废钢筋、较大体积的钢板、钢梁、地脚螺栓等可经过切割处理后经人工分拣收集，而包裹夹杂在混凝土块中的废钢筋则需要经过破碎处理后，通过磁选的方法实现分选。建筑垃圾磁选工艺一般安排在各级破碎工序之后，以跨带式磁选机与永磁滚筒磁选机相配合的磁选工艺最为常见。

磁选作为一项重要的分选技术，近 30 年得到迅速发展，应用范围不断扩大，逐渐由矿物加工领域不断向环保领域、煤炭领域扩展，处理对象也由粗颗粒强磁性矿物向微细颗粒弱磁性矿物扩展。

磁选技术的发展主要体现在：①磁源的发展，特别是高性能稀土磁性材料的大规模商业化应用，推动了永磁中高磁场磁选技术的发展；②导磁介质引入磁场产生局部高梯度磁场应用于磁选技术，推动了高梯度磁选技术的发展；③新型磁路设计，主要是基于新材料的磁路设计及结合工艺要求进行的创新性磁路设计。磁选技术的发展也推动着磁选设备朝着轻量化、大型化、高效化等方向发展，改善了分选效果，得到越来越广泛的应用。

2. 建筑垃圾处理生产线专用磁选机（除铁器）介绍

（1）概述。磁力除铁技术是分选技术的重要组成部分，用于预防意外的含铁物料进入破碎设备或其他设备造成设备的损坏。近 10 年来，磁力除铁技术在新领域扩展、设计技术更新、新磁源使用等方面取得了显著的进步。

建筑垃圾的破碎与矿山的破碎相比存在较大差异，虽然都采用破碎机，但建筑垃圾中含有废钢筋、轻质物等难以破碎的物料。对废钢筋等磁性物料的分离，则需要在破碎的过程中安装除铁器。

除铁器一般分为平板磁选机、平板除铁器等设备。除铁器是一种能产生强大磁场吸引力的设备，其能够将混杂在物料中的铁磁性杂质清除，以保证输送系统中的破碎机等机械设备的安全正常工作，同时可以有效地防止因大、长铁件划裂输送皮带的事故发生，亦可显著提高原料品位。

除铁器按其卸铁方式又可分为人工卸铁、自动卸铁和程序控制卸铁等多种工作方式，由于使用场合和磁路结构不同，形成了各种系列的产品。

（2）适用范围。建筑垃圾处理生产线专用除铁器常用于破碎机前及输送机皮带上的物料的除铁，适用于各种恶劣的环境条件，多用在建筑垃圾处理生产线、移动破碎站中。

（3）除铁器工作原理。被皮带输送机输送的建筑垃圾，通过安装在尾部支架上的磁选机时，建筑垃圾中的废金属杂物被吸到磁选机上，弃铁胶带将铁磁杂物拽至电动滚筒卸下，达到自动除铁的目的。

1）磁选机使用前检查的步骤：

① 磁选机运行前用兆欧表测量绕组对磁体外壳的绝缘电阻，其值应不小于 10MΩ；检查励磁绕组的接线是否正确可靠，无误后方准使用。

② 开机前应检查指示油位是否在油标上限，并依次将各路开关送电，启动励磁回路，检查风机风流是否向外，流量表是否指示正确。若风机风流向内、流量表指示不正确，应调整风机、专用泵的接线。

③ 经常观察电压表、电流表的读数是否正常，不得超过其额定值。

④ 若除杂效果不佳，应适当调整吊高或除铁器与机头滚筒的前后距离。

2）磁选除杂工艺关键是选择配置的节点。一般是考虑在每次破碎后各设置一次磁选除杂工序，将破碎后暴露出的钢筋等铁质物分离。除铁设备通常采用电磁或永磁式的除铁器，具有自动卸铁功能，安装在物料输送皮带机上方，选型时要注意适应皮带机的宽度，悬吊安装高度距皮带250～300mm。

（4）磁选除杂设备的性能特点

1）磁性能稳定，磁路设计独特，除铁器磁力强，磁场梯度高；

2）具有自动纠偏功能的腰鼓形滚筒、全密封铸钢轴承座，保证除铁器在各种恶劣环境下长期无故障工作；

3）广泛应用于建筑垃圾处理等行业。

2.1.4 机器人分选技术

传统的分拣基本采用人工筛分的方式进行，工人劳动强度大，分拣效率低。智能分拣机器人（图2-10）采取色彩分选法，通过颜色来甄别砖和水泥石等建筑垃圾，选用全球顶级的视觉系统，依靠程序来分选。建筑垃圾中的许多轻质物，如木屑、电线皮、垃圾袋、香烟壳，家装的石膏板、三合板等，也可以用色彩分选法从建筑垃圾中被挑选出来。机器人视觉系统对颜色的判断超过人眼，可以非常细致地把不同颜色的垃圾分选出来。

图2-10 智能分拣机器人

（1）东京近郊一家废弃物处理厂Shitara Kousan是日本国内首个采用人工智能技术分拣垃圾的废弃物处理厂。工厂引入了4个形似人手臂的智能机器人，机器人通过传感器对传送带上的垃圾进行扫描检测，能同步识别出不同材质的垃圾，主要用来把混在建筑垃圾里的混凝土、金属、木材、塑料等可以循环再利用的垃圾挑选出来。据介绍，一开始，机器人对垃圾的识别率只有60%，但经过反复训练后，人工智能机器人通过机器学习，将识别率提升到了80%以上，目前这些机器人能识别的垃圾种类已达20余种，4台机器每分钟共计分拣50次，一天能处理2000t左右的垃圾。

（2）芬兰ZenRobotics公司与江苏绿和环境科技有限公司（下称“绿和”）签署了独家合作伙伴协议，两公司就中国首个建筑混合（装修）垃圾无害化处理项目开展合作，ZenRobotics的人工智能分拣系统在该项目中扮演重要角色，其有效分拣率达98%，这也是ZenRobotics首次进入中国市场。绿和副总经理杨英健在接受媒体记者采访时提到，芬兰ZenRobotics研发的回收垃圾分类系统，是全球首个已经商业化应用的机器人垃圾分拣系统，它包括人工智能识别技术的软件系统及高速、高精度的工业机器人（机械手），可用于分拣各种类别的材料。据了解，ZenRobotics是芬兰创新型、高科技公司的代表，现实版的“机器人瓦力”由该公司成功打造，将人力从分拣垃圾这项既脏又危险的劳动中解放出来，并且在垃圾分拣的过程中不需要人的参与，也没有预先编程来指导机器人做任务，机器人能够完全自主决策。

与传统的依靠代码来辨别材料的分拣技术不同，ZenRobotics机器人系统可通过“例子”来学习，它用传感器扫描来识别物体的表面结构、形状和材料构成，客户可通过提供200个样本来“教”机器人识别新的材料。这种学习能力使机器人具有灵活性，能够适应不断变化的废弃物流。目前，ZenRobotics的机器人主要用于分拣建筑、工业材料，包括金属、木头、石膏、石头、混凝土、硬塑料、纸板等，但它还可被“训练”分拣除垃圾以外的其他材料，其工作内容可以很容易通过软件更新。有资料显示，一个机器手可以高精度分拣4种不同性质的垃圾碎片，有效分拣率可达98%，最高分拣速度为3000次/h，工作时间为24h/d。

2.1.5　砖混分离技术

1. 重力分离技术

重力分离技术是一种基于重力分选理论实现建筑垃圾砖物料与混凝土物料的分离方法，并设计了建筑垃圾砖与混凝土分离设备。该设备利用砖与混凝土的密度差异，借助合理的运动参数、适当的辅助手段实现建筑垃圾中砖物料和混凝土物料的分离。该技术确定了分离设备的技术参数，研发了针对建筑垃圾砖与混凝土物料分离的设备，该设备可以实现建筑垃圾砖与混凝土分离率达到90%以上，分离效率为3.84t/h。

基于重力分离的原理，借助一定的方法实现建筑垃圾再生料黏土砖、混凝土的分离技术，黏土砖与混凝土分离原理及其对应的设计方案构建如下：

（1）黏土砖和混凝土块的表观密度不同，在合适的悬浮力与振动条件下实现分层。在相同的粒度范围内，物料成分的密度与空气动力学特性的不同使得在适当的振动和气流参数的作用下，密度较小的黏土砖浮在混合料的上层，密度较大的石子沉入混合料的底层与阶梯筛板相接触。由下而上的气流穿过物料，物料之间空隙增大，料层及物料之间的正压力和摩擦力降低，物料整体处于流化状态，有利于分层的实现。

（2）阶梯筛板的设计实现分层后的黏土砖与混凝土块物料移动。图2-11为阶梯筛板的设计，阶梯筛板在特有的振动方式与频率下给予混凝土块在下层移动的动力，进而使混凝土块沿阶梯筛板向上移动。阶梯筛板的运动轨迹为椭圆形，在振动电动机的带动下运动每一个周期，筛板阶梯推动混凝土块向上移动0～2个筛孔间隔。

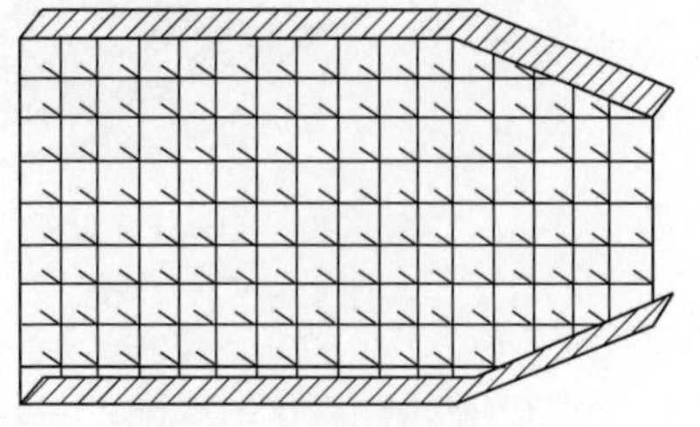
图2-11　阶梯筛板的设计

（3）偏心振动机具有合理配合阶梯筛板的运动参数，在黏土砖与混凝土块分离的过程中配合阶梯筛板的设计理念，使阶梯筛板按照椭圆形的运动轨迹前进。

（4）适当的辅助手段：鼓风机产生的一部分风从混凝土出料口部位以30°～45°的角度的挡风板吹向排

杂口方向，这样风力整体的运动方向是后上方，将混凝土出料口端点部位可能存在的部分烧制黏土砖出口吹向后端，提高了分离纯度。

根据建筑垃圾砖与混凝土的物理特性，基于以上砖混凝土分离的原理与方法，设计了砖混凝土分离设备，如图 2-12 所示。

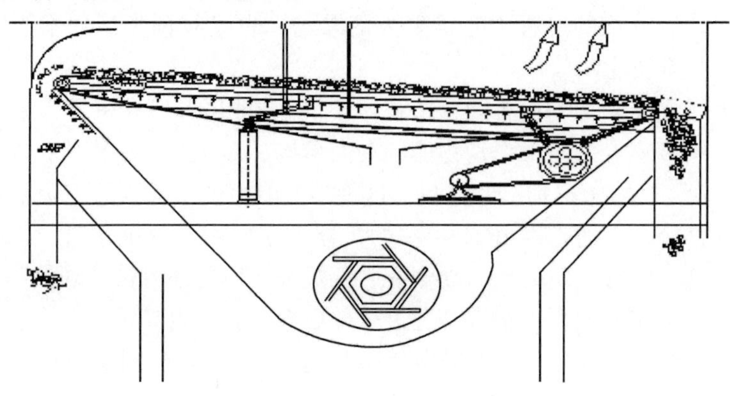

图 2-12　建筑垃圾砖混凝土分离设备简图

砖混凝土分离设备在工作时，物料从上部左端进入筛面，由于黏土砖与混凝土物料的密度和空气动力学特征差异，在适当的振动和气流的作用下，密度小的黏土砖浮在上层，密度较大的混凝土物料沉入筛底，形成自动分级。在自下而上的气流作用下，物料之间的空隙增大，料层之间的正压力和摩擦力减小，形成的流化状态促进了自动分级的形成。密度小的黏土砖物料在重力、气流、惯性力、连续进料的推动作用下相对于筛面下滑到下部出料口。密度较大的水泥混凝土物料在振动筛的作用下沿筛面向上运动，借助特殊阶梯筛板的作用逐渐从上部出料口排出。

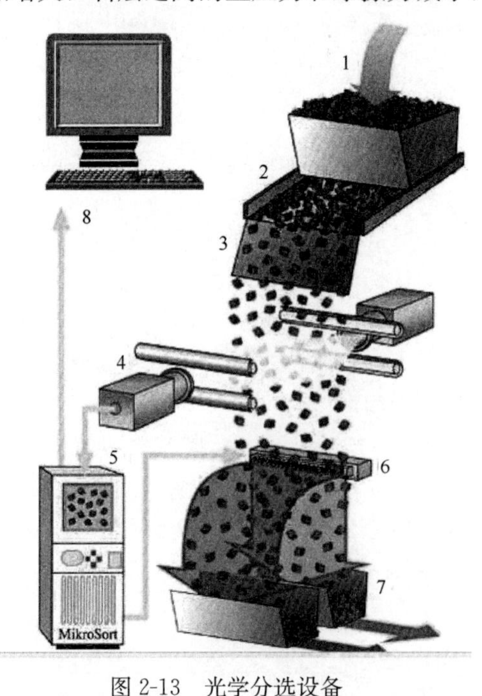

图 2-13　光学分选设备

1—给料；2—均匀化物料分布及输送；3—物料下落及颗粒分散化；4—物料的光学探测；5—图像处理；6—通过喷射高压气体分离物料；7—输送选别后的物料；8—计算机硬件及软件

2. 光学分选技术

光学分选技术可以通过物料识别有效地进行砖混分离工作，以前很多无法解决的问题，现在都可以通过软件及硬件来解决。

光学分选设备可以根据物料的颜色和亮度进行选别，例如区别混凝土和砖的颜色进行工作；可以根据物料颗粒大小进行分析或选别；可以根据物料颗粒的长宽比来选别；可以通过金属传感器以高敏度感应识别黑色金属和有色金属；可以根据特殊选别任务的需求，选别机可以结合多重传感器技术，如可双面检测的摄像头系统，结合金属传感器的摄像头系统。

图 2-13 为光学分选设备。

2.1.6 筛分风选一体机

1. 概述

筛分风选一体机是目前制砂行业先进、合理的筛分设备，该设备完美结合了风选技术及筛分技术。与传统的筛分技术相比，实现细料、粉料的最大面积筛分，提高了筛分产能与效率，同时结合负压除尘系统，可剔除成品砂中多余的石粉；采用粒度调整技术，可实现成品砂细度模数的自动调整。

2. 筛分风选分离技术原理

筛分风选一体机利用振动筛分和气力分级相结合的原理。物料在下落过程中受到垂直于料层的气流作用，微粉被夹带进气流；骨料继续下落，与筛网接触进行振动筛分，其间微粉进一步分离，进入气流；气流夹带微粉有组织地进入后续的除尘系统而被收集；清洁骨料被筛分成不同的粒级，可根据需要调整筛网的数量及孔径，如图2-14所示。

筛分风选一体机主要由振动给料机、分散装置、空气筛风选室、振动筛及鼓风机组成。

振动给料机：采用自同步高频（25Hz）直线振动技术，振幅低，同时内置散料叶片，给料效果好，连续均匀。

分散装置：由内框架、外框架、散料板、弹性元件、振动电动机组成。工作时，振动电动机对称安装，同步反转，且呈一定的角度，其突出的优点是工作轨迹为椭圆形，工作时不仅有水平运动，还能上下小幅度振动，具有更好的散料效果。同时开停机的时候，能快速越过共振区，减轻及防止共振现象。

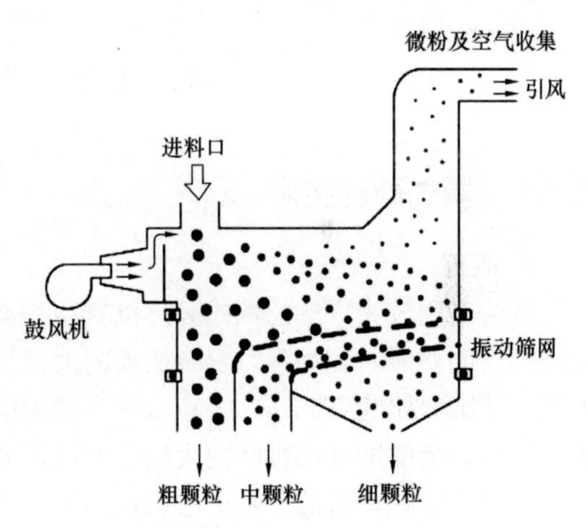

图2-14　振动风筛分离技术原理

空气筛风选室：内置风量调整板、风切板、粒度调整机构等。当物料从风选室上方自由落下时，在风力的作用下，按照规格、粗细程度进行分级。风量调整板具有调节风量风压的作用，风切板可以降低粉尘中0.15mm物料的含量，提高成品砂含量。粒度调整机构可以调整成品砂的细度模数。

振动筛：采用自同步直线振动技术，结构更加紧凑，占用空间小，处理能力大，筛网采用新型聚氨酯防堵筛网，使用寿命长，防堵塞效果好。

鼓风机：采用变频技术，效率高，更加节能，为空气筛分系统风选提供动力。

3. 筛分风选技术特点

筛分风选技术主要具有如下优点：

(1) 该技术巧妙地结合风选技术和筛分技术的优点，具有剔除成品砂中多余石粉、缓解筛网堵塞、提高筛分产能及效率等突出优点。

(2) 空气筛内部具有粒度调整板，能根据不同客户的需求，调节成品砂的细度模数。

（3）分散投入风量、提高筛分性能，最细的物料具有最远的筛分长度，最粗的颗粒具有最短的筛分距离。如图 2-15 所示，空气筛中的细物料由于质量轻，经过风吹，筛分有效距离长，而普通筛分机相反。

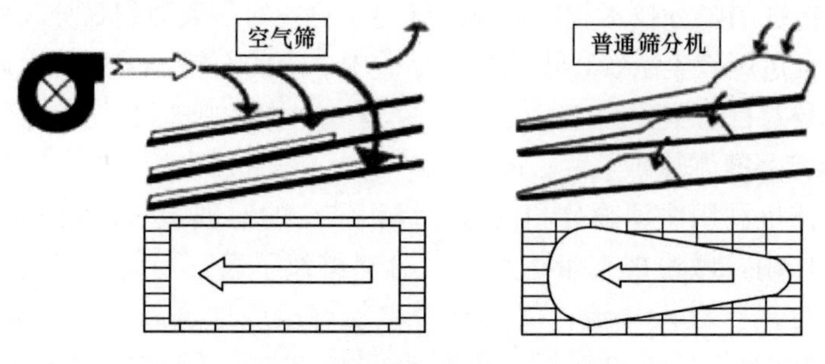

图 2-15　空气筛与普通筛分机原理图

2.2　破碎整形

2.2.1　颚式破碎技术

1. 概述

目前应用较为广泛的颚式破碎机有两种类型，即动颚做简单摆动的曲柄双摇杆机构的破碎机（简摆型）和动颚做复杂摆动的曲柄摇杆机构的破碎机（复摆型）。前者一般为大中型，其破碎比为（3～6）∶1；后者一般为中小型，其破碎比可达到 10∶1。随着工业技术的发展，复摆型破碎机已向大型化发展，而简摆型破碎机已趋于被淘汰，并且经过长期的破碎作业实践，目前市场上已出现结构形式多样化的颚式破碎机。

颚式破碎机的关键部位是破碎腔，由动颚和静颚两块颚板组成；颚式破碎机通过模拟动物的两颚运动而完成物料破碎作业。在实际生产作业过程中，颚式破碎机具有破碎比大、结构简单、维修方便、出料粒型均匀、运行费用低等优点。

颚式破碎机的规格用给料口的宽度 B 及长度 L 表示。通常给料口宽度大于 600mm 者为大型颚式破碎机，300～600m 者为中型颚式破碎机，小于 300mm 者为小型颚式破碎机。

目前，我国颚式破碎机型号规格的主要表达方式：如 PEX150×750 中，P 为破碎机；E 为颚式；X 为细碎（粗碎不标）；150 为进料口宽度（mm）；750 为出料口宽度（mm）。其中的 X 可为 J（简摆型）或 F（复摆型）。

2. 适用范围

颚式破碎机主要应用于化工、水泥、冶金、矿山、建材、耐火材料、陶瓷等行业中的粗碎和中碎过程，适用物料有花岗石、大理石、玄武石、石灰石、石英石、河卵石、铁矿石、铜矿石等。

3. 技术原理

颚式破碎机适用于破碎抗压强度不高于 300MPa 的各种软硬矿石。

目前国内外市场上的颚式破碎机主要以复摆型为主。

复摆型颚式破碎机主要由机架、颚板、侧护板、主轴、飞轮、肘板、调整机构等组成。复摆型与简摆型颚式破碎机相比，其特点体现在：质量较轻，构件较少，结构更紧凑，破碎腔内充满度较好，破碎均匀，生产率较高，产品质量更好。

复摆型颚式破碎机的构造如图 2-16 所示。电动机通过带传动带动带轮 11，从而带动偏心轴 5 转动。偏心轴内侧一对轴承支起动颚 1，外侧一对轴承将整个轴支承在机架 8 上。在偏心轴两外端部分别装有飞轮 7 与带轮 11，以调整破碎机工作时主轴运转速度的波动。动颚的下部由推力板 9 支撑，推力板的另一端支承在与机架 8 的后壁相连的楔铁调整座上。当需要调整排料口尺寸时，只需调整楔铁上的螺栓，使楔铁上下移动，带动调整座在滑道中前后移动即可。

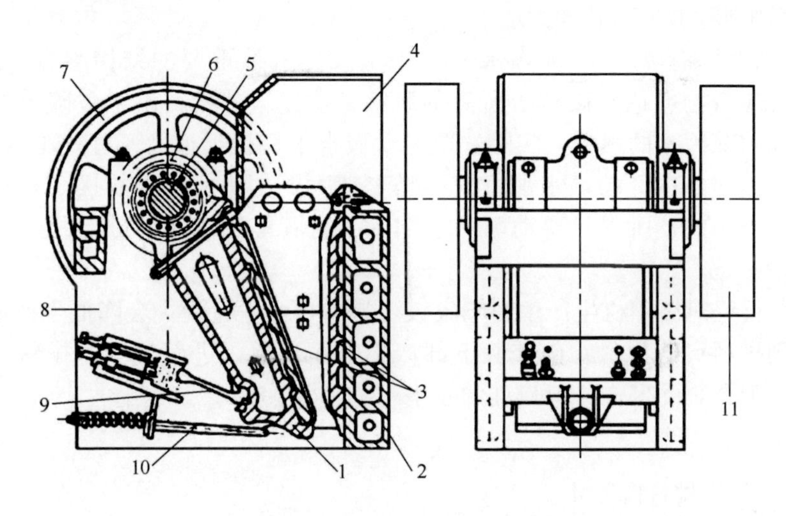

图 2-16　复摆型颚式破碎机的构造

1—动颚；2—定颚；3—颚板；4—侧板；5—偏心轴；6—轴承；
7—飞轮；8—机架；9—推力板；10—弹簧拉杆；11—带轮

推力板 9 的两端头为同一圆柱的圆弧面，且中部较两端薄些。两端头圆弧与动颚 1 和调整座上的衬垫接触，在破碎机工作时，两者间为纯滚动，以提高机械运转的机械效率并延长零件的使用寿命。

由于推力板与肘板衬垫之间不是几何锁合，而是靠动颚的质量实现重力锁合，因此在机器运转时，由于动颚产生的惯性载荷，会使推力板与其衬垫周期分离而产生冲击响声，严重时甚至会使推力板从其两端衬垫中脱落。因此在动颚下端有一根拉杆通过机架上的弹簧拉杆 10 拉住动颚，使推力板与衬垫始终保持贴合状态。

4. 关键技术内容

（1）主要技术参数。影响颚式破碎机工作的主要因素有啮角、偏心轴转数、传动角、动颚水平行程和偏心距等。

1）啮角（α）。啮角是动颚板与固定颚板钳住物料时延长线所形成的夹角。啮角大小直接影响生产率和破碎腔高度，啮角小能提高生产率，但在一定的破碎比条件下，又增加了破碎腔高度。根据计算，最大啮角可达 32°，实际生产中，为了安全起见，复摆型颚式破碎机的啮角一般为18°～20°。啮角太大，会使破碎腔中的物料向上挤出，以致伤人或损坏其他设备，同时随着啮角增大（破碎比加大），生产率下降。

2）偏心轴转速（v）。偏心轴转一周，动颚往返摆动一次，因此，偏心轴每分钟的转速即为动颚每分钟的摆动次数。在一定的范围内，增加偏心轴的转数可以提高破碎机的生产能力，但也会增加破碎单位质量物料的电能消耗。转速太大，会使破碎腔中已被破碎的物料来不及排出而产生堵塞现象，反而使生产能力降低，电能消耗增加。因此，颚式破碎机应有一个最适宜的转数。

3）传动角（γ）。传动角影响着机构的传动效率。在推力板长度一定的情况下，加大传动角会提高机构的传动效率，但必须要求偏心距增大才能保证行程的要求，这就导致动颚衬板上部水平行程偏大，物料的过粉碎引起排料口的堵塞，使功耗增加，同时，也将使定颚衬板下部加速磨损。故传动角取γ=45°～55°。

4）动颚水平行程（S_Y）。动颚水平行程是破碎机最重要的结构参数。理论上说，动颚水平行程应按物料达到破坏时所需的压缩量决定。然而，由于破碎板的变形及机架间存在的间隙等因素的影响，实际选取的动颚水平行程远远大于理论上求出的数值。在复摆型颚式破碎机中，动颚水平行程则是上部大下部小。物料的尺寸是从破碎腔的上部向下逐渐减小的，所以只要动颚的上部水平行程能够满足要破碎物料所需要的压缩量即可。

动颚水平行程对破碎机生产率影响较大，排料口水平行程小会降低生产率；但也不能太大，否则排料口的物料在破碎腔下部产生过压现象，进而易堵塞排料口，致使机件过载损坏。因此，动颚在排料口处的水平行程应为

$$S_Y \leqslant (0.3 \sim 0.4) S_{min}$$

式中　S_{min}——最小排料口尺寸。

5）偏心距（E）。偏心距是指偏心受力构件中轴向力作用点至截面形心的距离。偏心距对破碎机生产率和传动功率都有影响。在其他条件相同的情况下，增大偏心距可使动颚水平行程增加而提高生产率，但也因此增加功率消耗。

当动颚水平行程确定后，偏心轴的偏心距就可以利用画机构图的方法来确定。对简摆型颚式破碎机而言，偏心距与动颚水平行程在数值上相等；对复摆型颚式破碎机，偏心距可根据动颚水平行程而定，即偏心距$E=(0.45 \sim 0.5) S_Y$。

（2）颚式破碎机日常维护与保养及故障、故障原因和排除方法。

1）颚式破碎机的日常维护与保养。

① 检查轴承发热情况。一般滚动轴承温度低于70℃，滑动轴承温度低于60℃，若出现异常情况，应停机检查。

② 检查润滑系统是否正常。中、小型破碎机应定期加注黄油；应观察润滑系统压力表的数值是否正常。

③ 检查各部件的螺栓和键等连接件有无松动现象。

④ 检查齿板和传动总件的磨损情况，检查拉杆弹簧工作是否正常。

2）颚式破碎机的故障、原因和排除方法。

颚式破碎机的故障、故障原因及故障排除方法见表2-2。

表 2-2 颚式破碎机的故障、故障原因及故障排除方法

序号	常见故障	故障原因	排除方法
1	轴承的温度超过容许温度，回油的温度超过60℃	(1) 轴承轴瓦压得过紧； (2) 润滑油不足，润滑油路堵塞，润滑油脏； (3) 轴承刮得不平	(1) 用垫片调节轴瓦的压紧程度； (2) 增大润滑油量，清洗油沟和润滑油路，更换润滑油； (3) 检查轴承安装是否正确并刮轴承
2	从冷却器排出的水温度超过45℃	冷却水不足，冷却系统变脏	向冷却系统中加水，清洗冷却系统
3	油流指示器断油	(1) 油泵有故障； (2) 油凉； (3) 开关关得过紧	(1) 修理油泵或更换油泵； (2) 将油加热； (3) 检查开关是否已打开
4	给油系统中的油压升高，并且轴承和回油的温度相应上升	油管或破碎机零部件中的油沟阻塞	停止破碎机运转，清洗油管和破碎机零件中的油沟
5	水进入给油系统内	(1) 过滤冷却器中冷却水的压力高于给油系统中油的压力； (2) 冷却水管漏水	(1) 应该使冷却水的压力比给油系统中的油压低0.5个大气压； (2) 检查并修复漏水处
6	破碎板抖动，产生金属撞击声	颚膛衬板松弛	停止破碎机运转，检查衬板固定情况，用锤子敲侧壁上的固定楔，使其完全挤进，然后拧紧楔和衬板上的固定螺栓或者更换活动颚板的支撑板条
7	推力板支承垫中产生撞击声	(1) 弹簧压力不足或弹簧破坏，支承垫产生很大磨损； (2) 支承垫松弛	(1) 停止破碎机运转，调整弹簧的压紧力，更换弹簧或支承垫； (2) 紧固支承垫
8	轴杆头发生撞击	偏心轴轴衬磨损	重新刮研轴衬或更换轴衬
9	破碎产品粒度增大	衬板下部显著磨损	将衬板调转180°或调整出料口间隙
10	强烈的劈裂声后活动颚板停止摆动，飞轮继续回转，连杆前后摇摆，拉杆弹簧松弛	(1) 由于掉入不能破碎的金属等，使推力板破坏； (2) 连杆折断	(1) 更换推力板； (2) 修理连杆
11	飞轮回转，破碎机停止工作，推力板从支承垫中脱出	弹簧破坏，拉杆破坏，拉杆螺帽脱扣	停止破碎机运转，检查破坏的零件并更换，安装推力板
12	飞轮显著摆动，偏心轮回转渐慢	皮带轮和飞轮的键松弛或破坏	停止破碎机运转，更换键，校正键槽
13	破碎机下部出现撞击声	拉杆的弹簧弹性消失或破碎	更换弹簧
14	振动	紧固螺钉松弛，特别是组合机架的螺钉松弛	系统地拧紧全部连接螺钉，当机架拉紧螺钉松弛时，应停止破碎机运转，把螺钉在矿物油中预热到150℃后安装

（3）颚式破碎机的优缺点。

优点：构造简单、机体牢固、工作安全可靠、制造、操作、维修容易；处理物料范围广，可破碎很硬的矿石；进料口大，能处理大块物料。

缺点：破碎比小，工作有间歇性，造成动颚有空行程而做了虚功；生产效率低，出料粒度大，往复运动不均匀；工作时惯性大，零件所受负荷大；在破碎黏湿物料，不但产量低，而且有堵塞现象；因排料口为长方形，易出片状产品，不宜处理片状岩石和软质物料。

5. 技术指标

为了便于设备的选取，现给出市场上常用的复摆型颚式破碎机的技术参数，见表2-3。

表 2-3　常用复摆型颚式破碎机的技术参数

型号	进料口尺寸（mm）	最大进料粒度（mm）	排料口尺寸（mm）	处理能力（t/h）	偏心轴转速（r/min）	电动机功率（kW）	质量（t）	外形尺寸（mm）
PE150×250	150×250	130	10～40	1～5	300	5.5	0.9	875×756×850
PE250×400	250×400	210	20～80	5～21	300	15	2.6	1450×1315×1296
PE400×600	400×600	350	40～100	16～65	275	30/37	6.5	1565×1732×1586
PE600×900	600×900	500	65～160	90～180	250	55/57	15.5	2305×1840×2260
PE750×1060	750×1060	630	80～140	110～320	250	110	28	2450×2472×2840
PE900×1200	900×1200	750	100～200	180～360	250	132	50	3335×3182×3025
PE1000×1200	1000×1200	850	192-260	200～420	250	132	51	3435×3182×3025
PE1200×1500	1200×1500	1020	150～350	400～800	180	220	100.9	4200×3732×3025

实际选用时，还应该根据具体情况考虑下列因素：物料的物理性质，如易碎性、黏性、泥砂含量及最大给料尺寸等；根据成品生产量和级配要求来选择破碎机类型和生产能力；考虑技术经济指标，做到合乎质量、数量的要求，操作方便，工作可靠，最大限度地节省费用。

6. 典型应用案例

北京市首座全封闭建筑垃圾处置线如图 2-17 所示。北京市首座建筑垃圾再生砂石骨

图 2-17　北京市首座全封闭建筑垃圾处置线照片

料项目设计产量为 150t/h，是北京 2014 年年初计划建立的 5 个大型建筑垃圾处理厂之一，采用了包括 JC340 系列颚式破碎机和 HC255 系列反击式破碎机等诸多产品在内的成套固定式破碎筛分系统。该系统高效、绿色，采用了除尘技术和浮选技术，试运行期间设备运行稳定，生产功能良好。

2.2.2　锤式破碎技术

1. 概述

锤式破碎技术是利用高速回转的锤头冲击物料，从而使物料沿自然裂隙层理面和节理面等脆弱部分破碎的破碎技术。锤式破碎设备类型很多，按转子数目分为单转子、双转子和多转子；其中单转子又分为可逆式旋转和不可逆式旋转两种。

锤式破碎机型号表示方法举例说明：PCK-1010，PC 为锤式破碎机，若前面标注 2 则表示双转子，单转子不标注；后面 K 为可逆式（Y 为一段、D 为单段、F 为反击型、Z 为重锤式，不可逆式旋转不标注）；横线后面的 10 为转子直径的百分数，最后的 10 为转子长度百分数，单位为 mm。全称为单转子 1000×1000 的可逆式锤式破碎机。

2. 适用范围

通用型（PC 型和 PCK 型）锤式破碎机可用于冶金、煤炭、建材、化工、电力等工业部门，适用于石灰石、长石、煤、盐、砖瓦、石膏、碎石等各种脆性物料的破碎，被碎物料的抗压强度最大不超过 150MPa，表面水分应小于 2%（对 PCK 型，表面水分应小于 9%）。

煤用（PC-M 型和 PCK-M 型）锤式破碎机主要用于抗压强度低于 12MPa、表面水分小于 9%的煤炭、石膏等脆性物料的破碎。

3. 技术原理

锤式破碎机主要靠冲击能来完成破碎物料作业。锤式破碎机工作时，电动机带动转子做高速旋转，物料均匀地进入破碎机腔中，高速回转的锤头冲击、剪切撕裂物料致物料被破碎。同时，物料自身的重力作用使物料从高速旋转的锤头冲向架体内的挡板、筛条，大于筛孔尺寸的物料被阻留在筛板上继续受到锤子的打击和研磨，直到破碎至所需出料粒度后通过筛板排出机外。

锤式破碎机的优点体现在具有较高的破碎比［一般为（10～25）∶1，个别可达 50∶1］、生产率高、单位产品能耗低、产品粒度均匀、过粉碎现象少、结构紧凑、维修和更换易损件简单容易；其缺点是锤头、箅条、衬板、转盘磨损较快，并且在破碎黏湿物料时，产量显著下降。

图 2-18 为 PCZ 系列锤式破碎机，此种破碎机属于反击型锤式破碎机。该机主要由机架、转子、反击板、箅条、联轴器、电动机等零部件组成。电动机通过弹性联轴器直接驱动转子旋转，使转子上的锤头呈放射性高速旋转，来打击进入破碎腔内的物料，形成一次破碎；物料受到锤头的打击后，以高速撞击反击板再次破碎，并且在物料冲向反击板以及从反击板弹回过程中又发生了多次物料之间的相互冲击而自破碎。在很短的时间

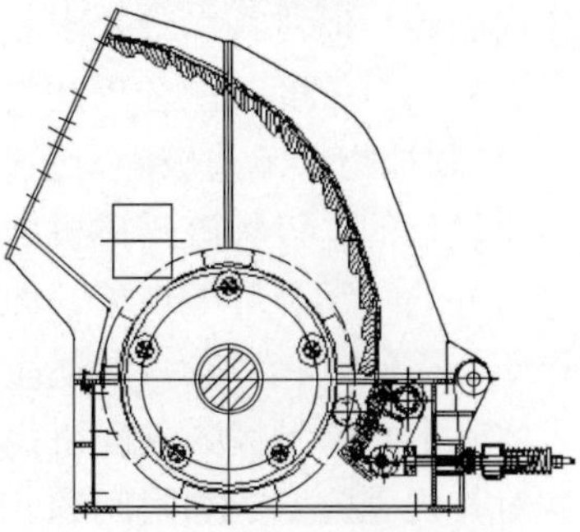

图 2-18　PCZ 系列锤式破碎机

内，经多次碰撞循环，破碎后的物料落到转子下部的箅条上；其中小于箅条缝隙的物料被排出形成产品；稍大于缝隙的物料，在筛条上又可受到锤头的挤压碾磨而形成最终产品。由此可以看出，该机在破碎原理上，既有锤式破碎机的细碎、粒形好的功能，又有反击式破碎机的节能、产量高的特点，并兼有辊式破碎机的挤压原理，是一种兼有多种破碎机之长的先进机型。

该机结构特点是机架由两部分组成，即开启机架、主机架。这两部分由螺栓经法兰板紧固在一起。打开转 90°，平行于基础水平放置，从而可方便地对转子上的锤头及其下部的箅条进行检修，也可对装于该部件上的反击衬板进行维修或调换；开启机架，在下部两侧装有反击板位置的调整机构。通过增加或减少调节垫片数量，可控制被碎物料的粒度；主机架主要用于支撑转子体并与开启机架形成深型破碎腔；转子主要由主轴、锤架、锤子、轴承等组成。锤头通过销轴悬挂在三角形锤盘上，可在一定范围内转动。锤架通过键套装于主轴上，并借助锁紧螺母固定在主轴上。

该机锤子结构的特点：单个锤子质量大，因而打击力量大，能破碎较大物料（入料粒度可达 200mm），使之破碎比较大；锤子采用组合式结构，锤帽和锤柄借助短销轴连接，磨损后仅更换锤帽，提高金属利用率；该机装有反击板，借用反击破碎的优点，增加破碎效果。这种破碎机可破碎抗压强度不超过 150MPa、水分不大于 10%的物料。

4. 关键技术内容

（1）锤式破碎机的形式及应用。

1）立轴式锤式破碎机。立轴式锤式破碎机的筒体通常由 8～12mm 钢板卷制为对称的两件组合，其内壁也装有耐磨衬板。该设备配置的两个撒料盘的厚度为 10～12mm，但其直径略有差异。所设的导料板起着将第一段破碎的物料导入下料盘被第二段破碎。

破碎后的物料进入筒体，被固定在盘上的高速转动的锤头击碎的同时，大块物料在锤头和衬板之间经受冲击和剥离而再次破碎，直至获得破碎成品被排出设备，即完成破碎的全过程。

立轴式锤式破碎机的结构简单、制造容易，具有更换锤头、衬板等易损件方便和耗用钢材少，便于调整破碎粒度等特点，但其撒料盘极易磨损的问题一直成为亟待解决的技术关键。对此，许多试验与研究试图通过选用某些高级合金耐磨材料或做耐磨层喷涂处理，如以“塑料王”或陶瓷等作耐磨喷涂材料加以改善，但由于成本较高而未能得到广泛推广应用。因此，寻求经济实用的耐磨材料仍然是提高其使用寿命和性能的主要课题之一。

立轴式锤式破碎机适宜用于石灰石类的中等硬度的物料破碎。立轴式锤式破碎机也可用作煤破碎，但对其水分要求较为严格，水分高于 16%时容易堵住出料口，从而降低产量，影响出料粒度，在选用此类设备时应充分考虑到这一点。

2）黏性物料锤式破碎机。黏性物料锤式破碎机是专为某些黏性物料如黏土质物料的破碎而设计的。该种破碎机机内采用履带式回转承击板的机构，可以防止黏性物料在破碎腔进口处的黏结和堆积现象，即使其承击板上出现物料黏结，也可被锤头刮掉而保持其正常作业，因此，具有较强的适应性。

实际上，这种锤式破碎机仍然未能很好地解决被破碎后的物料在转子后方的黏结、堆积和对其机壳内壁的黏附问题。因此，物料破碎后，残留于机体内的黏附和堆积物料量将越来越多，阻碍了破碎能力的发挥。为了改变这种状况，在此设备基础上增加一套疏松、清理装置，进而形成一种适应性更强、使用效果更好的黏性物料锤式破碎机。

3）环锤式破碎机。环锤式破碎机的锤头形状近似于环形，并且结构呈凸齿式或光滑式，因此是一种具有独特的锤头形式的锤式破碎设备。该机的其他结构与单轴锤式并无根本差别，但性能在用作煤炭的破碎时，更能得到充分体现。日本、英国、美国及法国等发达国家用于破碎煤的技术和设备发展极快，其设备都已形成系列化生产，故将其称为环锤式破碎机。其中日本生产的 TK 和 TKK 两种型号和英国爱可尔（EAGLE）公司生产的环锤式破碎机，无论是结构设计还是使用性能，都有其独到之处。

4）单段锤式破碎机。单段锤式破碎机的结构主要由转子、反击板、破碎板、排料格筛、异物排出门、机架等零部件组成。锤头一般为可全回转型，即回转角为 360°，且质量较大。其线速度一般在 30～50m/s。转子的强度对大块物料的冲击具有足够的承受力。由于单段锤式破碎机可以将 1m 左右的料块一次破碎到小于 25mm 的粒度，因而用作一级破碎，以获得大破碎比的工业应用极为普遍，这对简化工艺流程、降低电耗、减少投资、提高经济效益也大有意义。该机具有如下特点：

① 采用了仰击式的结构设计，使其具有较大的破碎工作角和破碎比，可以减轻大块物料对转子的冲击，对设备起到一定的保护作用，从而延长转子零部件的寿命。

② 破碎机上腔设有一个可调节的反击板，它具有足够的破碎空间，有助于提高上腔的破碎比。

③ 排料格子筛的可调性能强，使物料的破碎和排出粒度的控制更为方便。

（2）主要技术参数。

1）转子的转速。锤式破碎机转子的转速取决于转子的圆周速度。转子的圆周速度又是由被破碎物料的物理机械性能、产品的粒度、入机粒度等因素所决定的。众所周知，转子的圆周速度正比于破碎比和产品中细粒级的含量，但也与其能耗保持正比发展的关系。过大的圆周速度会引起锤头、箅条和衬板的磨损加剧，维修更换频繁。因此，选择合适的转子圆周速度是提高设备运转率、降低操作消耗的重要指标。一般说来转子圆周速度的确定，与物料的物性与种类有关，破碎黏性物料相较于破碎脆性物料的转子圆周速度往往低 30%～40%。

对破碎中等硬度且要求得到较细的破碎产品时，其转子圆周速度则需相应增加。锤式破碎机转子的圆周速度通常在 35～75m/s 内选取。粗碎时一般在 15～40m/s 内选取；细碎时在 40～75m/s 内选取。转子的线速度越高，破碎比就越大，但锤头的磨损以及功耗也越大。因此，在满足产品粒度要求的前提下，线速度应偏低选取。

2）转子的直径和长度。转子的直径根据给料粒度以及处理量确定。通常，转子的直径为最大给料粒度的 2～8 倍。转子的直径与长度的比值一般取（0.7～1.5）∶1。当需要的处理量较大、物料较难碎时，应选取最大值。

3）锤头质量。锤头质量对破碎效果和能耗影响很大。当质量过小可能破碎不了物料，或在打击物料时锤头向后倾斜过度时，破碎效果变差；当质量过大时则能耗增加，且在相同的空间内锤头数目减少。所以，锤头质量要在足以破碎物料的前提下，使无用功耗达到最小值，同时保证锤头在冲击物料时不过度向后倾斜。

计算锤头质量的方法有两种：一种是根据使锤头运动起来所产生的动能等于破碎物料所需的破碎功来计算；另一种是根据碰撞理论动能相等的原理计算。通常选取最大给料块质量的0.7～1.5倍。

4）生产率。目前，尚无考虑各种因素的锤式破碎机生产率的理论计算公式，一般是参照厂家的产品目录、生产实践数据或经验公式求得。经常采用的经验公式为

$$Q = KDL\delta$$

式中 Q——生产率（t/h）；

K——经验系数（对中等硬度物料，取K=30～45，设备规格较大时取上限值，反之取下限值）；

D——转子的直径（m）；

L——转子的长度（m）；

δ——物料的松散密度（t/m^3）。

5）电动机的功率。电动机的功率主要取决于物料的性质、转子的线速度、破碎比及生产能力等因素。目前，通常按下述经验公式来计算：

$$P = KQ$$

式中 P——电动机功率（kW）；

Q——破碎机的生产能力（t/h）；

K——比功耗（kW/t）。

对中等硬度的石灰石，K=1.4～2.0。

（3）锤式破碎机的操作及维护。锤式破碎机是一种高速回转的破碎设备，强烈的冲击力要求破碎机转子的平衡必须得到充分保证，这需要严格加工、正确使用并进行科学管理才能实现。设备不仅在使用初期要运转平稳、安全可靠并达到设定的运转率，而且在使用一段时期以后，甚至在长期使用中也要达到并保持或超过这个水平。因此，在长期使用中随着锤头磨损的加剧，产量会随之下降，破碎粒度随之变粗，就需要调整或更换锤头。

锤式破碎机常见故障、故障原因及处理方法见表2-4。

表2-4 锤式破碎机常见故障、故障原因及处理方法

故障	原因	处理方法
启动初期振动较大	转子不平衡； 外壳连接螺栓松动； 锤头夹住转子不平衡	重新按质量选配锤头，使一排锤头与对称一排的锤头质量相等（质量差<30g）； 检查连接螺栓，并重新拧紧； 停车处理锤头
轴承温度升高，超过规定范围	主轴弯曲使轴瓦受力不均； 润滑油不足或不干净	换主轴或将主轴调直；清洗轴承，更换新油，如轴瓦磨坏则换新瓦
电动机轴承发热，超过规定范围	轴承的油量不足； 三角皮带拉得太紧	将轴承螺钉卸下，检查轴承磨损情况，如无损坏，将油加足； 三角皮带调整适宜

（4）锤式破碎机的优缺点。

优点：结构简单、紧凑轻便、生产能力大；破碎粒度均匀、电耗低、投资少、维修方便。

缺点：破碎坚硬物料时，锤头、衬板、箅条等部件磨损大，金属消耗多，检修工作量

也大；破碎潮湿物料和黏性物料时会减产，易产生堵塞、崩料及设备事故而停机。因此，不但增加了电耗，也降低了生产率。

5. 技术指标

为了便于设备的选取，现给出部分重型锤式破碎机技术参数对比，见表2-5。

表2-5　重型锤式破碎机技术参数对比

型号	转子直径长度（mm）	进料口尺寸宽×长（mm）	最大进料粒度（mm）	生产能力（t/h）	电动机功率（kW）	外形尺寸（mm）
PCZ1308	1310×790	850×800	600	100×160	132	2818×2100×2390
PCZ1510	1500×900	1000×900	700	160×210	132×2	3260×2414×2750
PCZ1512	1500×1160	1200×900	750	250×320	132×2	3260×2624×2750
PCZ1615	1650×1452	1500×1200	1000	420×500	200×2	3456×2915×3185
PCZ1620	1660×1900	2000×1200	1200	800×1000	315×2	3500×3100×3200
PCZ1820	1800×1964	2000×1200	1200	1000×1200	450×2	3270×3210×3520

6. 典型应用案例

（1）河南荥阳时产650t石灰石石料生产线项目。河南荥阳某石料厂650t/h砂石骨料生产线主要采用双锤破联合生产工艺，破碎设备采用PCZ1615和PC1213两台锤式破碎机，形成了一个闭路系统，既提高了时产，又保证了物料的破碎程度在适合的粒度要求范围；为了保持骨料洁净度，头道工序喂料端采用专用于除土的筛分除土给料机；后端筛分设备采用前二后二的适当配置，筛分出满足应用需求的成品物料。相比颚式破碎加反击式破碎的工艺，采用上述工艺及装备，装机容量小，机器维修便利，投资少，见效快，并且生产的成品骨料颗粒具有形状好、洁净度高等优点。

（2）湖南衡阳500t/h大型环保石料生产线项目。湖南衡阳市某公司的砂石生产线采用重型锤式破碎机PCZ1615一台，可以实现500t/h以上；又配备了双转子制砂机设备一台，破碎出来的物料粒形达到混凝土生产的需要；干式砂石分离机又可以充分将破碎生产线中的废弃石粉进行充分收集，真正体现了环保生产的大趋势。

2.2.3　反击式破碎技术

1. 概述

反击式破碎机是一种利用冲击能对中等硬度的脆性物料进行破碎的设备。除了和锤式破碎机一样具有破碎比大、产品粒度均匀且过粉碎现象少、能耗低、设备制造容易、维修方便等优点外，还具有产品粒度调整范围大、能进行选择性破碎等优点。其缺点表现在出料粒度的控制上不如锤式破碎机，金属磨耗也比锤式破碎机高，转子平衡性要求高。其最大的优点是通过调节反击板与转子之间的间隙，来实现不同用户对破碎粒度的特殊需要。

2. 适用范围

反击式破碎机虽然出现较晚，但发展极快，目前已广泛应用在我国的水泥、建筑材料、煤炭和化工以及选矿等工业部门的中、细破碎作业中，另外也可作为矿石的粗碎设备。处理边长不超过500mm、抗压强度不超过350MPa的各种粗、中、细物料。

3. 技术原理

反击式破碎机利用高速冲击作用破碎物料，其工作原理如图 2-19 所示。就运用机械能的形式而言，应用冲击力“自由”破碎原理的破碎机，要比应用静压力的挤压破碎原理的破碎机优越。相比于颚式破碎机以挤压破碎为主，反击式破碎机则是利用冲击力“自由”破碎原理粉碎物料，属于高强的破碎设备。

物料在破碎机中主要受高速回转板锤的冲击，沿着层理面、节理面进行选择性破碎。被冲击以后的物料获得巨大的动能，并以很高的速度沿着板锤的切线方向被抛向第一级反击板，经反击板的冲击作用，物料被再次击碎，然后从第一级反击板返回的料块，又遭受板锤的重新撞击，继续被粉碎。破碎后的物料，同样又被高速度地抛向第二级反击板，再次遭到击碎，因而物料在反击式破碎机中受到“联锁”式的碎料作用力。物料在板锤和反击板之间的往返途中，除了受板锤和反击板的冲击作用外，还有物料之间的多次相互撞击作用。上述这种过程反复进行，直到破碎后的物料粒度小于板锤和反击板之间的间隙时，其才会从破碎机下部排出，即为破碎后的产品。

反击式破碎机和锤式破碎机两者工作原理相似，都是以冲击的方式来破碎物料，但是其结构和工作过程有差异，主要区别如下：

（1）反击式破碎机的板锤和转子是刚性连接，利用整个转子的惯性对物料进行冲击，使其不仅被破碎，而且获得较大的速度和动能。

（2）反击式破碎机的破碎腔较大，使物料有一定的活动空间，能充分利用冲击、反击和碰撞作用而被破碎。

（3）反击式破碎机的板锤是从下向上冲击投入的物料，并把物料抛到上方的反击板上；锤式破碎机的锤头是顺着物料下落的方向打击物料的。

（4）反击式破碎机下部一般没有箅条，产品粒度靠板锤的速度以及与反击板之间的间隙来保证。

4. 关键技术

（1）反击式破碎机的类型和构造。

1）单转子反击式破碎机。如图 2-19 所示，单转子反击式破碎机主要由机体 1 和 6、板锤 2、转子 3、反击板 4、活节螺栓 5 个部件组成。机体分为上、下两部分，机体的前后左右均设有检修门。板锤与转子为刚性连接。反击板的一端铰接固定在机体上，另一端用拉杆自由地悬吊在机体上，反击板有折线形和弧线形两种。可以通过拉杆螺母调节反击板与板锤之间的间隙，以改变破碎物料的粒度和产量。当反击板受到较大的压力时，拉杆会向后移，并靠自身重力返回到原位，从而起到保险作用。入口处的链幕有两个作用：一是防止石块飞出；二是起到均匀供料的作用。

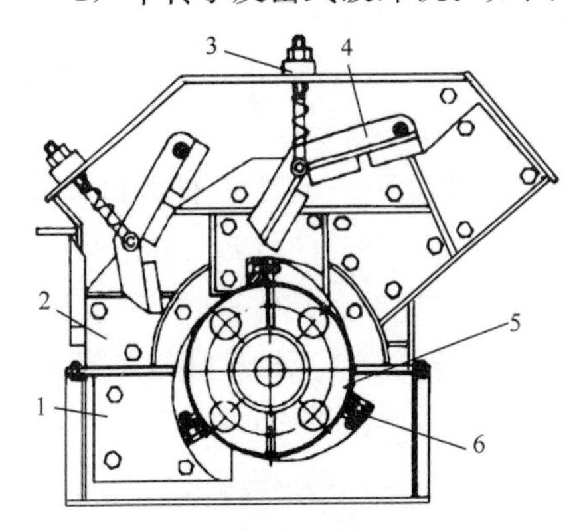

图 2-19　单转子反击式破碎机工作原理示意图

1—下机体；2—板锤；3—转子；4—反击板；5—活节螺栓；6—上机体

2）双转子反击式破碎机。图 2-20 所示为双转子反击式破碎机的构造示意，破碎机机体内装有两个平行排列的转子，第一级转子的中心线高于第二级。第一级转子为重型转子，转速较低，用于粗碎；第二级转子转速较快，用于细碎。两转子分别由两台电动机经弹性联轴器、液压联轴器和三角皮带组成的传动装置驱动，做同向高速旋转运动。采用液压联轴器既可降低启动负荷，减少电动机容量，又可起到保险作用。分腔反击板将机体分成两个破碎腔，调节分腔反击板的拉杆螺母可以控制进入第二破碎腔的物料粒度；调节第二道反击板的拉杆螺母可以控制破碎机的最终产品粒度。

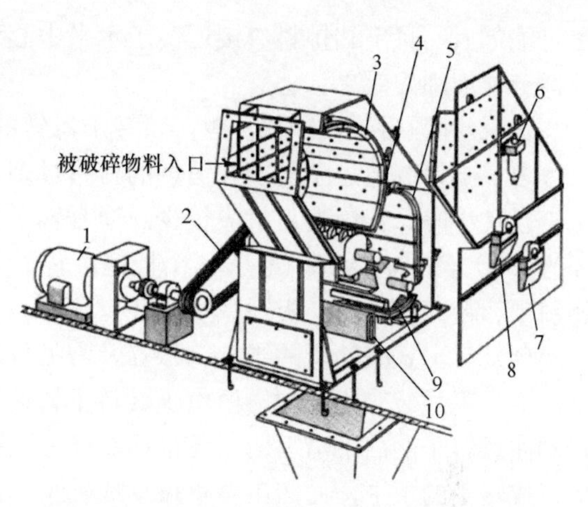

图2-20　双转子反击式破碎机的构造示意图

1—电动机；2—第一级传动装置；3—第一级反击板；4—分腔反击板；5—第二级反击板；6—压缩弹簧；7—第二级转子轴承；8—第一级转子轴承；9—均整板；10—固定反击板

(2) 主要技术参数。

1) 转子圆周速度（板锤端点的线速度）。从冲击物料的特点来看，转子的圆周速度是反击式破碎机的主要工作参数。圆周速度对板锤的磨损、碎料效率、排料粒度、生产能力等均有影响。一般来说，速度升高，排料的粒度变小，破碎比增大，但是板锤和反击板的磨损加重。所以，转子的圆周速度不宜太高，一般在15～80m/s。粗碎时，圆周速度$V_{粗}$=15～40m/s；细碎时，圆周速度$V_{细}$=40～80m/s。

2) 电动机功率。影响反击式破碎机电动机功率消耗的因素很多，主要取决于破碎机的生产能力、矿石性质、转子的圆周速度和破碎比等。目前，还没有比较接近实际情况的理论计算电动机功率的公式，一般都是根据生产实践或试验数据，采用经验公式计算电动机功率。

3) 破碎腔参数。反击式破碎机的破碎腔是非常重要的，它的设计是否合理，将直接影响设备生产能力的大小、物料破碎粒度的大小及均匀度、破碎后物料的形状是否规则、反击板磨损速度的快慢、电动机的能量消耗等。

4) 导板卸载点α。导板卸载点α在30°～50°，一般α角小，破碎机高度较低，从而降低破碎机的机高、减轻设备的质量、增加破碎腔圆弧长度。因此，在条件允许的情况下，导板卸载点α以30°最为合适。

5) 给料口、排料口的尺寸及给料导板倾角β。给料口宽度$B\approx0.7D$，排料口尺寸：$e_{1\min}\approx0.1D$，$e_{2\min}\approx0.01D$。此处D为转子的直径。

反击式破碎机的物料沿导板进入破碎腔，因此导板倾角β是一个重要的参数。β角越大，物料沿导板下滑的速度越快，但破碎机高度增加；β角越小，物料沿导板下滑的速度越慢，甚至出现堆料的现象，但破碎机高度降低。因此，在其他条件允许的情况下，β适合取较小值。一般β角在45°～60°。

6) 破碎腔其他参数。δ角是板锤外圆切线即物料冲向反击板的运动方向与反击板垂线之间的夹角，一般在2°左右。在实际中，反击板一般采用折线形，这样的破碎效果较好，且衬板磨损少。

θ与转子长度结合可确定反击板的排料口处一段反击板的位置。对第二级反击板，应尽可能靠后，且下端排料口接近转子水平中心线，即θ在66°～77°，θ应尽量选择较大值，这样会增加细碎效果。

7）板锤数目。板锤数目越多，转子每转的打击次数越多，破碎效果越好，但板锤数目太多，会使制造过于复杂和消耗的材料过多。一般板锤数目根据转子的直径确定，当转子直径较小时，板锤数目就应较少。通常转子直径小于1m时，可装设3个板锤；转子直径为1～1.5m时，可装设4～6个板锤；转子直径为1.5～2m时，可装设6～10个板锤。物料硬、粉碎比大时，板锤数可多些。

（3）反击式破碎机的维护、保养及常见故障。反击式破碎机的维护、保养及常见故障基本上与锤式破碎机相同，但由于其转子转速较高，因此在装配、运转和检修过程中，要特别注意转子的静平衡问题。无论调头还是更换板锤，都要将转子上的板锤同时调转，以免造成转子的不平衡而产生严重振动或轴承发热。在板锤调头或更换新板锤时，应进行称量，将质量相同或相差极小的板锤按圆周对称方式配置安装，使整个转子处于静平衡状态。如仍有偏差，可采取在转子上临时增焊平衡重块的办法来解决。

（4）反击式破碎机的优缺点。

优点：结构简单，制造容易，维修方便，工作时无显著不平衡振动，不需笨重的基础；破碎比较大，可达（50～60）∶1，最大可达150∶1；可减少破碎级数，简化生产工艺流程；破碎效率高、生产能力大，能较多地利用冲击；反冲击作用进行选择性破碎，料块自击破碎力强；电耗低，能耗约为0.45～1.0kW·h/t，磨损少，包括板锤、反击板在内的总钢耗为0.3～3g/t；产品粒度均匀，多呈立方形，可以提高磨机的产量。

缺点：防堵性差，不宜破碎黏性和塑性物料；破碎高硬度物料时，板锤和反击板磨损较大，运转时噪声较大，并产生大量粉尘，需要安装除尘设备；难以生产单一粒度的产品，产品中夹有少量的大块。

5. 技术指标

为了便于设备的选取，现给出市场上常用的反击式破碎机技术参数对比，见表2-6。型号规格说明，例如PF1007：P为破碎机；F为反击式；10为转子直径为1000mm；07为转子长度是700mm。

表2-6　反击式破碎机技术参数

型号	规格（mm）	进料口尺寸（mm）	最大进料粒度（mm）	处理能力（t/h）	功率（kW）	质量（t）	外形尺寸（mm）
PF1007	ϕ1000×700	400×730	300	30～70	37～45	12	2330×1660×2300
PF1010	ϕ1000×1050	400×1080	350	50～90	45～66	15	2370×1700×2390
PF1210	ϕ1250×1050	400×1080	350	70～130	110	17.7	2680×2160×2800
PF1214	ϕ1250×1400	400×1430	350	100～180	132	22.4	2650×2460×2800
PF1315	ϕ1320×1500	860×1520	500	130～250	200	27	3180×2720×2620
PF1320	ϕ1300×2000	993×2000	500	165～320	250	34	3220×3100×2620
PF1520	ϕ1500×2000	830×2040	700	300～550	315～400	50.6	3959×3564×3330
PF1820	ϕ1800×2000	1260×2040	800	600～800	630～710	83.21	4400×3866×4009

6. 典型应用案例

上海每年处理100万t建筑垃圾处理生产线地址为上海市嘉定区南翔镇，采用两级破碎、两段筛分、三个环节轻质物分离和多段除铁的工艺流程，全封闭生产车间，可有效降噪、防尘，绿色环保。

工艺流程为大块物料经料仓由振动给料机 ZSW590×110 均匀地送进颚式破碎机 JC440 进行粗碎；粗碎后的物料由胶带输送机送到 HCS459 反击式破碎机进行进一步破碎；细碎机的物料由胶带输送机送到振动筛进行筛分，筛分出几种不同规格的石子；满足颗粒要求的石子由成品胶带输送机送往成品料堆，不满足颗粒要求的石子由胶带输送机返料送到 HCS459 反击式破碎机进行再次破碎，形成闭路多次循环；成品粒度进行组合和分级。为保护环境，配置了辅助的除尘设备。

2.2.4　辊式破碎技术

1. 概述

辊式破碎机是 1806 年出现的，至今有 200 多年的历史，是一种最古老的破碎机。近些年来，随着科技的发展以及生产水平的不断提高，辊式破碎机在结构和破碎机理方面均有新的改进和发展，如分级式破碎机、辊压机等，使得辊式破碎机应用范围不断扩大和得到快速发展。

辊式破碎机按辊子数目分为单辊、双辊、三辊和四辊破碎机；按辊面形状分为光辊、齿辊和槽形辊破碎机。另外，还有异型辊破碎机。

辊式破碎机的破碎比：光滑面处理硬物料时为(3～4)∶1；而齿形辊面处理脆性物料时可达(10～15)∶1。

2. 适用范围

辊式破碎机由于结构简单、易于制造，特别是过粉碎程度低，能破碎黏湿物料，故被广泛用于中低硬度物料破碎作业中。但是其生产能力较低，设备质量大，破碎大块物料能力差，不适用于破碎坚硬物料等。一般的辊式破碎机都用于中碎和细碎，但齿形辊面的辊碎机也可以用于粗碎。

光辊破碎机主要用于硬物料破碎，其辊子长度一般小于直径。

齿辊破碎机只能破碎强度不大的和脆性的物料（如煤、焦炭、石灰石和水泥熟料等），同时也能够较顺利地处理黏性和潮湿的物料。由于破碎坚硬物料时易损坏辊齿，因而不适用于破碎含花岗石较多的建筑垃圾。单齿辊破碎机较双齿辊的辊齿长，当其规格相同时，给料粒度大，适用于粗碎。双齿辊破碎机生产能力较高，常用于中碎。

3. 技术原理

辊式破碎机的工作原理如图 2-21 所示，它的工作机构由两个相对转动的辊筒（或一个转动着的辊筒和一块颚板）组成，物料加入时落到辊筒的上面，在辊筒表面摩擦力的作

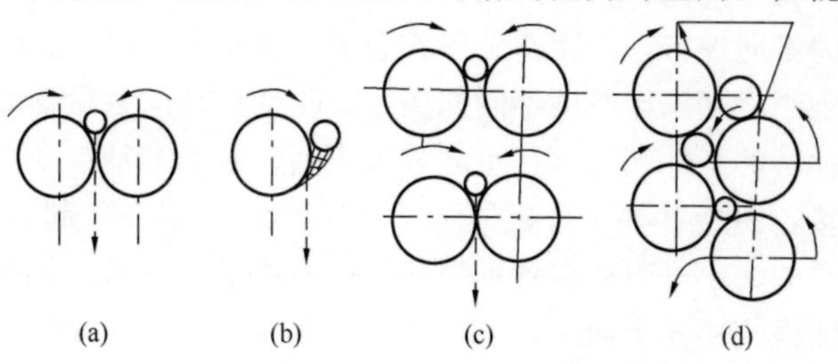

图 2-21　辊式破碎机的工作原理

用下，被夹卷入辊筒之间，受到辊筒的挤压而破碎，破碎后的物料在重力作用下卸料，两辊筒间距决定产品的粒度。

4. 关键技术

（1）辊式破碎机的类型和构造。

1）单辊破碎机。单辊破碎机又称颚辊破碎机（图 2-22），它的破碎腔由一个转动辊子 1 和一块颚板 4 所组成。带齿的辊衬 2 用螺柱安装在辊芯上，齿尖向前伸出如鹰嘴状，辊衬磨损后可以更换。颚板悬挂在心轴 3 上，颚板内侧表面镶有耐磨的衬板 5，颚板通过两根拉杆 6 借助于顶在机架上的弹簧 7 的压力拉向辊子，使颚板与辊子保持一定距离。辊子轴支承在装于机架两侧壁的轴承上，工作时只有辊子旋转，物料从加料斗喂入，在颚板与辊子之间受挤压作用，并受到齿尖的冲击和劈裂而破碎。当不能被破碎的物料落入破碎腔时，弹簧被压缩，颚板离开辊增大排料口，使物料排出，避免破碎机损坏。破碎机辊子轴上装有飞轮，以平衡破碎机的动能。此外，在辊子表面装有不同的破碎齿条，当喂入大块物料时，较高的齿条将大块物料钳住并以劈裂和冲击方式将其破碎，然后落到下方，再由较小的齿将其进一步破碎到所要求的尺寸从下部排出。

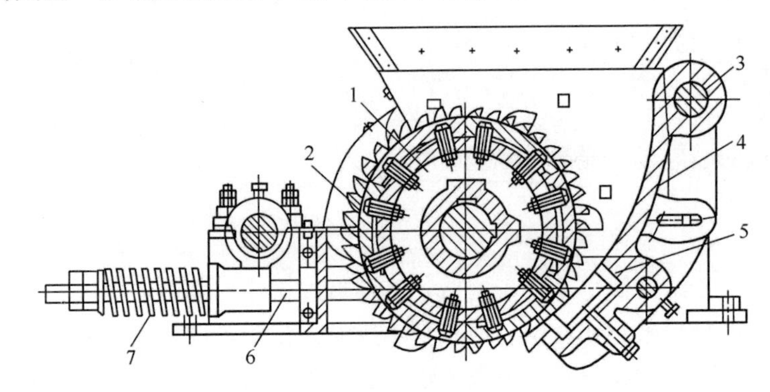

图 2-22　单辊破碎机

1—辊子；2—辊衬；3—心轴；4—颚板；5—衬板；6—拉杆；7—弹簧

单辊破碎机宜用于破碎中硬或松软物料，如石灰石、硬质黏土、煤块等。当物料比较黏湿时，它的破碎效果比使用颚式和圆锥破碎机都好，特别是对破碎片状黏土物料，与颚式破碎机或圆锥破碎机比较，在性能和机体紧凑方面均占优势。

2）双辊破碎机。双辊破碎机由机架、对辊子、三角皮带传动装置和弹簧保险装置等主要部件组成。两台电机通过皮带轮传动，带动两辊子相向转动。一个辊子的轴支承在与机架固定在一起的固定轴承上，另一个辊子的轴支承在活动轴承上。活动轴承可以沿机架导轨水平移动，使两辊子间的排料口宽度在必要时可以增大，将非破碎物排出机外。活动轴承借助弹簧的压力推向左方，在正常破碎状态下，弹簧力足以克服破碎物料所需要的破碎力。机架与活动轴承之间安放厚度不同的垫片，改变垫片的数目就可以调节两辊子间的排料口宽度。每个弹簧的另一端支承在活动轴承座上，而活动轴承座又通过专用螺母与卡在机架上的螺柱连接，扭转螺柱，可以使与活动轴承座固定在一起的专用螺母前进或后退，可以调节弹簧力的大小，以适应各种物料性质的要求。

辊子的工作表面视使用要求而定，可以选用光面的、齿面的或槽面的。若破碎较坚硬的、磨蚀性强的物料，可选用光面辊子。因为光面辊子对物料的破碎作用主要是压碎兼有研磨作用，主要适合于中硬物料的中、细碎。

带有沟纹的槽形辊子破碎物料时，除具有挤压作用外，还兼有剪切作用，适合于强度低的脆性或黏湿性物料破碎，产品粒度均匀。槽面辊子还可帮助物料拉入破碎腔，当需要获得较大的破碎比时，一般宜采用槽面辊子。

齿面辊子对物料的破碎作用主要是挤压、劈碎并伴有剪切，因此适用于破碎具有片状节理的软质和低硬度的脆性物料，如煤、干黏土、页岩等。破碎产品粒度也比较均匀，槽面和齿面辊子都不适于破碎坚硬物料。

齿辊破碎机的齿形和齿的排列方式对破碎机性能都有影响。齿形有圆柱形、四棱形和五棱形。齿的排列有三种方式，如图2-23所示，该图为辊面展开的局部示意图。图中圆点表示为均匀排列，方块表示为齿差排列，三角形表示为跟进排列。

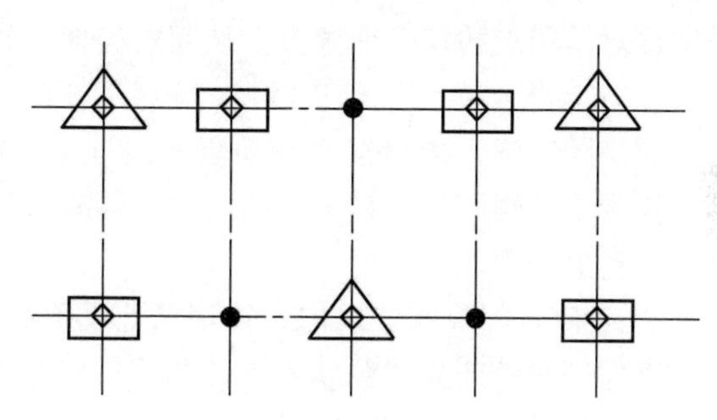

图2-23　齿的排列方式

相关研究表明，四棱齿破碎产量较高，而五棱齿破碎物料所消耗的功率较小，金属单耗也小。从消耗功率值来看，齿差排列较均匀排列和跟进排列消耗功率小。从综合效果看，采用五棱形齿和齿差排列方式最好，其金属单耗和单位功率这些综合指标优于其他齿形和排列方式。

3）三辊破碎机。三辊破碎机由单辊破碎机和双辊破碎机组合而成，主要由给料装置，上、下破碎辊装置，摆动辊装置，破碎辊间隙调节机构、传动部、机架、液压润滑系统和电控系统等部件组成，如图2-24所示。

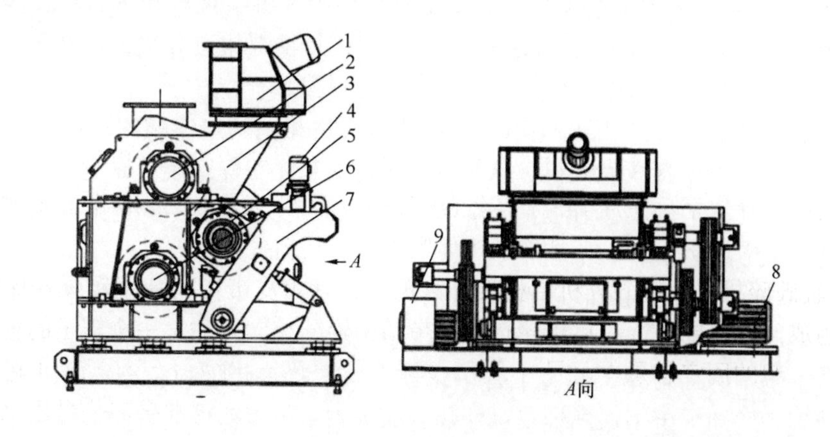

图2-24　三辊破碎机

1—给料装置；2—上破碎辊；3—机架；4—调整机构；5—摆动辊；6—下破碎辊；7—摆动辊装置；8—传动机构；9—液压系统

三辊破碎机利用3个高强度耐磨合金碾辊相对旋转产生的高挤压力来破碎物料，物料进入上两辊破碎腔以后，受到上两辊的相对旋转的挤压力作用，首次将物料挤轧和啮磨（粗破）后，物料立即进入相对旋转的下两辊（和上两辊共用一个碾辊），利用下两辊的挤压力进行二次挤轧和啮磨（细破），破碎成需要的粒度由输送设备送出。

三辊破碎机适用于抗压强度小于 200MPa、进料粒度小于 90mm、成品粒度要求 2～8mm、湿度小于 10%的中硬度及硬物料的细碎作业，如化肥、焦炭、煤、水泥熟料、陶瓷原料、石灰石、长石、水渣、石英石、石膏、黏土、食盐、化工原料等固体产物。

① 给料装置。同类产品的给料装置都是直接连接料仓，中间没有布料装置，容易造成料偏，造成辊子严重磨损，产生偏载受力，影响轴寿命。破碎机通过装在破碎机机体上部的电磁振动给料机均匀给料，通过给料机内部设置的调节翻板或可控硅整流器调节振动来实现对给料量的粗、细调节，从而精确地控制给料。

② 破碎辊装置。破碎机的破碎辊分上辊、下辊装置、摆动辊装置，其中上、下辊子工作时是固定辊，摆动辊为活动辊。根据生产需要，可以在一定范围内对摆动辊进行调节，控制摆动辊同上下辊子间的间隙。同时考虑物料情况，在每个辊子的侧面加装刮刀，减少黏料的现象。

③ 破碎辊间隙调节机构。破碎机上设置有方便、精确的调节机构来调整破碎辊的间隙，以保证破碎产品的粒度要求。调节机构中还设计了最小间隙，保证装置控制机构避免两辊子在转动过程中直接接触，对辊子造成损坏。为缩短清理和维护工作时间，利用间隙调整机构的液压缸可以使摆动辊迅速脱开，同时采用电气联锁，避免在摆动辊脱开时设备运转。

④ 传动装置和机架。传动装置采用两个普通电动机或变频电动机驱动，皮带传动摆动辊单独驱动的电动机，上下固定辊由一台电动机驱动，机架为焊接机构，各面均有金属盖板或者清洁挡板，使维护清理方便。为防止粉尘黏结及对辊子表面进行清扫，并确保物料在破碎辊中间，在机架上设置有物料导向板及清扫刮板。

⑤ 电控、液压润滑系统。电控系统采用 PLC 控制，可实现破碎机启动及停车、破碎辊速度检测、破碎机给料机控制、设备电气联锁、运行情况检测和报警，便于在操控室远距离控制。液压系统主要为用于检修、调节破碎辊间隙。

4）四辊破碎机。四辊破碎机实质上是由两台规格相同的双辊破碎机重叠组成的。图 2-25 为 4PGG900×700 辊式破碎机。从辊子 7 的构造和弹簧保险装置 6 上看，它与对辊机无区别。但是，其辊子轴支承在自动调心滑动轴承 4 上；传动装置是由两台电动机 10、两台减速机 9、两套皮带轮 3 组成的。

电动机 10 通过减速器 9 和联轴器 8 带动辊子转动，其中一台电动机带动右上方的辊子，另一台电动机带动左下方的辊子，每个辊子主轴的另一端装有皮带轮。右上辊子的皮带轮带动右下辊子的皮带轮，使右下辊子转动；左下辊子的皮带轮带动左上辊子的皮带轮，使左上辊子转动。由于活动轴承运动的方向垂直于皮带传动的方向，活动轴承移动时皮带的张力变化不大。物料经过上、下两套辊子破碎后，自下方排出机外。

四辊破碎机本身带有两套切削辊皮的切削装置 5。当辊面磨损出现沟槽、凹坑后，不必拆卸辊皮就可直接利用切削装置对辊子进行修整，以保证辊皮表面光整，减少停车时间，提高设备运转率。

切削辊皮时，将辊子的防护罩取下，切削装置安装在走刀架上，再将皮带及张紧轮取下，把链子挂到链轮 12 上，并将上主动辊电动机变为低速旋转，停止下主动辊电动机。利用上主动辊电动机传动，先切削成对角线的两个主动辊皮，然后将切削装置再重新装在

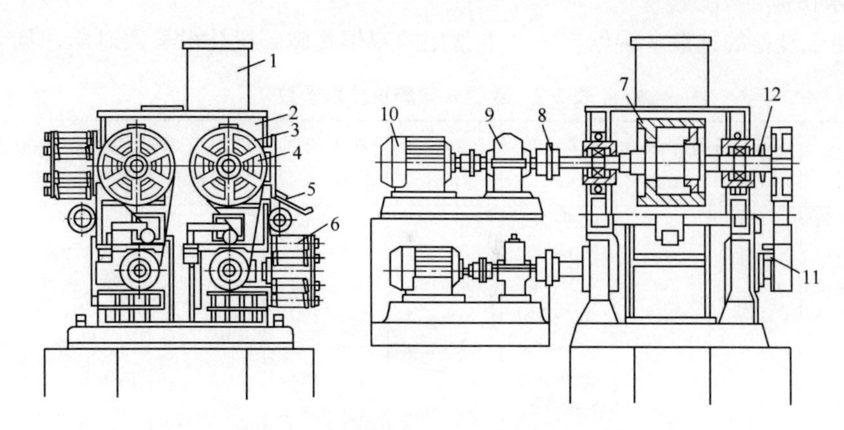

图 2-25　4PGG900×700 辊式破碎机

1—进料斗；2—机架；3—皮带轮；4—轴承；5—切削装置；6—弹簧保险装置；7—辊子；8—联轴器；9—减速器；10—电动机；11—干油润滑装置；12—链轮

走刀架的另一面，将电动机反转，再切削成对角线位置的两个被动辊辊皮。

四辊破碎机两对辊子的轴承采用干油集中润滑，减速器采用齿轮溅油润滑。

四辊破碎机利用 4 个高强度耐磨合金破碎辊相对旋转产生的高挤压力和剪切力来破碎物料。物料进入上两辊 V 形破碎腔以后，受到上两辊相对旋转的挤压力作用，首次将物料挤轧和啮磨（粗破），然后物料进入相对旋转的下两辊，被二次挤轧，剪切和啮磨（粗碎）后破碎成需要的粒度由排料口排出。

（2）主要技术参数。

1）辊筒直径 D 的选择。辊筒直径 D 与原料的大小、硬度及破碎程度有关。辊筒直径 D 的选择主要是考虑对最大入料粒度的适应性，入料粒度小时可选择较小的直径，入料粒度大时可选择稍大的直径。一般辊筒直径 $D=400\sim1000$mm。

2）辊筒长度 L 的选择。辊筒长度 L 的选择主要是考虑产量的需要。考虑到辊筒的磨损不均匀，中部比两边磨损快，辊筒的长度不宜过长。一般辊筒长度 L 取辊筒直径的 0.8～2.0 倍，即 $L/D=0.8\sim2.0$。

3）辊筒转速 V 的选择。辊筒的最佳转速应满足最大生产率、最小功耗、均匀的产品粒度以及减小辊子表面磨损等条件要求。它与辊子表面形状、被破碎物料硬度和大小有关，通常根据经验选定。常用的辊筒的圆周速度 $V=2\sim8$m/s，一般快辊、慢辊线速度分别选择 5m/s 和 4m/s 左右。

4）辊筒间隙。辊筒间隙与物料的特性、入料粒径、辊筒直径、出料粒度等因素有关。辊筒间隙是可调的，生产中根据上述参数的具体情况进行调节，一般可调范围为 2～10mm，最好在 3～5mm。

（3）辊式破碎机的优缺点。

优点：结构简单，易于制造，机体不高，轻便紧凑，造价低廉，工作安全可靠，能破碎黏湿性的低硬度物料、韧性物料；调整破碎比较方便，耗电少，产品质量较均匀。

缺点：不宜破碎坚硬物料及大块物料；生产能力低，破碎比较小；喂料要均，否则易损坏辊面，所得产品粒度不均，需要经常修理；运转时噪声较大，易产生粉尘。

5. 技术指标

为了便于设备的选取，现给出市场上常用的双辊式破碎机技术参数对比，见表 2-7。

表 2-7 双辊式破碎机技术参数

规格型号	辊子直径（mm）	辊子长度（mm）	进料粒度（mm）	出料粒度（mm）	生产能力（t/h）	电动机功率（kW）	质量（t）	外形尺寸（mm）
2PGC450×500	400	500	200～500	25～125	30～60	2×5.5	3.8	2110×870×810
2PGC600×500	600	500	200～500	25～125	40～60	2×7.5	4.5	2450×1800×950
2PGC600×750	600	750	300～600	30～150	60～100	2×11	7.2	2780×3065×1310
2PGC600×900	600	900	300～600	30～150	80～120	2×18.5	7.8	4500×1900×1350
2PGC800×1050	800	1050	500～800	30～150	100～160	2×22	12.6	2550×2050×1100
2PGC900×900	900	900	600～900	30～200	150～200	2×22	13.5	2780×4100×1550
2PGC1015×760	1015	760	700～950	30～200	150～200	2×45	18.8	7800×3200×1980
2PGC1200×1500	1200	1500	800～1050	30～200	200～300	2×55	52	8010×4500×2050

6. 典型应用案例

河卵石为市场主流的人工机制砂原料，用于 5mm 以下建筑材料的加工，性能优越于天然砂。湖南邵阳河卵石生产线项目主要用于浏阳地区的工程、建筑用料的供应。

该生产线主要加工河道开采河卵石，混合原料上岸后首先经过一台 3YA1860 原料筛分机进行初步分离，少量＞150mm 原材料暂时堆放，＜5mm 天然砂由一条皮带输送机送入天然砂料堆进行存放；5～40mm 卵石进入制砂机前缓存料仓集中处理，40～150mm 卵石进入圆锥破碎机前缓存料仓集中处理。经过双齿式辊式破碎机和制砂机加工后的物料分别由各自对应的筛分机 3YA1860 和 3YA2460 进行筛分分级处理。双齿式辊式破碎机加工出的 0～40mm 碎石同样进入制砂机前的缓存料仓，所有成品均由专业的整形制砂设备 5X1145 处理后送出，成品砂经过洗砂机清洗后送入机制砂料堆，而部分随污水流走的细砂经过回收再行利用，整条生产线生产成本低、产量高、级配合理。

2.2.5 圆锥式破碎技术

1. 概述

圆锥破碎机由两个几乎同心的圆锥体、固定的外圆锥和可动的内圆锥组成破碎腔。内圆锥以一定的偏心半径绕外圆锥中心线做偏心运动，物料在两锥体之间受挤压、折断作用而破碎。

圆锥破碎机按照种类分为弹簧圆锥破碎机、旋盘式圆锥破碎机、液压圆锥破碎机以及复合圆锥破碎机；按照型号分为普通的 PY 圆锥破碎机、西蒙斯圆锥破碎机、复合圆锥破碎机、标准液压圆锥破碎机、单缸液压圆锥破碎机及多缸液压圆锥破碎机等。

国家新标准规定有 600、900、1200、1300、1750、2200 共 6 种规格 22 种腔型。其中分标准型和短头型及重型三类。

国产弹簧式圆锥破碎机的型号与标记是用汉语拼音字母和动锥大端直径及给料口宽度来表示，例如 PYBZ-2233 弹簧式圆锥破碎机：P 为破碎机，Y 为圆锥，B 为标准型（D 为短头型），Z 为重型（普通型不标注），22 为动锥大端直径是 2200mm，33 为给料口宽度为 330mm。又如 PYX-2125 旋盘式圆锥破碎机：P 与 Y 含义同前，X 为旋盘式，21 为动锥大端直径是 2100mm，25 为喉口尺寸是 250mm。

2. 适用范围

圆锥破碎机广泛应用在冶金、建筑、化学及硅酸盐行业中原料的破碎，适用于破碎中等以上硬度的各种矿石和岩石，如铁矿石、铜矿石、石灰石、石英、花岗石、砂岩、玄武石、辉绿石等。

破碎腔型式由物料用途决定：标准型适用于中碎，中型适用于细碎，短头型适用于超细碎。

3. 技术原理

弹簧式圆锥破碎机的结构示意图如图 2-26 所示。破碎机电动机 1 的动力通过传动轴 2、圆锥齿轮 3 带动偏心轴套 4 旋转。主轴 5 自由地插在偏心轴套的锥形孔里，动锥 6 固定安装在主轴上并支承在球面轴承 8 上。随着偏心轴套的旋转，动锥 6 的中心线 OO_1 以 O 为顶点绕破碎机中心线 OO_2 做锥面运动。这样，当动锥中心线 OO_1 转到图示位置时，动锥靠近定锥 7，则矿石处于被挤压和破碎过程，而动锥另一面离开定锥，此时被挤压碎了的物料靠自重从两锥体底部排出。圆锥破碎机破碎腔的物料随动锥转动连续地被破碎，所以它比颚式破碎机生产率高且工作比较平稳。

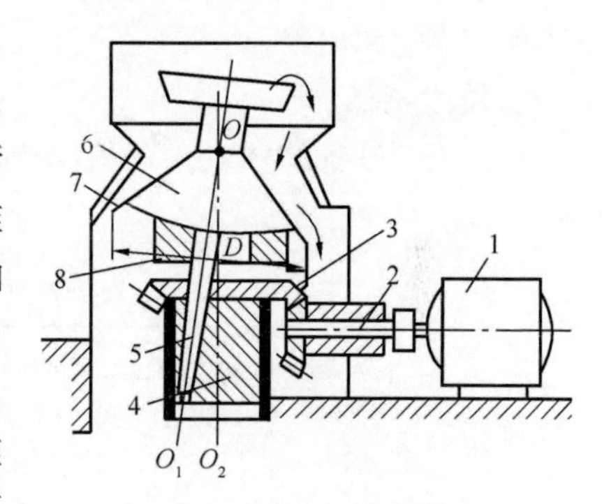

图 2-26　弹簧式圆锥破碎机的结构示意图

1—电动机；2—传动轴；3—圆锥齿轮；4—偏心轴套；5—主轴；6—动锥；7—定锥；8—球面轴承

旋盘式圆锥破碎机工作原理与弹簧式圆锥破碎机一样，其区别在于破碎腔及与破碎腔相匹配的运动参数不同。

4. 关键技术

（1）圆锥破碎机的特点（表 2-8）。

表 2-8　圆锥破碎的特点

Nordberg Symons 型圆锥破碎机为代表	Allis-Chalmers 液压圆锥破碎机为代表	Nordberg Gyradisc Sedaka1000 系列为代表	Nordberg HP Khd Calibrator 系列为代表	美国 Cedarapids 公司 EI JAYH 和 YP 为代表
主轴插入偏心套，有两个较大运转间隙； 水密封； 球面瓦和偏心轴套支撑； 电机容量小，破碎力小，摆频低，运转不平稳，振动较大，弹簧易损； 标定排料粒度为 25%～30%，粒形不均，针片状率较高	回旋式破碎机的变形机体刚度、强度好，插入槽密封，液压轴承过载保护和调节排料口； 液压系统不稳定，机器振动较大； 对含水、含泥垃圾非常敏感易阻塞； 标定排料粒度为 40%～45%	主轴摆转，水密封，插入槽密封； 滑动偏心套间隙较大； Nordberg 大偏心，高摆频，大电机容量； Svedaka 小偏心，高摆频，电机容量相对小； Nordberg 超重短头破碎机，机体强度要求高； 标定排料粒度为 55%～60%	主轴为固定式； 偏心套适当上移，滑动轴承支撑，大电机容量； 减少了一个轴套间隙； HP 系列衬板与锥体间要求用昂贵的专用材料填充； 标定排料粒度为 60%～70%	主轴为固定式偏心套适当上移，交叉轴式运动，迷宫式密封，液压保护，调节排料口，全滚动轴承支撑。消除了滑动轴承间隙； 高摆频，大摆幅，大电机容量，高能输入，破碎力大； 衬板寿命长； 标定排矿粒度为 70%～85%； 产品中、细级粒度含量高，粒形均整

（2）圆锥式破碎机的优缺点。

优点：粉碎单位质量物料所需的能量少、产量高，对同一种物料破碎比大［一般可达（7～10）∶1］；在破碎过程中因伴有搅拌，出料口不易堵塞；它适宜于高硬度及片状物料的破碎，机器周围的任何一边都可以喂料，且产品粒度均匀。

缺点：构造复杂，零件需要精密加工；磨损零件多，机器中的重要磨损部件不易检修；操作维修技术要求高；机身高，喂料基准高，需要提升设备；不宜破碎黏湿性物料，易堵塞破碎室和出料口。

5. 技术指标

为了便于设备的选取，现给出市场上常用的弹簧式圆锥破碎机技术参数对比，见表2-9。

表 2-9　弹簧式圆锥破碎机技术参数

型号	破碎锥直径（mm）	最大进料尺寸（mm）	排料口尺寸（mm）	处理能力（t/h）	电机功率（kW）	偏心轴转速（r/min）	质量（t）	外形尺寸（mm）
PYB-600	600	65	12～25	40	30	356	5	2234×1370×1675
PYD-600	600	35	3～13	12～23			5.5	
PYB-900	900	115	15～50	50～90	55	333	11.2	2692×1640×2350
PYZ-900	900	60	5～20	20～65			11.2	
PYD-900	900	50	3～13	15～50			11.3	
PYB-1200	1200	145	20～50	110～168	110	300	24.7	2790×1878×2844
PYZ-1200	1200	100	8～25	42～135			25	
PYD-1200	1200	50	3～15	18～105			25.3	
PYB-1750	1750	215	25～50	280～480	160	245	50.3	3910×2894×3809
PYZ-1750	1750	185	10～30	115～320			50.3	
PYD-1750	1750	85	5～13	75～230			50.2	
PYB-2200	2200	300	30～60	590～1000	280～260	220	80	4622×3302×4470
PYZ-2200	2200	230	10～30	200～580			80	
PYD-2200	2200	100	5～15	120～340			81.4	

6. 典型应用案例

（1）随州玄武岩生产线项目（图2-27）。随州玄武岩生产线对玄武岩破碎工艺要求是设计合理，要同时考虑破碎项目的投资成本和生产线的生产成本。针对玄武岩的物料属性，在破碎工艺的设计上选择使用液压圆锥破碎机，以降低对耐磨件的损耗。

图2-27　随州玄武岩生产线车间

由于该条生产线产量较大，配备了7个液压圆锥破碎机和1个颚式破碎机及其他相关设备，有效降低生产成本，提高了破碎比和产量，使成品料粒度组成更稳定、粒状更佳。整条生产线采用封闭的生产模式，充分做到了绿色环保无污染。

（2）贵州1000t/h砂石生产线项目（图2-28）。该砂石生产线坐落于花溪黔陶，设计产量为1000t/h，整个生产线因地制宜，合理布局，设备选型：一破为深腔型颚式破碎机，二破为世界先进单缸液压圆锥式破碎机（中碎），三破为单缸液压圆锥式破碎机（细碎）。颗粒整形采用高效冲击式破碎机，整套系统采用世界最先进标准3级破碎+整形制砂。出料效果及出料比例完全可调，出料粒形符合现有砂石用料标准，且有效消除了生产过程中石料裂纹的问题。砂细度模数完全可控，生产过程有效地提高了混凝土质量，所出产品用于混凝土生产，节约了水泥用量至少20%，且混凝土质量大幅提升，大大降低了混凝土生产厂商的制造成本。

图2-28　贵州1000t/h砂石生产线项目

2.2.6　破碎技术对比

颚式破碎机、锤式破碎机、反击式破碎机、辊式破碎机和圆锥式破碎机的优缺点见表2-10。

表2-10　各种破碎机的优缺点

破碎机类型		优缺点
颚式破碎机	优点	构造简单、机体牢固、工作安全可靠、制造操作、维修容易；处理物料范围广，能破碎很硬的矿石；进料口大，能处理大块物料
	缺点	破碎比小，工作有间歇性，动颚有空行程而做了虚功；生产效率低，出料粒度大，往复运动不均匀；工作时惯性大，零件所受负荷大；在破碎黏湿物料时，不但产量低，而且有堵塞现象；因排料口为长方形，故易出片状产品，不宜处理片状岩石和软质的物料
锤式破碎机	优点	结构简单，紧凑轻便，电耗低，投资少，维修方便；破碎比大，生产能力高，产品均匀，过粉碎现象少
	缺点	破碎坚硬物料时，锤头、衬板、箅条等部件磨损大，金属消耗多，检修工作量也大；破碎潮湿物料和黏性物料时会减产，易产生堵塞、崩料及设备事故而停机。因此，不但增加了电耗，也降低了生产率。

续表

破碎机类型		优缺点
反击式破碎机	优点	结构简单，制造容易，维修方便，工作时无显著不平衡振动，不需笨重的基础；破碎比较大，可达（50～60）：1，最大可达 150：1；可减少破碎级数，简化生产工艺流程；破碎效率高、生产能力大，能较多地利用冲击；反冲击作用进行选择性破碎，料块自击破碎力强；电耗低，能耗为 0.45～1.0kW·h/t，磨损少，包括打击板、反击板在内的总钢耗为 0.3～3g/t；产品粒度均匀，多呈立方形，可以提高磨机的产量
	缺点	防堵性差，不宜破碎黏性和塑性物料，破碎高硬度物料时，打击板和反击板磨损较大，运转时噪声较大，并产生大量粉尘，需要安装除尘设备；难生产单一粒度的产品，产品中夹有少量的大块物料
辊式破碎机	优点	结构简单，易于制造，机体不高，轻便紧凑，造价低廉，工作安全可靠，能破碎黏湿性的低硬度物料、韧性物料；调整破碎比较方便，耗电少，产品质量较均匀
	缺点	不宜破碎坚硬物料及大块物料；生产能力低，破碎比较小；喂料要均匀，否则易损坏辊面；所得产品粒度不均，需要经常修理；运转时噪声较大，易产生粉尘
圆锥式破碎机	优点	粉碎单位质量物料所需的能量少、产量高，对同一种物料破碎比大[一般可达(7～10)：1]；在破碎过程中因伴有搅拌，出料口不易堵塞；适宜于高硬度及片状物料的破碎；机器周围的任何一边都可以喂料，且产品粒度均匀
	缺点	构造复杂，零件需要精密加工；磨损零件多，机器中的重要磨损部件不易检修；操作维修技术要求高；机身高，喂料基准高，需要提升设备；不宜破碎黏湿性物料，易堵塞破碎室和出料口

2.2.7 移动式破碎技术

1. 概述

移动式破碎站是一款可以承载颚式破碎机、反击式破碎机等设备的移动式破碎设备，分为轮胎式移动破碎站和履带式移动破碎站，可自成一条完整的石料加工流水线。

轮胎式系列移动破碎站根据客户的不同需求分为标准型、闭路型、单机组合型和二级组合型。移动式破碎设备包括初级破碎站和二级破碎筛分站、胶带输送机等，各级破碎站均是一个独立的工作单元，能各自完成其承担的不同职责，胶带输送机负责各破碎站间的物料传送及堆垛。

2. 适用范围

移动式破碎站适用于软或中硬和极硬物料的破碎，广泛运用于冶炼、建材、公路、铁路、水利和化学工业等众多部门。

（1）适用于矿山、煤矿、垃圾及建筑垃圾的循环再利用，土石方工程、城市基础设施、道路或建筑工地等场地作业。

（2）处理表层土和其他多种物料；分离黏性混凝土骨料；建筑和爆破行业；破碎后的筛分；采石行业。

（3）河卵石、山石（石灰石、花岗石、玄武岩、辉绿岩、安山岩等）、矿石尾矿、石屑的人工制砂。

（4）水泥混凝土路改造的剥离式破碎，沥青混凝土料再生前破碎。

3. 技术原理

（1）轮胎式移动破碎站的工作原理。移动式破碎站（可选颚式破碎机、圆锥破碎机、反击破碎机）是一种高效设备，它主要采取自驾车模式，可以完成矿山崎岖不平的道路移动和操作。粉碎站根据实际需求，可结合成粗粉碎、粉碎和精细破碎 3 段，还可以在现场处理材料。如图 2-29 所示，轮胎式移动破碎系统主要由一个进料系统、一个集中控制和监控系统、破碎系统组成。物料通过送料机输送到破碎机，经破碎机初步破碎后由圆形振动筛形成封闭系统，实现物料的粉碎，满足物料的尺寸要求，达到生产的目的。移动式破碎站可根据实际生产需要去除圆形振动筛，并直接对物料进行初步破碎，然后用其他破碎设备进行具体操作。扩展单元可直接将物料输送到运输车桶，从现场转走。粗粉碎、细粉碎和筛选系统移动式破碎站，可单组独立运作。料斗则提供了一种多样化的筛分物料输送装置，柴油发电机组可以有针对性地组合，实现电源单元的配置。

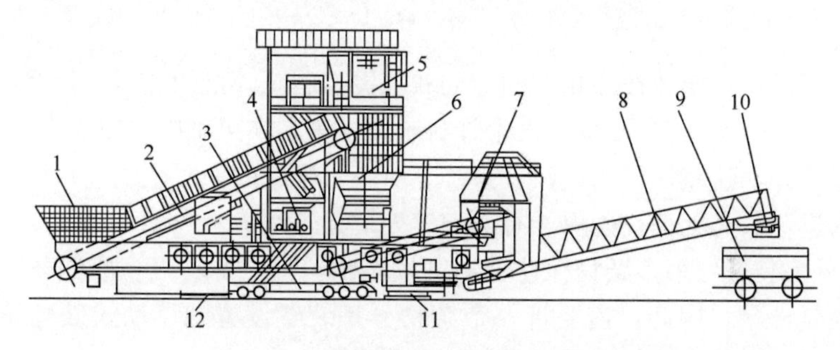

图 2-29　轮胎式移动破碎站结构示意图

1—装料斗；2—上料带式输送机；3—行走机构；4—液压站；5—监控室；
6—破碎机；7—中间输送机；8—末端输送机；9—运输车辆；10—装车料斗；
11、12—液压支承装置

（2）履带式移动破碎站的工作原理。履带式移动破碎站包括框架、破碎机、振动筛、输送带、电动机及控制箱等。根据物料类型和破碎、粉碎和筛分系统的选择，可以单独进行一组突击作业，也可灵活地配置单元组合操作。履带式移动破碎站在大多数地形条件下都可以到达工作地点。通过优化工艺流程，其具有优良的岩石破碎、骨料生产、露天开采破碎作业性能。履带式液压破碎机通过不同型号的组合，可以形成一个强大的破碎操作管道，完成超过需求的处理操作。移动式破碎站作为整合组工作，可现场进行物料粉碎的第一步，建筑垃圾破碎机可免料运输到现场进行粉碎、避免了中间环节的处理，大大降低了材料的运输成本。履带式移动破碎站结构示意图如图 2-30 所示。

4. 关键技术

（1）移动式破碎站的结构形式。移动式破碎站的核心内容在于可移动，但是不同的设备组合也是其运行作用和效率的关键。

1）破碎机。在移动式破碎站中，破碎机是核心部件，破碎处理建筑垃圾是其主要任务。中硬度材料是建筑垃圾的主要特征，黏性低，含水量没有过高要求，因此，必须确保石料破碎要求的设备都会在建筑垃圾回收处理移动式破碎站中被应用。为了将再生骨料的自身性能提升，就应该将颗粒状的物料破碎出来，有效减少片状物料含量，并确保颗粒能

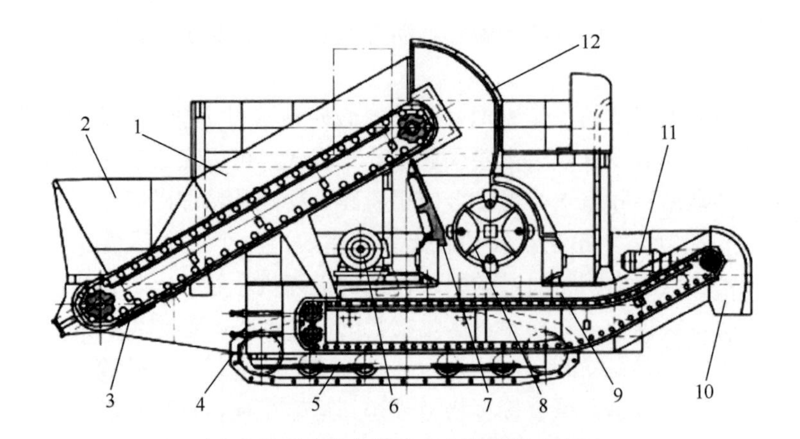

图 2-30 履带式移动破碎站结构示意图

1—装料斗；2—上料带式输送机；3—行走机构；4—液压站；5—监控室；6—破碎机；7—中间输送机；8—末端输送机；9—运输车辆；10—装车料斗；11、12—液压支承装置

够均匀分布。所以，一定要按照相应的标准和范围控制破碎机的性能、效率和物料大小。

2）筛分系统。为了将高质量的再生骨料制作出来，如果难以按照要求完成一次破碎，就要进行二次破碎，这就需要增设筛分系统，对较大颗粒的混凝土块进行筛选，向破碎机中输送，再次进行破碎处理，确保能有效破碎处理建筑垃圾。

3）杂物分拣装置。很多杂物存在于建筑垃圾中，特别是有很多废铁丝、废钢筋材料存在于钢筋混凝土中，因此，需要将一个杂物分拣装置设置到移动式破碎站中，将废铁丝、废钢筋对再生混凝土骨料性能所产生的影响降低。

4）振动给料设备。如果往破碎机中直接倒入建筑垃圾，会给破碎机带来巨大影响，若长时间这样做，就会导致其受力不匀称，对设备的正常运行产生不利影响。所以，需要在破碎机前设置安装一个振动给料机。振动给料机的最大优点就是能够均匀给料。在振动物料后，往前移动，慢慢向破碎机推进，如果建筑垃圾的颗粒较小，会在箅条间隙中掉落，从而发挥筛分的作用。

5）自行走装置。轮胎式和履带式行走机构是移动式破碎站中两种重要的行走机构。轮胎式行走机构便于普通公路上行走，转弯半径小，在工地内能够快速进驻，设备灵活性高，节省时间。履带式行走机构能够平稳行走，具备较低的接地比压，能够有效地适应湿地和山地环境。通常对全液压驱动系统进行应用，它可靠性高，驱动力大。

（2）移动式破碎站的关键性技术分析

1）降噪减振技术。设备在运行时，在压力作用下发生振动。破碎机转子的不平衡振动与所破碎物料的不均匀性是随机性激振力的主要来源。激振器在设备中的周期性振动会生成周期性的激振力。这些不正常的振动不但会诱发装置出现共振，损坏设备，使设备寿命降低，还会产生噪声，污染环境。

移动式破碎站当前主要采取被动方式，寻找引起随机性振动的振源，减小或消除其影响。对周期性振动，可采取被动的隔振方式减小其对设备的影响。例如，通过软连接及隔振材料将振源与其他设备隔离，避免振动传递；同时对一些回转设备进行动平衡试验，减少振动源；还有一种方式，就是主动消除设备的振动，并把设备上无用的振动能进行利用，实现能量的循环再利用，但是当前还没有有效方法实现。通过降低设备的振动，可减小设备工作过程中的噪声。

2）划分模块。为了对设备进行模块化设计，需要划分模块。模块划分方法有很多，通常选择基于功能分析的、较为合理的模块划分对策。该方法首先分析产品功能，分析设备的总体功能，将一些基本功能单元制定出来，之后按照相关功能单元的关联性，将模块重新制作成型。功能单元相关程度的衡量及产品总功能的分解程度是模块划分的关键性问题，这是重构设备的基础。在模块化划分了设备之后，应该评定能够满足客户的个性化需求组和设备的功能性要求。

（3）自行式移动破碎站使用条件。破碎站本身具有行走机构，它在采掘工作面内工作，由装载设备（如挖掘机等）直接给料；当工作面向前推进时，它随着装载设备一起向前移动。破碎站的移动频率取决于装载设备的推进速度。由于破碎站移动频繁，因而需要装置具有高度灵活的带式输送机系统，以便随配套工作。

按行走方式分类，自行式移动破碎机有液轮式、轮胎式、履带式、迈步式等几种。在选用时应综合考虑建筑垃圾堆积的地质条件、行走机构承受的负荷、移动的频繁性、道路坡度、处理工作面位置和处理进度等因素。

1）液压自行式破碎站的车轮支腿上均装有液压伸缩机构，每个轮子上都有各自的液压驱动电动机。支腿能自动调节机组底盘的高度，使破碎站保持水平状态。由于车轮对地面的压力（0.4～0.9MPa）较大，所以只能用于地面承载能力允许的场所。

2）轨轮式移动破碎站适用于单向进路处理和坡度小于 3%的场合，其轨道承载能力和机组运行不受气候条件的影响。这种破碎站移动坡度载能限制，因而适用范围较小。

3）轮胎式移动破碎站的搬迁移动需借助牵引车、拖拉机或推土机，移动速度为 8～16km/h，轮胎充气压力为 0.5～0.6MPa；其机组的载荷受其转运机构和轮胎承载能力的限制，一般适用于小型破碎站，其处理能力多在 400t/h 以下。这种破碎站结构简单、移动方便、投资较少，使用安全可靠。

4）履带式移动破碎站行走机构结构坚固、对地面不平度的适应性较强，对地压力小（约为轮胎式的 1/3），行走速度约为轮胎式的 1/3，能爬 10%的坡道。

5）迈步式移动破碎站多采用液压机构拖动，类似迈步式索斗挖掘机的行走机构。通常这种自行式机组借助 3 组各具有一垂直油缸和水平油缸的机构驱动行走盘而移动。其移动速度为 70～90m/h，能爬 10%的坡道。对地压力为 0.15～0.25MPa，适用于各种不同耐力的工作场所。这种机组运转时底盘直接与地面接触，不用行走机构支撑。其步行机构用静液压驱动，移动速度较慢。与其他移动方式相比，它具有底盘低、稳定性好、质量轻、磨损小、维修量不大的优点，这是较常用的一种移动式破碎站。

5. 技术指标

为了便于设备的选取，现给出市场上部分轮胎式移动筛分站（含料仓）和履带式移动破碎站的技术参数对比，见表 2-11 和表 2-12。

表 2-11　轮胎式移动筛分站（含料仓）技术参数

型号	质量(kg)	轴重(kg)	牵引销荷重(kg)	料仓容积(m^3)	振动筛型号	车架轴数	功率(kW)	运输尺寸(mm)
PP1548YK3S	17600	8600	9000	3	3YK1548	单轴	7.5	11720×2930×4533

续表

型号	质量(kg)	轴重(kg)	牵引销荷重(kg)	料仓容积(m^3)	振动筛型号	车架轴数	功率(kW)	运输尺寸(mm)
PP1860YK3S	23700	12400	11300	3	3YK1860	双轴	18.5	14740×2780×4500
PP2160YK3S	28500	15200	13500	3	3YK2160	双轴	18.5	14850×3080×4500
PP2460YK3S	33500	23900	18000	5	3YK2460	双轴	30	15230×3720×4500

注：处理能力是在破碎物料密度为 $1.6\times10^3 kg/m^3$ 时的数据。生产能力与破碎物料的物理性能、给料方式、进料粒度及其组成等工况有关。

表 2-12　履带式移动破碎站技术参数

型号	进料口尺寸宽×长(mm)	最大进料粒度(mm)	排料口尺寸(mm)	处理量(t/h)	功率(kW)	料斗容积(m^3)	驱动方式	皮带宽度(mm)	运输尺寸(mm)
MP-J6	600×1060	500	60～175	280	164	6	液压	1000	12600×4060×4160
MP-J7	760×1000	630	70～200	400	242	7		1000	14800×4100×4400
MP-J8	850×1150	720	70～220	500	317	8		1200	16000×4200×4400
MP-J10	1070×1400	950	100～250	800	390	10		1400	16500×4300×6000

6. 典型应用案例

(1) 反击式移动破碎站在西安公路研究院的应用。陕西省西安市至咸阳市北环线高速公路路基、稳定层需要不同粒径的再生骨料。西安市公路研究院采购了移动式破碎筛分站对建筑垃圾进行破碎筛分。其最大喂料尺寸不超过 800mm，生产出的产品用于修筑陕西省西咸北环线，全长 270km 左右，每年可消纳建筑垃圾约 200 万 t。其目的是采用移动式破碎设备在高速路沿途中的 4～5 个建筑垃圾堆置点进行现场移动破碎作业，从而减少运输成本。引进移动破碎筛分站对含有钢筋、塑料等杂质的建筑垃圾进行高效破碎：一台自行移动式破碎站用于原料破碎；一台自行移动式筛分站用于成品料筛分。移动破碎筛分站在不同破碎场地间进行移动、高效生产。完成西安市凤城五路十里铺村建筑垃圾堆置点的破碎，并移动至陕西省汉中市进行矿渣生产。

(2) 俄罗斯克里米亚移动破碎生产线项目。俄罗斯克里米亚移动破碎生产线应用于高速公路建设，整个移动破碎筛分生产线是由智能控制系统统一操作的。物料由装载机进入初级车初级破碎移动站破碎至 180mm 以下，后破碎的物料经 1 号皮带机输送至两个 4000mm×4000mm 的中转料仓，再由料仓下方的振动给料机和 2 号皮带机输送至两台次级破碎筛分移动站二次破碎至 50mm 以下，破碎后的物料由 3 号和 4 号皮带输送机送往振动筛进行筛分，筛分出 0～5mm、5～25mm 和 25～50mm 的三种物料。0～5mm 的物料由 12 号和 13 号皮带输送机送往料堆，5～25mm 的物料由 5 号或 6 号皮带输往三级破碎筛分移动站进行整形筛分，25～50mm 的物料则由多缸液压圆锥破碎机 HPT300 进行再次破碎，直至达到 25mm 以下为止。

2.3　筛　　分

2.3.1　重型预筛分技术

1. 概述

重型振动筛是利用振动电动机或普通电动机外拖动或自振源驱动，使筛体沿激振力方向做周期性往复振动，物料在筛面上沿振动轨迹运动，从而达到筛分目的。重型振动筛根据筛网层数可分为单层筛、双层筛及多层筛。重型振动筛结构比较坚固，能承受较大的冲击负荷。

2. 适用范围

重型筛主要用于冶金、矿山、煤炭、建材、电力、化工等行业，尤以冶金行业用途最为广泛，是高炉槽下、焦化厂、选矿厂常用的筛分机械。该机采用新型节能振动电动机或激振器作振动源，用橡胶弹簧支撑并隔振，具有处理量大、筛分效率高、筛网更换方便、安装及维修简便等优点。

3. 技术原理

重型振动筛借助皮带轮中的自动调整振动器来达到运转时自定中心的目的。振动器的结构如图 2-31 所示。装有偏心重块的重锤由卡板 2 支撑在弹簧 3 上，重锤可以在小轴 4 上自由转动，振动器的重块定位可以自动调整。这种结构的特点是筛子在低于共振转速时不发生振动，当超过临界转速时，筛子开始振动，筛子在启动（或停车）时，主轴的转速较低，重锤所产生的离心力也很小（因离心力随转速而变），由于弹簧的作用，重锤的离心力不足以使弹簧 3 受到压缩，重锤对回转中心不发生偏离，因此产生的激振力很小，这时筛子不产生振动，可以平衡地克服共振转数。这样就可以避免当筛子在启动和停止过程中达到共振转速时，由于振幅急剧增加，可能使筛子的支承弹簧损坏。当筛子启动后，转速高于共振转速时，重锤产生的离心力大于弹簧的作用力，弹簧 3 被压缩，重锤就开始偏离回转中心，产生足以使筛子振动的激振力，从而使筛子振动起来。

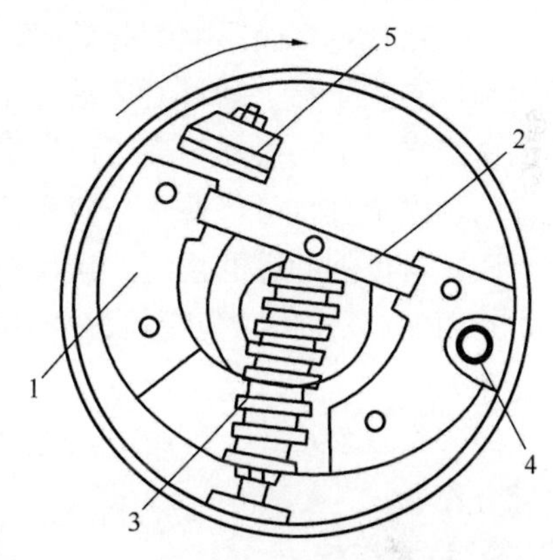

图 2-31　重型振动筛的自动调整振动器

1—重锤；2—卡板；3—弹簧；4—小轴；5—撞铁

重型振动筛在工作时，筛箱依靠两台相同的振动电动机做相反方向自同步旋转，由激振器产生的激振力通过筛箱传递给筛箱内的筛面，由激振器产生的激振动力为纵向力，使筛箱带动筛网面发生纵向前后位移，在一定条件下，筛网面上的物料因受激振力作用而被向前抛起，落下时小于筛孔的物料则透筛而落到下层，物料再筛分作业。调节振动电动机激振力的大小，可以改变筛机的振动幅度。

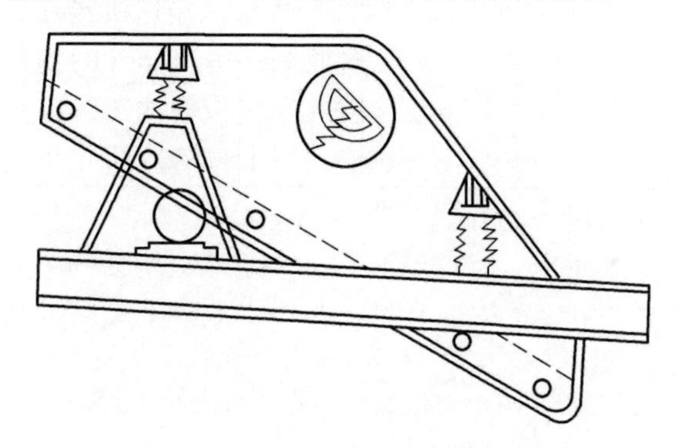

图 2-32　重型振动筛的结构示意图

4. 关键技术

（1）重型振动筛的类型和结构。国产重型振动筛的型号为 X 型，有单层筛和双层筛两种（SZX_1 和 SZX_2），这种振动筛结构（图 2-32）比较坚固，能承受较大的冲击负荷，适用于筛分大块度、密度大的物料，最大入料粒度可达 350mm，它的结构双振幅大（双振幅一般为 8～10mm）。筛子在启动及停车时，共振现象更为严重，因此采用具有自动平衡的振动器，可以起到减振的作用。

重型振动筛由激振装置、筛箱、防尘罩、落料斗、减振装置底座等部分组成。筛箱由筛框、筛板、衬板等组成。减振系统由橡胶弹簧和卡箍、支承座等组成。底架由料仓及底盘等组成。重型高效振动筛振动电动机安装方式可分为上振式和下振式，减振器安装方式可分为座式或吊挂式。还可以根据用户需要进行设计制造。

在筛子启动和停车过程中，重锤打开及收回时对撞铁有冲击力，因此撞铁是由一组铁片和胶皮垫片所组成的组合件，可以对冲击力起缓冲作用。

重型振动筛的筛面由框架及箅条焊接而成，一个筛子由多块筛面组成。为了克服因来料中大块物料过多而影响筛分效率，筛面上可焊接上高箅条，箅条沿筛面长度方向呈阶梯状排列，有利于筛上物料沿运动方向排料，不致阻塞筛孔。筛子的振幅靠增减重锤上偏心块的质量来调节；振动频率可以用更换小皮带轮的方法来改变。重型振动筛主要用于中碎机前的预先筛分，可代替筛分效率低、易阻塞的棒条筛。

（2）重型振动筛的选型。重型振动筛可根据用户需求分为封闭型和敞开型两种：

封闭型（ZSGB）为座式、全封闭结构，用于大处理量、有粉尘污染的颗粒物料的筛分作业。

敞开型（ZSG）为座式，无防尘盖板结构，用于大筛分能力、无粉尘污染的颗料物料的筛分作业。

5. 技术指标

为了便于设备的选取，现给出市场上部分重型高效振动筛技术参数对比，见表2-13。例如ZSGB-1020型：ZS为振动筛系列代号；G为高效产品代号；B为封闭机型；10为筛面宽度是1000mm；20为筛面长度是2000mm。

表2-13 电动机振动式重型高效振动筛技术参数

型号	筛面面积 (m^2)	筛面倾角 (°)	入料粒度 (mm)	筛孔尺寸 (mm)	处理量 (t/h)	振频 (Hz)	双振幅 (mm)	配用电机	
								功率 (kW)	电压 (V)
ZSGB-0615	0.9	10	<150	3	10～100	16	6～9	2×1.0	380
ZSGB-0918	1.62	10		5	15～160			2×2.0	
ZSGB-1020	2	15		10	15～200			2×2.0	
ZSGB-1224	2.88	10		15	25～300			2×2.5	
ZSGB-1030	3	15		20	35～360			2×2.5	
ZSGB-1230	3.6	15		25	40～400			2×3.7	
ZSGB-1530	4.5	15		50	45～460			2×3.7	

注：1. 表中所列各参数均系定型产品在标态、额定工况下的参考数值；
2. 处理量系指物料粒度分布均匀、松散密度为1.2～1.6t/m³、水分含量不大于5%的砂石类物料参考值；
3. 各参数仅反映设备主要结构类型和外形尺寸，仅供用户选型参考，具体结构及主要技术参数以技术和供货合同为准；
4. 重型振动筛分别有敞开型和封闭型两种结构形式，适用不同作业环境需求，选用时请确定电压制式及有无防爆要求；
5. 设备安装方式有支座式和吊挂式及二者搭配式等多种形式，选型时务必慎重考虑。

6. 典型应用案例

北方铜业铜矿峪矿选矿厂项目：北方铜业铜矿峪矿选矿厂位于山西省垣曲县，选矿厂几经改造，1993 年形成 400 万 t/年生产能力，共两期，每期 200 万 t/年。2011 年委托某公司进行选矿厂扩能改造，将一期 200 万 t/年系统改造成冶炼炉渣选矿系统，二期 200 万 t/年系统改扩建达到 600 万 t/年的生产能力。

考虑到粗碎采用排矿口较小（150mm）的高效旋回破碎机，其粗碎产品的细粒级含量较多且含水率波动较大，结合同类选矿厂的生产经验，设计在中碎前采用 1 台大型重型双层圆振动筛进行强化筛分，并产出部分（10%左右）最终破碎产品，粒度 d_{95} =10mm，提高了破碎筛分系统的处理能力。

改造后的新选矿厂已于 2011 年 3 月负荷试车成功后投入正式生产，各个系统运转正常，工艺流程通畅，生产稳定，处理能力与产品指标 1 个月内均达到设计要求，成本也大为降低，取得了很好的经济效益和社会效益。该项目获得 2013 年度部级优秀工程设计一等奖。

2.3.2　圆振动筛分技术

1. 概述

圆振动筛是指筛机振动体即筛箱具有近似圆运动轨迹的惯性振动筛。

目前国内市场上的主流圆振动筛产品主要有轴偏心的 YA 型、块偏心的 YK 型和 YKR 型、DYS 型 3 种，如图 2-33 所示。

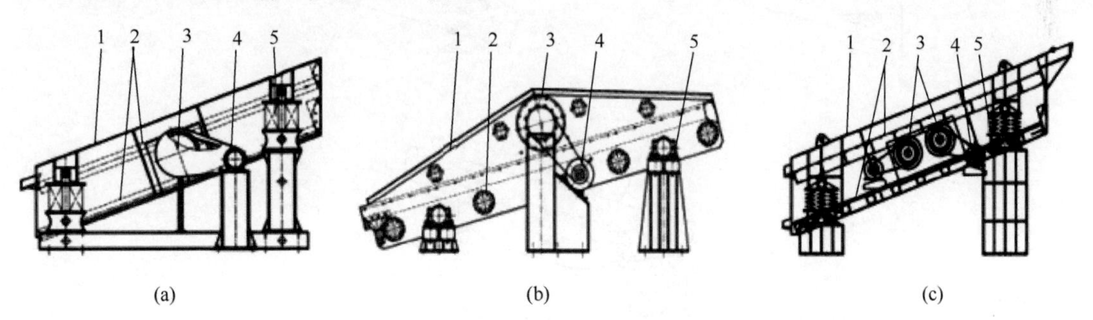

图 2-33　国内市场上 3 种主流圆振动筛的结构

（a）YA 型圆振动筛；（b）YK、YKR 型圆振动筛；（c）DYS 型圆振动筛

1—筛框；2—筛面；3—振动器；4—电动机传动装置；5—减振支撑装置

2. 适用范围

圆振动筛主要用于物料粒度分级，广泛应用于矿山、冶金、煤炭、筑路和建材等行业的预先筛分、准备筛分及脱水作业中。

3. 技术原理

（1）单轴振动器圆振动筛。单轴振动器圆振动筛的振动器位置安装方式常规上有 3 种，不同的安装位置会产生不同的运动轨迹，其主要和筛机参振体的质心有关，使用时要根据筛机结构和被筛分的物料确定。振动器安装位置与筛机运动轨迹关系示意图如图 2-34 所示。

图 2-34（a）为双层筛面圆振动筛，振动器安装在上下层筛面之间，即筛机参振体质

心位置。筛机从给料端到排料端，侧板上每一点的运动轨迹都是正圆形，而且轨迹大小相等，物料在筛面上的运动速度是相等的，适合均匀给料的筛分。

图 2-34（b）为单层筛面圆振动筛，振动器安装在筛机参振体质心位置上方，即筛面的上方。此种结构布置的圆振动筛，其运动轨迹是椭圆形的，而且椭圆运动轨迹的长轴值和短轴值从筛机的两端到中间是变化的，筛机两端的椭圆轨迹长轴值较大，在接近筛机中间位置即振动器位置处，椭圆轨迹的长轴值和短轴值相差较小，近似于圆形。另外，筛机两端椭圆轨迹的长轴方向也是有变化的——两端的长轴方向线趋向振动器位置，这样物料在筛面上的运动速度从给料端到排料端是递减的，有利于筛机给料端的物料迅速松散，从而提高整体筛面的筛分效率。

图 2-34（c）为单层筛面圆振动筛，振动器安装在筛机参振体的质心位置下方，即筛面的下方。此种结构布置的圆振动筛，其运动轨迹也是椭圆形的。椭圆运动轨迹的长轴值和短轴值也是从筛机的两端到中间是变化的，筛机两端的椭圆轨迹长轴值较大，在接近筛机中间位置即振动器位置处，椭圆轨迹的长轴值和短轴值相差较小，近似于圆形，但筛机两端椭圆轨迹的长轴的方向线趋向正好与图 2-34（b）筛机结构运动轨迹相反，物料在筛面上的运动速度从给料端到排料端是递增的，此轨迹原理适合薄层、易筛分物料的筛分。

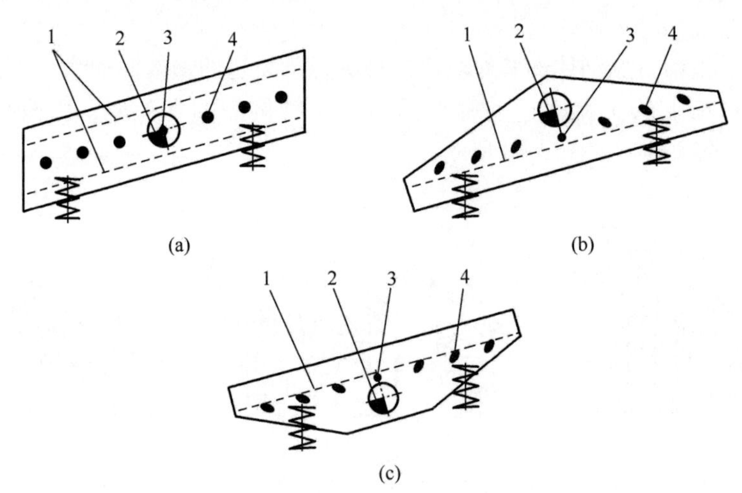

图 2-34　振动器安装位置与筛机运动轨迹关系示意图

（a）振动器安装在参振体质心位置；（b）振动器安装在参振体质心位置上方；

（c）振动器安装在参振体质心位置下方

1—筛面；2—振动器；3—参振体质心；4—运动轨迹

（2）双轴振动器圆振动筛。双轴振动器圆振动筛主要针对大型圆振动筛而设计，其工作原理有两种：一种是强迫同步原理；另一种是自同步原理。这两种工作原理的两个轴振动器都安装在筛箱重心（参振体的质心）对称的两侧，且两振动器的质心连线通过筛箱重心。双轴强迫同步原理的圆振动筛，两个轴振动器之间采用同步齿形带或齿轮连接，确保偏心质量同步同向旋转，筛机的振动轨迹从给料端到排料端是圆形，且幅值大小相等。双轴自同步原理的圆振动筛是根据双轴惯性振动器离心理论设计的，两个轴振动器分别由两台电动机独立驱动，反向旋转，其关键技术：筛机靠近给料端的振动器偏心质量要大于排料端的振动器偏心质量，以保证椭圆轨迹的形成，力学模型如图 2-35 所示。此筛机从给料端到排料端的椭圆轨迹是递减的，其椭圆轨迹的长轴幅值由两轴振动器偏心质量之和产生，短轴幅值由两轴振动器偏心质量之差产生。这种工作原理相对于双轴强迫同步圆振动筛而言，大大简化了设计制造难度，而且筛分效果也优于双轴强迫同步圆振动筛。

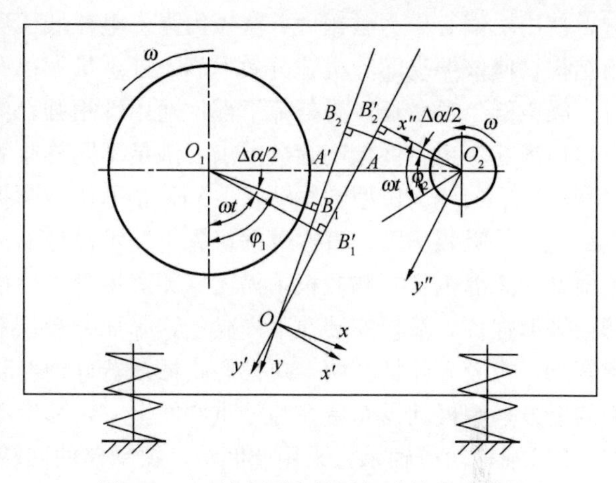

图 2-35　双轴自同步椭圆振动筛力学模型

(3) 三轴振动器圆振动筛。三轴振动器椭圆振动筛是一种兼容直线振动筛和圆振动筛轨迹优点而研发的一种水平安装椭圆振动筛，是移动筛分破碎站上理想的筛分设备，其结构紧凑，高度空间小，振动参数大（双振幅 $2A=14\sim20$mm，振次 $n=645\sim875$r/min），筛分效率高，处理量大。

三轴振动器振动筛工作原理：振动器的 3 根轴上装有相等偏心质量为 m、相同偏心半径为 r 的配重块；动力由 1 台电动机经 V 带轮传递给三轴振动器中的 1 根主动轴，在三轴振动器之间，采用 3 个速比为 1∶1 的齿轮连接保持同步旋转，从而产生激振力；另外，此筛机可以根据被筛分物料的实际状况调节振动方向角（指椭圆轨迹的长轴与水平面的夹角，范围为 30°～60°）。

4. 关键技术

国内市场上制造的圆振动筛，其振动参数相对国外偏低（$K=3\sim4g$），使用寿命也偏短（3～5 年）。目前国内市场上的主流圆振动筛产品有 YA、YK 和 YKR、DYS 型 3 类，而 ZD（座式单轴圆振动筛）、DD（吊式单轴圆振动筛）、ZDM（座式单轴煤用圆振动筛）、DDM（吊式单轴煤用圆振动筛）、SZZ（自定中心式圆振动筛）型圆振动筛几乎已被市场所淘汰。

(1) YA 型圆振动筛。YA 型圆振动筛是引进美国 R. S 公司的 TABOR 倾斜筛技术而研制出的产品，其筛框主要由两片侧板和托架铆接组成，侧板外侧焊接有加强肋板，筛板安装在托架上面，筛面分单层和双层，并有轻型和重型之分，轻型配置张紧编织筛网，重型配置冲孔筛板。单轴振动器安装在筛箱的重心位置上，其筛箱运动轨迹为正圆形。振动器为轴偏心和外加配重轮结构，轴承采用大游隙调心滚子轴承，采用稀油润滑。振动器的回转运动：由电动机通过一对带轮和 V 带把动力传递给振动筛。

此系列圆振动筛共有 40 种规格，最小规格为 Y1236，最大规格为 Y2460，筛面倾角为 20°，振动参数：双振幅 $2A=9.5\sim11$mm，振次 $n=845\sim708$r/min。

在选用 YA 型圆振动筛时要注意以下几点：①筛机分单层和双层，并有轻型和重型之分。②筛网结构有编织网、冲孔筛板；如果选用铁箅式筛板，可根据要求设计。③双层筛上层筛面选定的筛孔尺寸超过技术性能及参数中规定的筛孔尺寸时，就按要求设计。

YA 型圆振动筛具有以下特点：①环槽铆钉连接、结构先进，坚固耐用；②采用轮胎联轴器，柔性连接，运转平稳；③筛子横梁和筛箱采用高强度螺栓，结构简单；④结构先进，使用块偏心作为激振力，激振力强、电耗低、噪声小；⑤采用小振幅、高频率、大倾角结构，使该振动筛分机筛分效率高、处理量大；⑥振动器使用大游隙轴承，采用稀油润滑，噪声低、寿命长，另外筛子部件通用性很强，维修方便；⑦具有多种筛分辅助配置，更多地满足客户个性化的筛分需求，满足不同行业的筛分需求，达到最佳筛分的目的。

（2）YK、YKR型圆振动筛。YK、YKR型圆振动筛参照原西德KHD公司USK筛机结构，并吸收美国、日本等筛机先进技术设计而成，其筛框主要由2片侧板和2～4根上横梁（无缝钢管）和数根下横梁（无缝钢管）铆接而成，侧板相对较厚，无任何焊接或铆接等加强件，筛板安装在下横梁上，筛面分单层和双层，筛面可配置编制筛网、冲孔、聚氨酯、橡胶等筛板。两个块偏心式振动器分别安装在筛箱的两侧板对称位置上，位于筛面的上方，因振动器布置在筛箱重心的上方，其运动轨迹为椭圆形。振动器轴承采用大游隙NJ型圆柱滚子轴承，采用脂润滑。振动器的回转运动由电动机通过一对带轮和V带将动力传递给振动筛，或由电动机通过挠性联轴器直接驱动将动力传递给振动筛。激振力的大小由主副偏心块的夹角来调整，筛面倾角为15°，振动参数：双振幅$2A=6\sim14$m，振次$n=970\sim740$r/min。

YK型圆振动筛具有以下特点：①设备维修保养简单方便，整机运行效益高；②采用十字轴方向节传动轴或橡胶联轴节等柔性连接，运转平稳；③筛机结构趋于简化，有利于提高设备的制造工艺水平和装配精度；④激振器采用块偏心形式，不仅使激振器偏心质量单重激振力增大，而且激振力可随机调控，便于模块化设计和使用。

（3）DYS型圆振动筛。DYS型圆振动筛是一种大型圆振动筛，宽度在3m以上，长度在6m以上。此筛由于筛箱的质量较大，要求有较大的激振力来驱动筛子产生连续振动。此外，由于受结构和轴承尺寸的限制，DYS型圆振动筛需采用双传动系统，即安装两个轴偏心式振动器，分别由两个电动机单独驱动，在电动机驱动的筛机另一侧，2个振动器之间采用同步齿形带连接，使两个振动器保持相同的相位，同向旋转。筛面倾角为20°，振动参数：双振幅$2A=12$mm，振次$n=708$r/min。其他部分结构和YA型圆振动筛无原则区别。

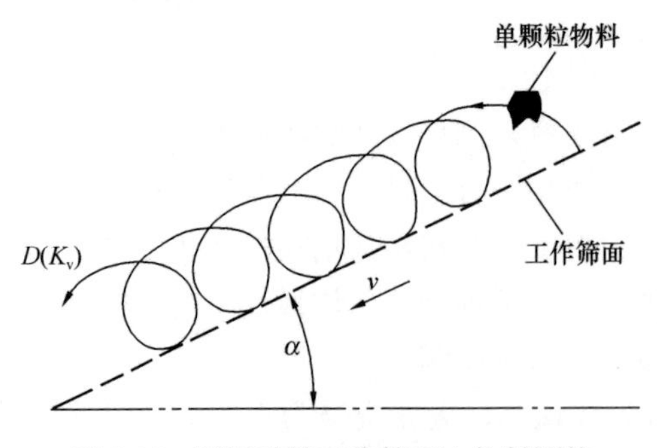

图2-36　圆振动筛工作筛面上物料颗粒运动状态示意图

（4）圆振动筛参数分析。圆振动筛振幅轨迹是圆或椭圆，其振幅值是指圆的半径或椭圆的长轴之半，故物料颗粒在工作筛面上是滚爬运行的，如图2-36所示。在相等筛分面积和筛板配置合理的前提下，影响圆振动筛的筛分效率和处理量主要参数是振动强度K、抛射强度K_v、筛面倾角α和振动器的旋转方向。

1）振动强度K和抛射强度K_v。筛机的振动强度是衡量振动筛性能的一个重要指标，其K值的大小是由两个参数决定的，分别是振动次数n和振幅A。振次和振幅越大，筛机的振动强度K值就越大［$K=(\pi n/30)^2/g$］，大振动强度可以加大物料的抛掷指数D（$D=K_v=K\cdot 1/\cos\alpha$），即抛射强度$K_v$增大，使物料在筛网上的抛射力增强，从而提高了筛机的筛分效率和处理量。但过大的振动强度会使筛机的运行惯性增加，致使筛机的使用寿命缩短。因此，根据被筛分物料的粒度组成、筛分难易程度、筛孔尺寸大小来选择合理的抛掷指数 D（K_v）值，对提高筛机的使用寿命和筛分效果是很关键的。

当抛掷指数 D（K_v）≈3.3 时，筛机筛面的一个振动周期正好等于单颗粒物料的一个跳动周期，此时物料颗粒与筛面的接触时间最短，故对减少筛面磨损是十分有利的。因此，对易筛分物料，为了提高筛板的使用寿命，一般情况下 D（K_v）≤3.3；但对易卡孔物料或黏湿细颗粒物料，为了获得较高的筛分效率，D（K_v）要取大值，以增强筛面上物料的抛射力。目前国内外圆振动筛的抛射强度 K_v 值一般在 3～5g 选取。

2）筛面倾角 α。圆振动筛筛面上的物料是依靠筛面倾角和物料本身的重力加速度向前运行的。筛面倾角 α 的大小是决定物料运动速度和物料通过量的关键参数，筛面倾角越大，物料运动速度越快，其通过量就越大，但筛分效率会随之降低。因此，根据被筛分物料的粒度组成、含水量、硬度、密度及形状等来选择合理的筛面倾角，对提高圆振动筛的筛分效率很关键。目前国内外圆振动筛的筛面倾角范围在 15°～25°，最常采用的是 20°。

3）振动器旋转向。圆振动筛的振动器旋转向直接影响物料的运动速度，对同等振动参数而言，振动器顺着物料流方向旋转，则物料的运动速度快，单位时间内物料的通过量大，即处理量大，但筛分效率低；振动器逆着物料流方向旋转，物料的运动速度慢，单位时间内物料的通过量小，即处理量小，但筛分效率高。因此，圆振动筛的振动器旋转向通常根据现场的筛分工况确定。

5. 技术指标

为了便于设备的选取，现给出市场上部分 YK 圆振动筛技术参数对比，见表 2-14。例如型号 2YK-1245 型：2 为筛面层数；Y 为运动轨迹为圆形；K 为激振器结构为块偏心式；12 为筛面宽度是 1200mm；45 是筛面长度是 4500mm。

表 2-14　YK 圆振动筛技术参数对比

型号	筛面层数	筛面规格（mm）	最大进料粒度（mm）	处理能力（t/h）	电机功率（kW）	质量（t）	外形尺寸（mm）
3YK1245	3	1200×4500	200	15～80	11	2.34	5600×1800×1850
2YK1548	2	1500×4800	200	30～180	15	5.8	1906×2100×1600
3YK1548	3	1500×4800	200	30～200	15	6.87	5906×2100×1900
4YK1548	4	1500×4800	200	30～250	18.5	7.36	5906×2100×2150
2YK1860	2	1800×6000	250	50～300	18.5	6.77	6509×2536×1810
3YK1860	3	1800×6000	250	50～300	22	8.29	6509×2536×1910
4YK1860	4	1800×6000	250	50～300	30	9.8	6509×2536×2250
2YK2160	2	2100×6000	250	100～400	30	9.68	7150×2670×2120
3YK2160	3	2100×6000	250	100～400	30	10.21	7150×2670×2270
4YK2160	4	2100×6000	250	100～400	30	11.8	7150×2670×2650
2YK2460	2	2400×6000	300	150～600	30	10.2	7150×2900×2650
3YK2460	3	2400×6000	300	150～600	30	12.35	7150×2900×2350
2YK2475	2	2400×7500	300	200～650	18.5×2	13.1	7300×2900×2150
3YK2475	3	2400×7500	300	200～650	18.5×2	14.25	7300×2900×2350
2YK3072	2	3000×7200	300	260～800	22×2	14.65	7350×3500×2350
3YK3072	3	3000×7200	300	260～800	22×2	15.88	7350×3500×2350

6. 典型应用案例

（1）河南荥阳时产1000t砂石骨料生产线。河南新乡石料厂时产1000t砂石生产线主要采用双锤破联合生产工艺，破碎设备采用两台重型锤式破碎机，形成了一个闭路系统，既提高了时产，又使物料的破碎程度在适合的粒度要求范围；为了确保骨料洁净度，头道工序喂料端采用专用于除土的筛分除土振动给料机；后端筛分设备采用前三后二的适当配置，筛分出满足应用需求的成品物料。整条生产线从2011年10月18日签订合同开始，到整条生产线工艺流程的设计，到全套生产设备的生产，到生产线现场安装，再到正式投产，共历时两个月，每年可生产高品质砂石骨料300万t。

（2）拉法基瑞安西南市场骨料线。世界水泥巨头拉法基集团（Lafarge）20世纪90年代进入中国的水泥行业，自2010年以来，拉法基瑞安将公司的经营重心逐渐转移到中国西南部，在中国西南地区的多个省市提供住房解决方案。拉法基瑞安为更好地满足西南地区的骨料需求，在石灰岩矿山资源大省——贵州建立生产能力达400t/h的骨料生产基地，所需产品规格为0～5mm、5～10mm和10～25mm共3种。

该骨料生产线采用了3段破碎，配置了如下设备：一台振动给料机，一台颚式破碎机，两台新型反击破碎机，一台立轴冲击破碎机，三台圆振动筛。这些设备保证了连续级配进料，提高了砂的产量，同时对骨料质量进行了二次优化。

2.3.3 滚筒筛分技术

1. 概述

滚筒筛主要用于成品和进料的分离，也可实现成品的分级，使成品均匀分类，具有结构简单、操作方便、运转平稳等特点。它广泛适用于粒径小于300mm固体物料的筛分，筛分能力一般为60～1000t/h。其结构示意图如图2-37所示。

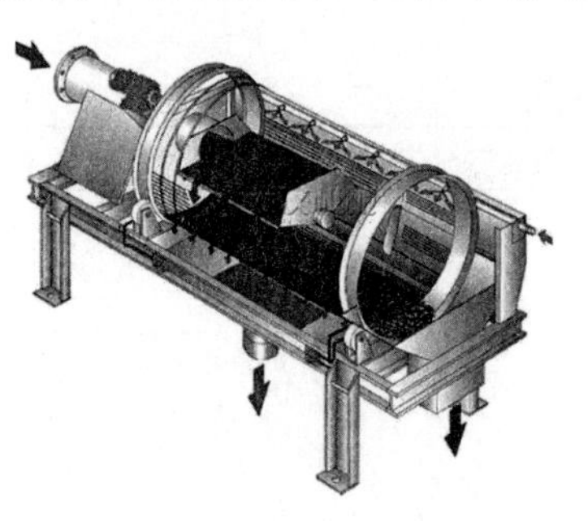

图2-37 滚筒筛结构示意图

2. 适用范围

滚筒筛广泛应用于矿山、建材、交通、能源、化工等行业的产品分级处理，具体包括：石料场中用于大小石子分级，以及分离出泥土和石粉；砂石场中用于砂石分离；煤炭行业用于块煤与煤粉分离和洗煤；化工行业、选矿行业用于大小块状物分级及分离粉状物质。

3. 技术原理

滚筒装置倾斜安装于机架上。电动机经减速机与滚筒装置通过联轴器连接在一起，驱动滚筒装置绕其轴线转动。当物料进入滚筒装置后，由于滚筒装置的倾斜与转动，使筛面上的物料翻转与滚动，使合格物料（筛下产品）经滚筒后端底部的出料口排出，不合格的物料（筛上产品）经滚筒尾部的排料口排出。由于物料在滚筒内的翻转、滚动，使卡在筛孔中的物料可被弹出，防止筛孔堵塞。滚筒筛砂机、滚筒筛分机与滚筒筛的原理构造几乎相同，只是人们对它的认识和叫法上存在差异。

4. 关键技术

滚筒筛是分选技术中应用非常广泛的一种机械，是通过对颗粒粒径大小来控制垃圾分选的，分选精度高。滚筒筛的筒体一般分几段，可视具体情况而定，筛孔由小到大排列，每一段上的筛孔孔径相同。

为了提高分选精度，避免小颗粒物料在大孔径筛分段被筛分出来的情况，垃圾在滚筒筛中必须经过充分的翻料，且垃圾的移动速度不能过快。通常在滚筒内壁都会装上挠板，其作用就是提升垃圾颗粒，让不同粒径的垃圾颗粒都尽可能有机会接触到筛孔，如果符合孔径的要求，颗粒就能透筛，达到滚筒筛分选的目的。

为了提高筛分效率，垃圾在滚筒筛内移动的速度不能太快，否则将造成筛分不充分、不彻底，因此滚筒筛一般都有严格规定的安装倾角，通常来说这个角度为 5°，当然在实际情况下，可根据需要进行调整。

滚筒段是通过螺母、螺钉与滚筒筛转盘相连接的，因此滚筒段的安装与拆卸比较方便。由于滚筒段与转盘相连，当转盘在驱动装置的驱动下发生转动时，滚筒段也跟着一起转动。

滚筒共分 3 段，其中第一段的透筛成分主要是细颗粒的煤灰、泥土等，还有细小的金属颗粒；第二段的透筛成分主要包括小砖块、石块、部分塑料、纸张等；第三段的透筛成分有纸张、塑料、竹木、橡胶等。滚筒筛的使用为后续风选创造了非常有利的条件。

每段滚筒都是用螺母与螺钉固定在转盘上的，这为滚筒的拆卸带来很大的方便。滚筒筛的滚筒采用这样的形式连接有一定的优越性。如果滚筒采用整体形式而非分段形式，加工会有不小的困难。因为整个滚筒分 3 段，如果在一整块钢板上打孔，钢板分量非常重，而且卷板也非常困难，更不便于安装；如果将 3 段分开加工，则分量轻很多，更易于卷板安装，而且还可以根据垃圾的实际颗粒大小来选择更为合适的孔径，有助于提高筛分效率。

滚筒筛的选型通常要考虑筛网、变频器和出料口尺寸等。

（1）筛网。通常滚筒筛的筛网有编织式的和冲孔筛板式的。编织式筛网主要由相同丝径的圆钢交织而成。一旦物料的密度过大，就会使筛网变形出现漏料的现象，而且接口比较薄，制作时相对来说有些复杂，成本也高，一旦损坏就很难加固，因此编织式筛网适合筛选密度较小的物料。冲孔筛板在制作时很简单，冲孔板卷圆、接口对接在设计上非常结实耐用，一般筛选孔径大于 5mm 以上的物料。如果是对卫生要求较高或有特殊要求的物料，冲孔筛板还可以选择 304 不锈钢或碳钢制作。一般生产厂家会选用冲孔筛板作为滚筒筛的筛网。

（2）变频器。要求生产厂家必须订购大厂家的变频器。在使用变频器时一定要注意，正转时严禁倒转，必须缓慢减速，保证整个滚筒筛体处于静止状态再反向变频，否则会使电动机短路或筛体严重变形，出现更大损失。

（3）出料口尺寸。滚筒筛出料快、精度高，但是难免会出现堵料的现象，所以在选购滚筒筛出料口时一定要选择口径大的，而且出料口的角度与地面应尽可能相互垂直，这样才能保证物料在出料时顺畅不堵塞。

5. 技术指标

为了便于选取设备，现对市场上部分滚筒筛技术参数进行对比，见表 2-15。例如 GS0815 型：GS 为滚筒筛系列代号；08 为滚筒筛外径直径是 0.8m；15 为滚筒筛长度是 1.5m。

表 2-15 滚筒振动筛技术参数对比

型号	滚筒规格（m）	滚筒角度（°）	筒体转速（r/min）	筛孔尺寸（mm）	进料粒度（mm）	产量（m³/h）		电动机功率（kW）	外形尺寸（mm）	质量（t）
						筛孔（2～10mm）	筛孔（11～80mm）			
GS0815	0.8×1.5	8～16	16～20	2～80	≤300	5～25	30～50	2.2	2600×1200×1620	2.0
GS0820	0.8×2					8～40	40～70	2.2	3060×1200×1760	2.2
GS1025	1.0×2.5					20～100	100～300	4.0	3560×1400×1920	3.1
GS1050	1.0×5.0					40～200	200～230	5.5	5980×1400×2610	5.9
GS1238	1.2×3.8					35～180	180～200	5.5	5600×1600×2390	5.0
GS1360	1.3×6.0					55～280	280～300	11	6300×1800×2800	6.0
GS1590	1.5×9.0					90～400	400～450	18.5	9100×1900×3320	7.8

注：1. 滚筒筛体型一般较大，应该量地选型，根据自身的实际情况选择，尽量为滚筒筛挑选一个大的工作空间；
2. 根据筛分精度进行选择；
3. 尽量选择整个筛分机构均设计在密封防尘罩内的滚筒筛，这样可以彻底消除筛分过程中的粉尘飞扬现象，从而改善工作环境，工作人员也不会受到粉尘的影响；
4. 查看滚筒筛电动机功率的大小，看是否与筛机匹配。

6. 典型应用案例

（1）普通商品混凝土骨料加工系统工艺（图 2-38）。砂石骨料加工系统的工艺简单，设备配置少。粗碎采用棒条给料机，棒条给料机具有均匀、稳定给料和筛分的功能；棒条筛上物料进入颚式破碎机破碎，可提高破碎机的生产效率的同时降低衬板的磨耗。根据料源情况，棒条筛下物可随粗碎后的骨料一同进入调节料堆，也可以进入除泥筛分机进行除泥，在粗碎前除泥，可以大大减少有用料的浪费且达到除泥的目的。中碎之前一般设置调节料堆，由于汽车运输的不连续稳定，调节料堆可确保后续工艺在一定时段内连续稳定生产，提高设备的利用效率，同时当粗碎临时检修或处理超径石时，后续工艺受到影响不大。中碎采用反击式破碎机，破碎后的骨料进入预筛分车间，其中满足规格的骨料分别进入成品骨料堆，超径骨料进入细碎车间，其余进滚筒筛分车间进行筛分，满足要求的成品

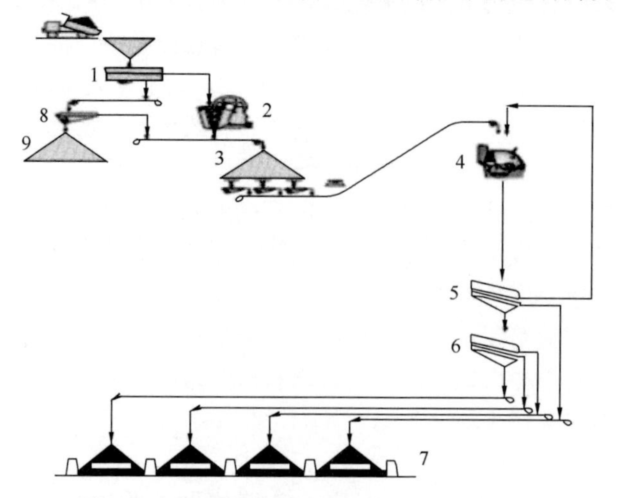

图 2-38 普通商品混凝土骨料加工系统工艺

1—棒条筛分机；2—颚式破碎机；3—中间调节料堆；4—反击式破碎机；5—预筛分机；6—成品筛分机；7—成品料堆；8—除泥筛分机；9—除泥料堆

骨料进入成品骨料堆。

（2）普通商品骨料含制砂系统工艺（图2-39）。砂在商品混凝土骨料中的比例一般在30%左右，用量相对较大，对于目前天然砂资源的枯竭和限制开采的环境下，人工机制砂逐渐成为趋势和主流（当前大型水电站建设主要采用的是人工机制砂）。目前机制砂主要是采用立轴冲击式破碎机制备，由于立轴冲击式破碎机具有整形和破碎的功能，因此制砂的工艺也相对较多，有立轴专制砂而不出粗骨料，有的制砂工艺兼顾对粗骨料进行整形，该工艺就是制砂的同时兼顾对5～10mm的骨料进行整形。该案例中：中碎后的骨料和细碎后的骨料进入成品1号筛分车间，筛分出粒径10～20mm、20～31.5mm的成品粗骨料，其中部分粒径10～20mm和20～31.5mm的成品粗骨料以及全部粒径5～10mm的骨料进入了了制砂调节料堆。通过立轴冲击破碎机破碎和整形后进入成品2号筛分车间进行筛分，粒径大于10mm的骨料全部返回制砂调节料堆，形成闭路循环，部分多余的5～10mm粒径砂返回制砂调节料堆形成闭路循环。在该案例中，为了调节成品砂的细度模数（调节砂的级配，一般采用的是中砂），筛分后粒径大于3～5mm的部分骨料返回制砂车间形成闭路循环。

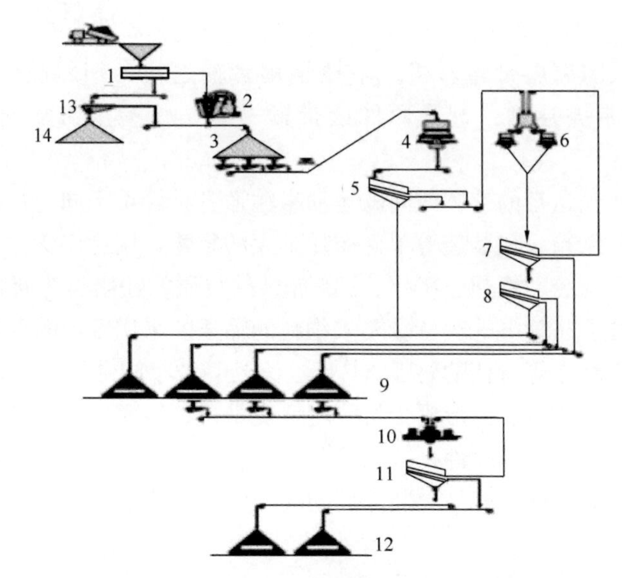

图2-39　普通商品骨料含制砂系统工艺

1—棒条筛分机；2—颚式破碎机；3—中间调节料堆；4—圆锥破碎机（中碎）；
5—预筛分机；6—圆锥破碎机（细碎）；7、8—成品筛分机；
9—粗骨料成品料堆；10—冲击式破碎机；11—制砂筛分机；
12—砂及细骨料成品料堆；13—除泥筛分机；14—除泥料堆

2.4　传　　送

2.4.1　机械输送技术

连续输送机械简称输送机械，是以连续、均匀、稳定的输送方式，沿着一定的线路搬运或输送散状物料和成件物品的机械装置。由于输送机械具有能在一个区间内连续搬运物料、运行成本低、效率高、容易控制等特点，因而被广泛应用于现代物流系统中。它是现代装备传输系统实现物料输送搬运的最主要基础装备，在现代生产企业中，各种自动化流水线都属于自动化的输送机械。

1. 概述

机械输送主要是完成在建筑垃圾资源化处理项目中在各车间运输物料的任务。螺旋输送机、皮带输送机、斗式提升机、刮板输送机等均属输送机械。

2. 适用范围

机械输送设备比较适宜短距离、大输送量的设备。其机件局部磨损严重，维修工作量大，广泛用于煤矿、冶炼厂、燃煤电厂及集中供热锅炉房工程中。

3. 技术原理

机械输送设备一般由驱动装置、牵引装置、张紧装置、料斗、机体组成。有的输送设备是将物品放在牵引构件上或承载构件内，有的是利用牵引构件的连续运动使物品沿一定方向输送，利用工作构件的旋转或往复运动输送物料。

4. 设备种类

(1) 皮带输送机（图 2-40）。皮带输送机包括 90°皮带转弯机、180°皮带转弯机、不锈钢皮带转弯机、45°皮带转弯机、不锈钢皮带输送机、塑料喷嘴皮带输送机、报刊皮带输送机、皮带提升机、电子原件皮带输送机、灯检皮带输送机、多层皮带输送机。

皮带输送机运用输送带的连续或间歇运动来输送各种轻重不同的物品，既可输送各种散料，也可输送各种纸箱、包装袋等单件质量不大的货物，用途广泛。

输送带的材质有橡胶、橡塑、PVC、PU 等多种材质，除用于普通物料的输送外，还可满足耐油、耐腐蚀、防静电等有特殊要求物料的输送。采用专用的食品级输送带，可满足食品、制药、日用化工等行业的要求。

结构形式有槽形皮带机、平形皮带机、爬坡皮带机、转弯皮带机等多种形式，输送带上还可增设提升挡板、裙边等附件，能满足各种工艺要求。输送机两侧配以工作台、加装灯架，可作为电子仪表装配、食品包装等装配线。驱动方式有减速电动机驱动、电动滚筒驱动。

调速方式有变频调速、无极变速。

机架材质有碳钢、不锈钢、铝型材。

皮带输送机性能特点：输送带根据摩擦传动原理而运动，具有输送量大、输送距离长、输送平稳，物料与输送带没有相对运动、噪声较小、结构简单、维修方便、能量消耗少、部件标准化等优点。

(2) 斗式提升机（图 2-41）。斗式提升机输送设备固接着一系列料斗的牵引构件（胶带或链条）环绕提升机的头轮与尾轮之间，构成闭合轮廓。驱动装置与头轮相连，使斗式提升机获得必要的张紧力，保证正常运转。物料从提升机底部供入，通过一系列料斗向上提升至头部，并在该处卸载，从而在竖直方向运送物料。斗式提升机的料斗和牵引构件等行走部分及头轮、尾轮等安装在全封闭的罩壳之内。

图 2-40　皮带输送机

图 2-41　斗式提升机

（3）螺旋输送机（图 2-42）。输送设备的分类中有一种叫作螺旋输送机（俗称绞龙）。其整体结构及内部结构由头节、中间节、尾节及驱动部分构成。螺旋输送机具有构造简单、占地少、设备容易密封、便于多点装料及多点卸料、管理和操作比较简单等优点，常用于水平或小于 20°倾斜方向输送各种粉状和粒状物料，如生料、煤粉、水泥和矿渣等。螺旋输送机的缺点是运行阻力很大，比其他输送机的动力消耗大，且机件磨损较快，维修量大，不宜用于输送黏性易结块、粒状块、磨琢大的物料，被输送的物料温度要低于 200°，常用于中小输送量及输送距离小于 50m 的场合。

（4）板链斗式提升机（图 2-43）。板链斗式提升机又称 PL 型斗式提升机。该输送设备的分类牵引件是板链。物料的运行依靠头部驱动链轮的齿拨动板链来传动，料斗运行速度很慢（0.4m/s）。它适合输送温度在 250℃以下、密度较大、有磨琢性、块状物料，如块煤、石灰石、水泥熟料等。其装料方式为流入式，卸料方式为重力式，料斗形状为鳞式斗。

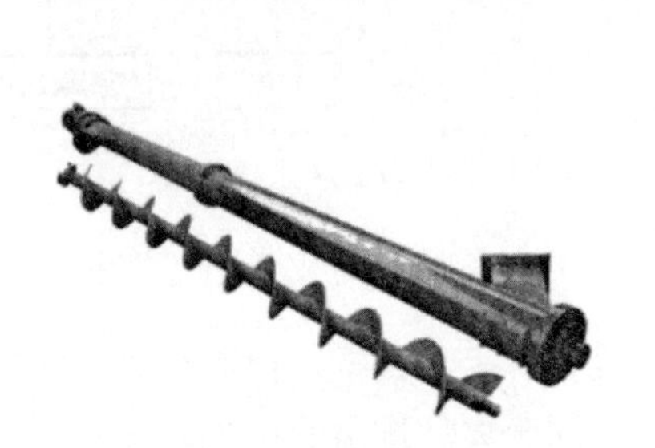

图 2-42　螺旋输送机

图 2-43　板链斗式提升机

2.4.2　气流输送技术

气流输送的雏形最早出现在 19 世纪，人们用风扇驱动，通过管道来输送木屑和谷物。到了 20 世纪，粉体的气流输送技术已经得到了充分的开发和应用。在制药、食品、塑料、水泥、化工、玻璃、采矿及冶金等众多工业领域中得到了普遍的使用。

1. 定义

气力输送系统是以气体作动力，在密闭管道内沿气流方向通过密封管道把粉体物料从一处送到另一处的装置，是流态化技术的一种具体应用。负压抽吸输送、高压气力输送、空气输送斜槽输送等均属气力输送。

2. 适用范围

气力输送及相关技术广泛应用于建材、化工、粮食、冶金、采矿、环保、轻工、能源等部门，并且往往成为设备的经济安全稳定运行、开发新的工艺流程、发展新型气固输送的关键技术。在工厂车间内部和建筑、公路、铁路、传播的运输作业中，各种粉末状、颗粒状、纤维状和叶片状的物料，如水泥、石灰、面粉、谷物、煤粉、炸药、化肥、化工原料、型砂、棉花、羊毛、烟丝、茶叶、炭黑、木屑等，越来越广泛地采用散料的存储和气力输送的方式。

3. 技术原理

气力输送装置一般由发送器、进料阀、排气阀、自动控制部分及输送管道组成。气力输送系统有自动运行、手动运行和中控运行等控制方式。以自动运行为例，控制系统发出输送信号，气力输送装置排气阀、进料阀打开，装料开始，当达到设定质量时，排气阀、进料阀自动关闭；延时5～8s，流化阀、输送阀打开，输送开始；当泵内输送压力低于设定压力时，控制系统发出信号，排气阀、流化阀关闭，输送完成。气力输送系统工艺如图2-44所示，气力输灰系统流程如图2-45所示。

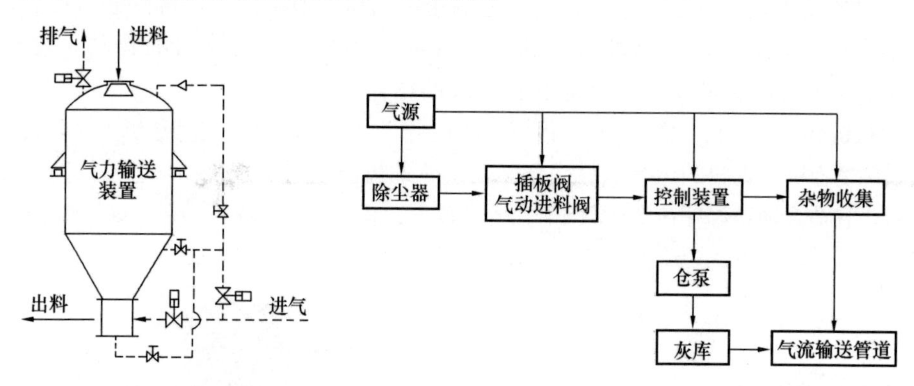

图2-44　气力输送系统工艺　　　　图2-45　气力输灰系统流程

4. 系统种类

(1) 负压真空输送系统。是依靠真空输送设备产生的真空，把物料通过气流携带到气固分离设备，物料被卸入指定位置，气体经过气固分离后排出的系统。气固分离设备内部有电磁阀控制脉冲反吹气固分离滤芯，使其再生。

真空输送系统可通过管路输送粉末、尘埃、色素、颗粒、药片、胶囊、农作物、小部件等，输送过程无泄漏、无粉尘飞扬，是压片机、胶囊填充机、干法制粒机、包装机、粉碎机、振动筛等机械自动上料的首选设备。真空输送系统适用于制药、食品、化工、电池、保健、建材等行业。

(2) 正压稀相输送系统。是利用低于0.1MPa的气体（通常使用空气或者氮气），以较高的速度把物料吹送至指定位置，气固比一般为(1～10)∶1。系统初始速度一般大于12m/s，末端速度最高可达35m/s，末端压力与大气压基本接近，动力一般由罗茨风机提供，通过阀门控制，可以实现多点进料、多点出料。有时也可以与负压真空输送系统联合使用，以满足特殊要求。正压稀相输送的特点是输送量大，输送距离长（可达300m以上），设备结构简单。正压稀相设备通常由罗茨风机提供气源，在气料加速室进行气料混合加速，旋转阀提供稳定的物料流，气动插板阀、气动换向阀选择料流方向，仓顶除尘器旋风分离器进行粉尘处理。

(3) 正压稀相闭路输送系统。其通常用在保护气体输送或者有毒物质的输送，该系统回气管接到罗茨风机进气口上，有旁路补气阀门进行补气。该系统的特点是与外界基本上隔绝，多层过滤器过滤回收气体，使回收气体洁净度很高，以免风机吸入过多杂质导致风机损坏。该系统检修部位主要在过滤系统。

(4) 旋转阀密相输送系统。旋转阀密相输送系统具有较高压力（初始压力为 0.6MPa，输送压力<0.2MPa）、较低输送速度、连续输送、设备造价较低的特点，管道磨损小，物料不易破碎。物料状态介于密相脉冲输送及密相柱塞流之间。该系统由空气压缩机提供气源，由拉法尔喷嘴提供稳定流量，由自力式调压阀自动调节压力，由高压旋转阀（耐压 0.35MPa）提供稳定的料栓，尾气处理采用旋风或者仓顶除尘器。旋转阀密相输送的核心是拉法尔喷嘴和高压旋转阀的制造。拉法尔喷嘴需要高精度的铸造加工能力。高压转阀需要高超的设计能力和加工精度，这样才能满足制造出耐压 0.35MPa 的旋转阀，供高压密相输送。

(5) 密相动压气力输送系统。仓泵又称仓式泵，是在高压(约 700kPa 以下)下输送粉状物料的一种比较可靠的密相动压气力输送装置。标准体积为 0.2～20m^3，最大输送量为 300t/h，最大输送距离为 3000m，输送固气比为(15～50)：1。

仓式泵的卸料方式有两种，即上引式和下引式。上引式仓泵料气混合均匀，输送平稳，布置灵活，适合输送物料粒径密度均匀、密度较小、流化性能好的物料，特别适合电厂粉煤灰的输送。但是上引式仓泵吹送速度较快，管径较小，磨损程度较大，需要附加吹堵管路。初速为 7～9m/s，末速为 20～25m/s。下引式仓泵输送管径较大，初速为 2～3m/s，末速为 10～13m/s，磨损较小，不易堵管，输送量波动较大。

(6) 密相高压发送罐输送系统。该输送系统是成本最低的一种，为分批投料式系统，通常适用于较短的输送管路距离及颗粒状的、流动性较好的、磨蚀性和非磨蚀性物料，如细石英砂、塑料粒子等。它由压力容器（发送罐）、电控系统、输送管路共同组成。该系统的特点是在输送过程的初端和末端有很高的气体流动及较高的输送压力，有时“呼”一下，表示输送完毕。

2.4.3 输送技术对比

与机械输送相比，气力输送的优点主要体现在以下几个方面：

(1) 气力输送中，物料输送可以散装，包装和装卸费用低，操作效率高；

(2) 气力输送设备结构简单，传动部件少，易维护，占地面积小，可充分利用空间；

(3) 气力输送量范围大，操作人员少，易实现无人操作和自动化管理，降低费用；

(4) 气力输送的输送管路布置灵活，且输送物料不受气候及管路周围环境条件的限制，配置更轻松合理；

(5) 气力输送采用封闭式输送，能够避免物料受潮、污损或混入其他杂物，保证输送物料的品质；

(6) 气力输送过程中可以实现多种工艺操作，如混合、分级、干燥、冷却、除尘等；

(7) 气力输送可以实现远距离由数点往一点集中输送，也可以由一点往数点分散输送，操作灵活自由。

其缺点就是输送量低，消耗功率大，以及物料在运输过程中易破碎，主要用于输送粉状、颗粒状和小块物料。它不适宜输送易变质、黏性大和易结块的物料。

采用气力输送系统输送散装水泥，应有综合经济效益指标控制。其中电耗指标在输送距离＜200m时应控制在1.5kW·h/t水泥以内。就控制系统而言，从目前国内现有的技术来看，要实现粉体输送控制系统设计与制造的国产化，应该是可行的。其核心是解决工艺设计的难点问题，如输送物料的固气比、传输距离、堵料及系统出力等。

气力输送与机械输送的比较见表2-16

表2-16 气力输送、机械输送技术的比较

输送形式	气力输送	管式胶带输送机
输送机理	低速密相管道式输送	胶带导轨机械式输送
被输送物料粒径(mm)	＜30	无特别限制
被输送物料的最高温度(℃)	200	普通胶带80
输送管线倾斜角(°)	任意	0～35
输送物料飞扬	无	有
异物混入及污损	无	有可能
管线配置灵活度	自由	直线
输送多点	管道分路阀，容易	建转运楼分流，麻烦
断面占据空间	小	大
土建费用	很少	土建量大，投资大
主要检修部位	阀门	托辊、轴承
一次性设备费	少	多
输送电耗	1.8～2.5kW·h/t	≤1.8kW·h/t
维护费用	无	有可能

由表2-16可知，气力输送的输送条件要求较低，特别适用于粉尘输送，且安装相对简单，土建费用与后期维护费用较小。

然而，气力输送并非尽善尽美的输送方式，除了一些优越于机械输送的特点之外，它还存在着下列4大问题：

(1) 所需功率较大，耗气较多，单位能耗较高。

(2) 管内料速较快，一般在20～30m/s，易造成管道磨损，或者输送物料易破碎。

(3) 不适用于粒度大、密度大、黏性大而难以悬浮飞翔的物料，以及含水量较高物料，它易造成结团或粘连管壁而无法由气流带走。

(4) 由于必须先使空气与物料相互掺和混合在一起，才能进行气力输送；再加上最后气固分离与收尘的负荷相当大，相应的设备也难以简化。

上述4大问题中最迫切需要解决的肯定是能耗大，因为这关系到设备的使用成本问题，如果能耗大，会增加企业的生产成本。

在所有输送方式中，负压稀相的能耗最高，比较适合输送量较小的精细输送行业。皮带输送机能耗最小，适用于大产量、污染小的物料。

能耗仅次于皮带输送机的输送方式是栓流气力输送，并且随着技术的进步，能耗有进一步降低的趋势。栓流气力输送，之所以能耗较低，主要是减小了气流速度和增加了气固比。气力输送中固体粒子对材料的磨损量与其流速的 2～3 次方成正比，所以气流速度的减小，可以减少物料的动能损失和管壁磨损（或者物料自身的破碎）。而气固比增加，在气力输送中受到一定的限制，即使在流态化的气力输送状态，气固比也增加不明显，只有物料在管道内呈栓状流动，才能大大增加气固比，而且还能适用于难以悬浮的物料（大而重、黏性的）的气力输送。

2.4.4　板式给料技术

板式给料机为连续输送物料机械的一种，主要用于原矿一级破碎喂料，是沿水平线段由储料仓向破碎机、输送机或其他工作机械连续均匀地配给或转运各种松散物料的通用固定式给料机。

1. 概述

板式给料机一般分为重型、中型和轻型 3 种，是选矿厂常用的给料设备，主要作为由储料仓或转料漏斗向破碎机、配料装置或运输设备连续均匀地供给和转运各种大块重物与磨蚀性的散状物料之用，是矿石与原料处理和连续生产过程中重要和必不可少的设备之一。

2. 适用范围

板式给料机（图 2-46）是矿山、冶金、建材、港口、煤炭和化工工矿企业中广泛使用的一种连续运输机械。

图 2-46　板式给料机实物

3. 技术原理

采用节距为 228.6mm 的高强度推土机模锻链条为牵引件，两根链条绕过安装在机体头部的一对驱动链轮和机体尾部的一对张紧轮连成封闭形回路，在两排链条的每个链节上装配了相互交迭的、重型结构的输送槽而成为一个连续的能够运载物料的输送线路。其自重和物料的质量由安装在机体上的多排支重轮、链托轮和滑道梁支承。传动系统经交流变频调速电动机连接减速机，再由胀套与驱动装置直连驱动运载机构低速运行。将尾部料仓卸入的物料沿输送线路运至机体的前方排出，实现向下方的工作机械连续均匀喂料的目的。

4. 设备分类

（1）轻型板式给料机。轻型板式给料机系连续给料机械，适用于短距离输送给料粒度

160mm 以下的块状物料，在矿山、化工、水泥、建材等部门，广泛应用于从储料仓往破碎站场运输等，做均匀连续给料。它可水平安装，也可倾斜安装，最大向上倾角为 20°，它一般适应于松散密度小于 1200kg/m^3、块重小于 140kg、温度小于 350℃物料的输送。

(2) 中型板式给料机。中型板式给料机系间歇给料机械，适用于短距离输送给料粒度 400mm 以下的块状物料，在矿山、化工、水泥、建材等部门，广泛应用于从储料仓往破碎站场运输等，做均匀间歇给料。它可水平安装，也可倾斜安装，其最大向上倾角为 20°，它一般适应于松散密度小于 12400kg/m^3、块重小于 500kg、温度小于 400℃物料的输送。

(3) 重型板式给料机。重型板式给料机是运输机械的辅助设备，在大型选矿厂破碎分级车间及水泥、建材等部门，作为料仓向初级破碎机连续和均匀给料之用，也可用于短距离输送粒度与密度较大的物料。它可水平安装，也可倾斜安装，最大倾角为 12°。为避免物料直接打击到给料机上，要求料仓不出现卸空状态。

各种型号的板式给料机按传动方式分右式传动和左式传动，顺物料运行方向，传动系统在机器右侧的为右式传动，反之为左式传动。

重型板式给料机在选型允许的情况下，选用小宽度、大速度、大能力的重型板式给料机是经济的，也是选型的方向。随着矿山向大中型化发展，作为矿山设备之一的重型板式给料机也应向大中型发展。为便于选型和控制选型，应发展标准化系列产品。在机器的设计机构上，应力求简单新颖，方便安装和使用。驱动装置应发展大速比、大扭矩的减速器，且型式应为直交式，或低转速、大扭矩液压电动机。尽量减轻机重和横断面尺寸，以便于工艺布置。链条采用履带链。链板根据需要选用焊接式链板或铸造式链板。链板结构可选用双圆弧，亦可选用单圆弧。双圆弧链板比单圆弧链板横向尺寸要小一些，但连接链板的螺栓要接触物料，装拆螺栓比较麻烦；而单圆弧链板比双圆弧链板横向尺寸要大一些，但连接链板的螺栓不接触物料，链板装拆比较容易。支撑链板结构应发展滚轮和滑轨组合支撑结构。尾部拉紧应发展带有缓冲式弹簧的拉紧结构。传动件连接应发展无键连接。受料段根据需要应发展带有缓冲装置的结构型式。总之，发展大中型、大能力、结构新、应用范围广、价格低，适合各种工艺选型需要的重型板式给料机是发展的方向。板式给料机的性能如下：

①多数空载启动，基本无过载现象，偶然带额定载启动，受料斗最多有 70t 物料；②要求零速启动，速度范围在 0～0.6m/min，可以手动控制缓慢加速或减速，速度大多在 0.3～0.5m/min 并稳定运行；③稳定运行中外界负载基本稳定，冲击性较小；④环境温度较低，粉尘较大。

2.4.5 棒条给料技术

棒条振动给料机是砂石骨料生产线最重要的给料筛分设备，为下道工序输送粒度不大于 1000mm 的矿石。

1. 概述

给料机用于粗碎破碎机前大块物料的均匀给料，同时由于棒条筛面的作用，又能除掉泥土等细碎物料，达到预筛分功能，能够提高粗碎能力。

2. 适用范围

棒条给料特别适用于水电行业、建筑石料、金属矿石等粗碎前的给料。

3. 技术原理

主要由一对性能参数完全相同的振动电动机作为激振源，当两台振动电动机以相同的角速度做反向运转时，其偏心块所产生的惯性在特定的相位重复叠加或抵消，从而产生巨大的合成激振动力，使机体在支承弹簧上做强制振动，并以此振动为动力，带动物料在料槽上做滑动及抛掷运动，从而使物料不断前移而达到给料目的。当物料通过槽体上的筛条时，较小料可透过筛条间隙而落下，不经过下道的破碎工序，起到筛分的效果。棒条给料机具有均匀、稳定给料和筛分的功能。图 2-47 为棒条给料机的结构，图 2-48 为棒条给料机实物。

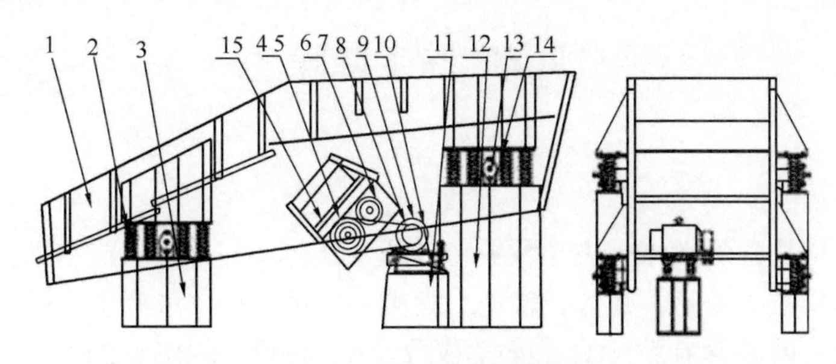

图 2-47　棒条给料机结构

1—槽体；2—支承弹簧；3—前支座；4—振动器；5—振动器保护罩；6—三角皮带；7—皮带轮保护罩；8—小皮带轮；9—电动机；10—机架传动装置；11—电动机支座；12—后支座；13—阻尼弹簧组；14—阻尼弹簧组安装螺栓；15—振动器安装螺栓

4. 技术优势

(1) 针对特重型工况设计制造，具有非常高的可靠性，作业率高；

(2) 振动强度大、处理量大，可满载启动，配以变频器可进行给料量的控制；

(3) 侧板采用 20g 材料整板折弯，刚性好，侧板上无焊接，耐疲劳，加强筋和侧板之间全部采用高强度螺栓与侧板连接。

(4) 振动器采用整体箱体式振动器，齿轮强迫激振，稀油润滑，运行稳定性高。

图 2-48　棒条给料机实物

2.4.6　给料技术对比

以下将板式给料与棒条给料进行对比，见表 2-17。

表 2-17　板式给料、棒条给料技术对比

给料形式	板式给料	棒条给料
输送机理	低速密相管道式输送	胶带导轨机械式输送
输送物料范围	无限制	＜1000mm
被输送物料的最高温度(℃)	400	50

续表

给料形式	板式给料	棒条给料
输送管线倾斜角（°）	0～25	0～10
产生扬尘	较少	正常
抗弯强度	强	正常
一次性设备费	正常	少

从表 2-11 不难看出，板式给料适用于预处理车间，棒条给料适合在生产骨料的车间中使用。这两种给料技术在建筑垃圾资源化处理项目中都有所运用。

2.5 除尘降噪

2.5.1 除尘

除尘技术是指从含尘气体中去除颗粒物以减少其向大气排放的技术措施。含尘工业废气或产生于固体物质的粉碎、筛分、输送、爆破等机械过程，或产生于燃烧、高温熔融和化学反应等过程。前者含有粒度大、化学成分与原固体物质相同的粉尘，后者含有粒度小、化学性质与生成它的物质有别的烟尘。除尘设备广泛用于控制已经产生的粉尘和烟尘。在建筑垃圾资源化处理过程中，起尘点主要集中在卸料、上料、处理生产线、其他堆料区域。其中比较高效的除尘装置有过滤式除尘、电除尘、湿式除尘。表 2-18 为除尘设备的比较。

表 2-18　除尘设备的比较

类型	分类	原理	分离半径（μm）	捕集效率（%）	压力损失（Pa）	粉尘浓度（g/m³）
过滤式除尘器	袋式除尘器	扩散，惯性	＞1	90～99.5	1000～2000	0.2～70
电除尘装置	立式、卧式	静电吸引	＞0.1	90～99.9	50～250	＜30
湿式除尘装置	储水式、加压式、回转式	扩散、撞击	＞0.1	85～95	500～10000	

在过滤式除尘中经常用到的袋式除尘技术已经发展成熟，并被广泛运用。

1. 脉冲袋式除尘技术

（1）概述。脉冲袋式除尘技术属于过滤式除尘，目前主要应用于新建、扩建的 1000t/d 以上干法生产线上，除在窑头、窑尾大多仍采用电除尘器外，从原料破碎到包装出厂的整个生产线则较多采用袋式除尘器。袋式除尘器应用范围的逐步扩大主要得益于其所具有的优点及其技术的不断进步。

（2）基本原理。脉冲袋式除尘器一般采用圆形滤袋，按含尘气流运动方向分为侧进风、下进风两种形式；按清灰装置分为管式喷吹脉冲除尘器、箱式喷吹脉冲除尘器、移动喷吹脉冲除尘器、回转喷吹脉冲除尘器；按脉冲喷吹方向分为逆喷式、顺喷式及对吹式 3 种。此种除尘装置通常由框架、上箱体（净气室）、中箱体、灰斗、清灰装置、压缩空气装置等组成，具体构造如图 2-49 所示，图 2-50 为脉冲袋式除尘器实物。

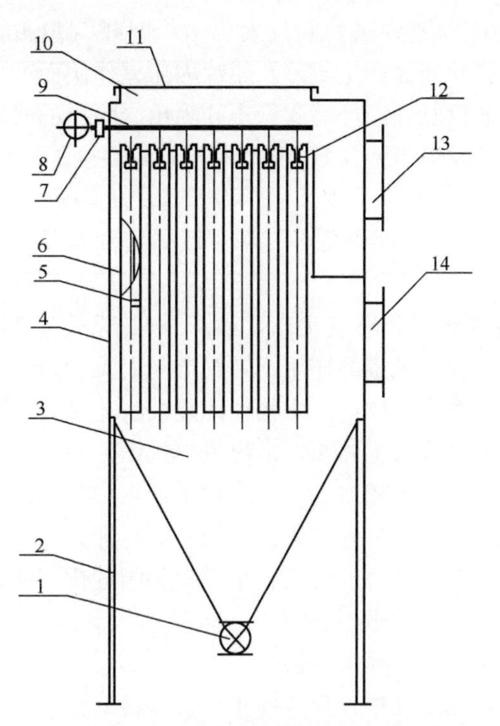

图 2-49　脉冲袋式除尘器的构造

1—卸灰阀；2—支架；3—灰斗；4—箱体；5—滤袋；6—袋笼；7—电磁脉冲阀；8—储气罐；9—喷管；10—清洁室；11—箱盖；12—环隙引射器；13—净化气体出口；14—含尘气体入口

图 2-50　脉冲袋式除尘器实物

1）框架。脉冲袋式除尘器的框架由梁、柱、斜撑等组成，框架设计的要点在于要有足够的强度和刚度支撑箱体、灰重及维护检修时的活动荷载，并在遇到特殊情况如地震、风雪等灾害时不至于损坏。

2）箱体。脉冲袋式除尘器的箱体分为滤袋室和洁净室两大部分，两室由花板隔开。在箱体设计中主要是确定壁板和花板，壁板设计要进行详细的结构计算，花板设计除了参考同类产品外基本是凭设计者的经验。

花板是指开有大小相同的安装滤袋孔的钢隔板，作用在于分隔上箱体和中箱体。在花板设计中主要考虑布置滤袋孔的距离，该间距与袋径、袋长、粉尘性质、过滤速度等因素有关。例如某台除尘器的袋中心距离壁板 250mm，喷吹管上的喷吹距离 200mm，袋直径 160mm，长度 6m。由于袋与袋之间距离只有 40mm，滤袋底部相互碰撞磨损，在运行数月内部分滤袋底部破裂。

3）灰斗。除尘器中的箱体下面连接灰斗，用以收集清灰时从滤袋上落下的粉尘以及进入除尘器的气体中直接落下的粉尘。因为灰斗中的粉尘需要排出，所以灰斗要逐渐收缩，四壁是便于粉尘向下流动的斜坡，下端形成出口。

4）清灰装置。脉冲袋式除尘器的清灰装置由脉冲阀、喷吹管、储气包、诱导器和控制仪几部分组成。清灰装置的工作原理为脉冲阀一端接压缩空气包，另一端接喷吹管，脉冲阀背压室接控制阀，脉冲控制仪控制着控制阀及脉冲阀的开启。当控制仪无信号输出时，控制阀的排气口被关闭，脉冲阀喷口处关闭状态；当控制仪发出信号时排气口被打开，脉冲阀背压室外的气体泄掉，压力降低，膜片两面产生压差，膜片因压差作用而产生移位，脉冲阀喷吹打开，此时压缩空气从气包通过脉冲阀经喷吹管小孔喷出（喷出的气体为一次风）。当高速气流通过文氏管时，诱导了数倍于一次风的周围空气（称为二次风）进入滤袋，造成滤袋内瞬时间正压，实现清灰。

5）压缩空气装置。压缩空气管路系统包括空气处理设备（气源三联体：油雾器、过滤器、减压阀）、电磁控制阀、汽缸（控制提升阀用）等。

脉冲袋式除尘技术的工作原理可以分为过滤状态和清灰状态，如图 2-51 所示。过滤时，含尘气体在风机的引力下进入脉冲除尘器，在挡风板的作用下，气流向上流动，部分大颗粒粉尘由于惯性作用被分离出来落入灰斗，含尘气体进入中箱体滤袋被过滤净化，粉尘被阻留在滤袋的外表面，净化后的气体经滤袋口进入上体箱，由出风口排出。

随着滤袋表面粉尘不断增加，除尘器进出口压差也随之上升，当除尘器阻力达到设定值时，控制系统发出清灰指令，清灰系统开始工作。首先电磁阀接到信号后立即开启，使小膜片上部气室的压缩空气被排放，由于小膜片两端受力的改变，小膜片关闭的排气通道开启，大膜片上部气室的压缩空气由此通道排出，使大膜片两端受力改变，大膜片动作，将关闭的输出口打开，气包内的压缩空气经由输出管和喷吹管被喷入袋中，实现清灰。当控制信号停止后，电磁阀关闭，小膜片、大膜片相继复位，喷吹停止。被抖落的粉尘落入灰斗，经排灰阀排出机外。图 2-52 为脉冲袋式除尘器实物。

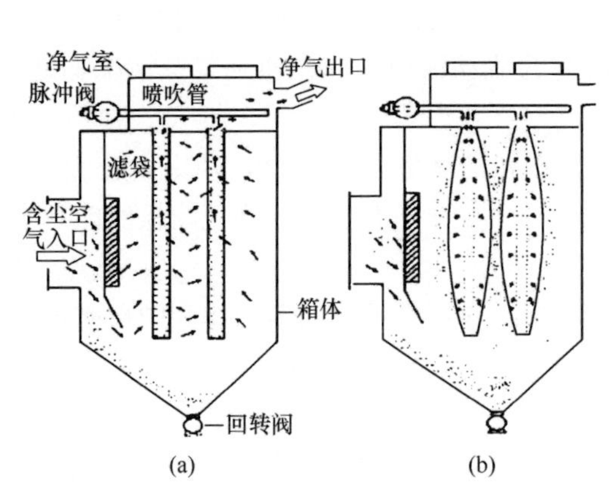

图 2-51 脉冲袋式除尘器工作原理示意图

（a）过滤状态；（b）清灰状态

图 2-52 脉冲袋式除尘器实物

（3）结构选型。含粉尘气体进入袋式除尘器后，经过导流板分布导向过滤元件。入口部位的作用是降低进入粉尘的运行速度，并利用重力原理使大颗粒的粉尘直接沉降，从而产生到达过滤元件均衡分布的气流。这样可使粉尘气流不会对过滤元件产生过多的磨损。当含粉尘气体被引导通过过滤元件时，净化的气体穿透过滤元件，进入净气室（花板上面部分），粉尘则被捕集在过滤元件的外侧。干净的气体从净气室经过风机的引导从烟囱排出。

过滤元件在收集粉尘时，需要定期进行滤件表面清灰以保持除尘器所期望的运行阻力水平，清灰过程中当压缩空气被直接向下导入过滤元件的内部时，可马上拨离过滤元件表面的尘饼。干净的压缩空气经脉冲喷吹阀调节，经过喷吹管被直接导入过滤元件。对脉冲袋式除尘器过滤元件的清灰可在线进行。尘饼经过清灰过程，从过滤元件外表面剥落，逐渐进入灰斗。压缩空气的急速脉冲式清灰是保持过滤元件外表面清洁和正常工作的唯一途径。

脉冲袋式除尘器与其他清灰方式的袋式除尘器相比，有以下几点优势：制作紧凑，外形尺寸可多种多样；设备所包括的活动部件数量较少，部件中的脉冲喷吹阀可能需要进行维护或更换，由于活动部件大多位于袋式除尘器箱体外部，可十分方便地进行维护、更换；过滤元件既可在净气室进行安装（从上面将其装入除尘器），也可在含尘室进行安装（在除尘器下部进行安装）；传统的脉冲喷吹式袋式除尘器采用滤袋和带有金属文丘里（用于从喷吹管中引导干净的压缩空气）的骨架，现代的新型袋式除尘器采用将传统的滤袋和骨架组合成滤料、骨架一体型的褶式过滤元件来替代传统滤袋，褶式过滤元件可用来提高总的过滤面积，进一步缩短元件的安装时间。

脉冲袋式除尘器正被世界各国作为主要的袋式除尘方式来选择，许多工厂将机械振打式、脉冲袋式除尘器的清灰方式改造成脉冲式清灰方式。现在绝大多数袋式除尘器生产厂可提供脉冲式清灰技术，作为其产品线的重要组成部分。

历史上对袋式除尘器一般较关注的一个问题是其处理温度非常高的粉尘气体的能力，这也是在发电厂、水泥厂等行业中静电除尘器变得如此流行的原因之一。另外，人们较为关注的是高磨损性的粉尘易导致过滤元件过早损坏，此问题在静电除尘技术中鲜为发现。在制订电改袋方案时，应充分考虑这一问题，以提出可行的解决办法。

1）长袋脉冲除尘器：是一种袋长 6～8m 的喷式脉冲袋式除尘器，属高能脉冲喷吹清灰，清灰能力强，袋底压力可达 2000Pa，可处理高浓度粉尘，除尘效果好。近几年较多应用于水泥生产的高温和常温工况除尘系统中，其最大优点是滤袋较长，可达 6～8m，过滤面积大，过滤速度一般选用1.0～1.2m/min（也有用到 1.5m/min 的），充分利用空间，占地面积小，可分室离线或在线清灰，高压或低压喷吹，可分室停风检修与换袋，适用于大中型、处理风量大的脉冲机组中。国内已广泛应用于水泥、冶金钢铁、有色金属、机械、化工行业，也应用于燃煤电站锅炉除尘系统中，是袋式除尘器中的佼佼者。

2）气箱式脉冲除尘器：是一种高能清灰的袋式除尘器，分室高压脉冲喷吹清灰，可处理高浓度粉尘，是 20 世纪 80 年代末由美国 Fuller 公司引进的，主要应用于水泥工业常温工况的各产尘工艺系统中，也已有部分应用于高温窑炉烟气的过滤除尘。经多年使用，除尘效果很好，排放浓度低、清灰强、阻力小、设备寿命长，很快就在水泥行业得到推广应用，还可设计防静电针刺毡及泄爆阀，可应用于煤粉制备工艺收尘系统中。其优点是体积小、占地面积少、节约投资，但其滤袋较短，一般为 2.5～3m，且布置较密，含尘气体上升速度大。脉冲阀一个分室仅 1～2 个，清灰不够均衡，适用于中小型除尘系统。

（4）关键技术。滤袋是袋式除尘器的核心。选用滤料的性能直接关系到滤袋的使用寿命，也关系到除尘器的应用成败。滤料近几年来发展很快，且还在不断发展中，市场上不仅有国内开发的新滤料，还有国外多品种的滤料，品种繁多，性能各异，为我们提供了良好的选择机会。滤料的选用要依据水泥工业产尘设备的特点及其含尘气体与粉尘的物理化学性质来考虑，按选用的除尘器型号、清灰方式及各种适用的滤料来选用。

1）对水泥工业窑炉的高温烟气。

① 芳香族聚酰胺高温滤料。其商品名为美塔斯（metamax），耐温 200℃，瞬间可耐 240℃，耐磨、耐折性能较好，耐碱尚可，耐酸性差，抗水解能力也差，但可进行拒水防油处理，以适当改进其防水解的特性，适用于高温而无酸性、含水分较少的烟气中。

② 聚酰亚胺（P-84）高温滤料。其耐温 240℃，瞬间可耐 260℃，具有三叶形横截面，过滤性能很好，抗氧化、耐酸、抗水解程度良好，耐磨、耐折性也好，耐碱差，适用于低含硫量的水泥炉窑。

③ 氟美斯（FMS）高温滤料。此类滤料是由玻纤与一种或两种以上耐高温合成纤维混合得到的层状复合的复合滤料，其可达到更高、更新的物理及化学性能。较之上述合成化纤滤料，其伸长率小、变形小、耐温高，耐腐蚀性好，高强低伸，尺寸稳定性更好，市场售价较低。较之玻纤滤料，其耐磨、抗折及剥离强度有明显提高，且过滤速度可提高至 1.0m/min 以上。此滤料还可经不同的表面化学处理与后整理技术，具有易清灰、拒水、防油、防静电等特点。多种品种如玻纤与 P-84 复合的 FMS9806 型，耐温 260～300℃，耐酸碱程度有所提高，抗水解程度亦有所提高，已用于各种高炉煤气及部分工业窑炉烟气的过滤，也已应用于水泥窑尾的脉冲袋式除尘器中，使用效果很好，过滤速度控制为 0.9～1.0m/min。

④ 玻纤膨体纱过滤布。它是在玻纤平幅布基础上发展而来的新型织物，其纬纱由膨化纱组成，由于纱线膨松，其覆盖能力及透气性好，因而可提高过滤效率，降低过滤阻力，除尘效率可达 99.5%。此种玻纤滤料的优点是耐高温，中碱玻纤可长期耐 260℃，无碱玻纤耐 280℃，瞬间可耐 350℃。其尺寸稳定性好，同时其拉伸断裂强度高，优于合成化纤。其耐酸性能，中碱玻纤较好（HF 酸除外），无碱较差；耐碱性在高温下较差，水汽对玻纤有一定的影响，耐折性最差。为适应各种高温窑炉烟气过滤需要，针对玻纤的缺点，南京玻纤研究院研制了对玻纤材料的各种表面处理的配方，以解决此类问题。经过配方处理的玻纤膨体纱已广泛、成功应用于各种水泥窑炉烟气的除尘。

⑤ 玻纤针刺毡。它不仅具有玻纤织物滤料耐高温、耐腐蚀、尺寸稳定、强度高的特点，且由于毡层纤维呈三维微孔结构，孔隙率高，过滤阻力小，除尘效率较膨体纱高，可达 99.9%以上，过滤速度可提高至 0.9～1.0m/min。经表面配方处理的玻纤毡可用于低压脉冲袋式除尘器，适用于各种水泥窑炉。

⑥ 覆膜滤料。它是在各种经过表面配方处理的高温合成化学纤维针刺毡、玻纤滤料和常温涤纶毡上覆合多微孔聚四氟乙烯薄膜而制成的，集中了各合成化纤与玻纤的优点与聚四氟乙烯（PTFE）薄膜表面光滑、憎水透气、耐腐蚀、化学稳定性好等优点，是一种较理想的表面过滤材料，过滤效率可高达 99.99%，表面不易存留粉尘，清灰效果好，过滤阻力小而较稳定，过滤速度可有所提高，适用于各种反吹风及脉冲除尘器，适用于各水泥窑炉烟气和常温下各散尘设备的过滤，过滤后的烟尘排放浓度可低到 30mg/m^3 以下，甚至 5mg/m^3 以下。寿命长的可长达 4 年以上。

2）对水泥工业常温烟气。

① 涤纶针刺毡。涤纶纤维是一种应用极为广泛的常温滤料，长期使用温度不能超过130℃，瞬间耐 150℃，过滤、耐磨、耐折等性能良好，耐酸一般，耐碱性较差，水解稳定性较差。涤纶针刺毡孔隙率高，透气性好，易清灰，过滤阻力低，寿命较长（可达 2 年），维护管理方便，排放浓度可＜20mg/m^3。

为改善和加强其性能，近几年开发有高强度涤纶针刺毡，选用单丝强度为普通化纤长丝 2～3 倍的化纤高强工业用长丝做基布，其强度可达 1600～2000N，伸长率可降低 1/2，从而大大提高滤料的抗冲击性及耐压水平，减少滤袋的变形和破损。

还有一种超细纤维针刺毡，是以超细涤纶纤维针刺而成，由于纤维直径很细、致密度高、比表面积大、孔径小、孔隙率高、透气性能好，过滤性能大大高于一般涤纶毡，除尘效率可达 99.99％，接近于覆膜滤料，且比覆膜滤料耐磨、耐冲击，适于常温下排放浓度要求较为严格（＜15mg/m^3）、粉尘粒径很细的过滤除尘。涤纶针刺毡可采用拒水防油剂经后整理工艺加工制成拒水防油涤纶毡，应用于气体中含湿量较大的场合，滤料不易堵塞糊袋，易清灰，可延长滤袋寿命。

② 涤纶针刺毡防静电滤料。该滤料是在针刺毡基布的经纱中掺入导电纤维纱或不锈钢纤维等导电材料而加工制成的各种防静电滤料，以防止由于粉尘与滤袋的摩擦而产生静电火花引燃、引爆，或防止有些易荷电的粉尘积聚在除尘器滤袋表面上而不易清灰，导致除尘器阻力上升，适用于煤粉制备工艺易燃易爆粉尘的过滤除尘。

滤料适用范围见表 2-19。

表 2-19　滤料适用范围

滤料	适用温度范围(℃)		耐酸性	耐碱性	比强度	吸湿率(％)
	最高	最低				
棉织品	95	75～85	差	尚可	1	8
羊毛制品	100	80～90	尚可	差	0.4	10～15
尼龙	95	75～85	尚可	好	2.5	4～4.5
腈纶	150	125～135	好	差	1.6	6
涤纶	160	140	好	差	1.6	6.5
玻璃纤维	—	250	好	差	1	0
聚酰胺	260	250	差	好	2.5	4.5～5
聚四氟乙烯	—	220～250	优	优	2.5	0

(5) 清灰。

1) 脉冲阀。长袋脉冲除尘器的淹没式脉冲阀应根据除尘器的性能选用，如滤袋的袋径、袋长、离线或在线清灰的形式，过滤速度，每脉冲阀所喷吹的袋数，与脉冲阀连接的弯头数量等，以确定脉冲阀的大小、喷吹压力、脉冲宽度及阀的喷吹量，确定喷管嘴的尺寸、至花板的距离。脉冲阀应选用优质产品，寿命达 100 万次，使用寿命 3～5 年。

2) 分气箱。分气箱容量应满足脉冲阀喷吹一次压力下降不大于 30％的需要，供气管路要满足在喷吹间隔时间内提供一次喷吹量的需要。提供的压缩空气应去除杂质、油与水分。应设有减压阀。

3) 喷吹参数。运行期间需依据脉冲除尘器所设定的滤袋阻力（如 1000Pa）调整好喷吹压力及脉冲宽度，尽量降低喷吹压力和延长清灰周期，不使清灰过度或清灰不足，以保护滤袋表面的一次粉尘层不被破坏，保证设定阻力值。

4）电控。要设计好袋式除尘器的清灰系统、卸输灰系统的程序自动控制，同时设计好联锁、监测、安全保护装置和超限报警，采用上位机（计算机）监控，以满足除尘器运行和维护管理的需要。

（6）技术指标。以长袋低压大型脉冲袋式除尘器为例：

1）高效能、低消耗：脉冲阀阻力小、启闭快、清灰能力强，喷吹系统各部件都具有优良的空气动力特性，且直接利用袋口起引射作用，省去了传统的引射器。因此喷吹压力只需 14.7～24.5N/cm^2，喷吹时间缩短到 0.065～0.085s，运行能耗低于反吹风袋式除尘器，对高浓度及含湿量大的烟气净化，仍有良好的清灰效果。

2）长滤袋：滤袋长度为 6m，还可适当增大，大大突破了通常认为的脉冲袋式除尘器的袋长极限，且清灰效果良好，因此占地面积较小。

3）简便的滤袋固定方式：滤袋以缝在袋口的弹性胀圈嵌在花板上，拆装滤袋极为简便，减少了维修人员与污袋的接触。

4）先进的控制技术：以计算机承担除尘器清灰控制和对温度等运行参数的实时控制，功能齐全，且可靠性强。

5）强大的处理能力：除尘设备最大处理风量达 110 万 m^3/h。

（7）技术优势。在制定电改袋方案时，应充分考虑技术问题，能够提出可行的相应解决办法。水泥工业采用大型袋式除尘器主要是在旋窑窑尾、窑头篦冷机、立窑等几个主要排放点。以往大多采用反吹风式玻纤袋收除器。近年来，随着脉冲阀、滤料等技术的发展，大型脉冲袋式除尘器已逐步替代反吹风袋式除尘器，其主要原因如下：

1）脉冲袋式除尘器体积小、质量轻，与电除尘器相比更具优越性。脉冲清灰袋式除尘器采用的滤料为针刺毡，其过滤风速可提高一倍左右，体积就相应减小一半。

2）维修方便、简单。脉冲袋式除尘器采用外滤式清灰结构，换袋时只需在机外抽袋更换，可免去像反吹风袋式除尘器那样进入袋室检查换袋的烦琐，无须设检查走道。

3）除尘效率提高。反吹风袋式除尘器是靠滤袋内外压差的作用，形成缩袋抖动而实现清灰的，清灰强度低，且每次清灰后，滤袋上的第二过滤层也随之被清掉，反而影响了除尘效率。而脉冲袋式除尘器采用压缩空气、三维过滤清灰，无须第二过滤层，所以排放受清灰动作的影响小。

（8）国外水泥窑窑尾除尘用袋式除尘器的发展过程。国外水泥窑窑尾除尘用袋式除尘器的发展过程是反吹风式→反吹风与高压喷吹脉冲并用→低压分箱脉冲。其中高压喷吹脉冲的不足之处：一是过滤与清灰在同一箱体同时进行，易产生粉尘再吸附；二是因不分箱，滤袋之间的截面上升风速受限，从而限制了滤袋长度（最长 4m），占地面积大；三是不能进行分室检修。新开发的低压分箱脉冲袋式除尘器克服了上述缺陷，滤袋可加长到 8m。所以国外大型分箱脉冲袋式除尘器已成为发展趋势。国内由于受滤袋价格的影响，反吹风式还有一定的市场，但也开始逐步被脉冲式取代。如我国某机构开发的用于立窑除尘的 LMC 分箱脉冲袋式除尘器已开始逐步取代传统的 LFEFF 反吹风玻纤袋式除尘器。其他环保设备厂也相继推出类似的立窑用脉冲袋式除尘器。而旋窑窑尾，由于烟气温度高，需使用高温型滤料，而脉冲袋式除尘器所用的高温针刺毡价格较高，其取代反吹风式袋式除尘器的进程受到一定影响。相信随着国内高温针刺毡滤料的大量生产和价格的下降，高温脉冲袋式除尘器终将取代反吹风式袋式除尘器。

(9) 典型应用案例。张家口采石场破碎机除尘器设计简介。

由于石料在破碎、筛分、输送的过程中产生很大的扬尘，为了避免对生产环境造成严重污染，同时也保障操作工人的健康，针对现场和设备条件进行除尘系统的设计。采石场破碎机要达到预计的效果，系统各工艺参数的确定十分重要。为此，有必要对各种产尘设备的产尘量进行正确的估算，并按照工业通风设计要求对设备的布置、管网走向、系统风量的分配等问题进行准确的计算。该工程设计选用高效脉冲袋式除尘器，根据该除尘器的性能特点和除尘系统的优化，可达到设计效能，全面改善采石场的环境，解决以往采石场粉尘飞溢的现象，除尘器出口排放浓度≤30mg/m^3，能够改善操作环境，保障操作工人的身体健康。

高温布袋脉冲式除尘器，以其占地面积小、处理风量大、净化效率高等特点而深受用户喜爱。根据电炉产生的烟尘具有细且黏的特点，为了保证袋式除尘器在适当的阻力水平下正常工作，要求电炉除尘器应具有较强的清灰能力，因此除尘设备选用了长袋低压大型脉冲袋式除尘器。该种设备已在电炉炼钢、高炉喷煤、烧结、耐火、炭黑、水泥等行业中广泛应用并取得了良好效果，是炼钢企业理想的除尘设备。其主要特点为清灰能力强、过滤负荷高、除尘布袋长、占地面积小、喷吹压力低、维修工作量少、更换和安装滤袋方便，同时在相同的处理风量下与反吹风式袋式除尘器相比，在投资、运行电耗、占地面积、设备质量等方面都有显著降低。

2. 静电除尘技术

(1) 技术概念。电除尘器又称静电除尘器（图2-53)，由除尘器本体和供电装置两大部分构成。静电除尘是气体除尘方法的一种。含尘气体经过高压静电场时被电分离，尘粒与负离子结合带上负电后，趋向阳极表面放电而沉积。电除尘器在冶金、化学等工业中用以净化气体或回收有用尘粒。电除尘器利用静电场使气体电离从而使尘粒带电被吸附到电极上。在强电场中，空气分子被电离为正离子和电子，电子奔向正极过程中遇到尘粒，使尘粒带负电被吸附到正极而被收集。根据目前国内常见的静电除尘器型式可概略地分为以下几类：按气流方向分为立式和卧式；按沉淀极型式分为板式和管式；按沉淀极板上粉尘的清除方法分为干式和湿式等。

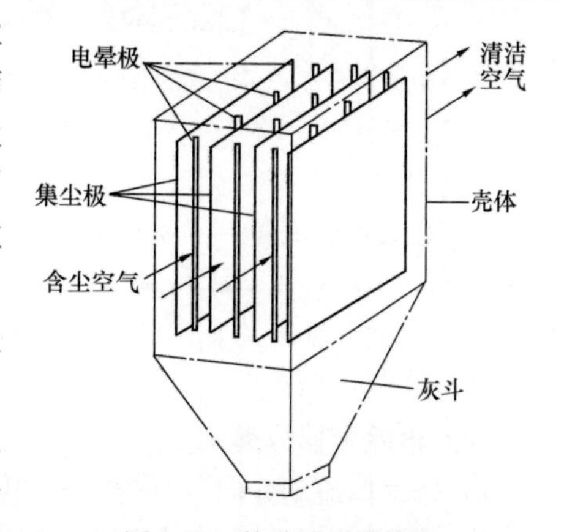

图2-53　静电除尘器结构

(2) 技术原理。静电除尘利用静电吸附灰尘的原理进行除尘。静电除尘器的本体主要由两极性互异的电极构成，其中之一是较大曲率的线状电极，一般是负电极，称为电晕电极（或放电极)；另一个则为较小曲率的圆管式或平行式电极，通常是正电极，称为集尘极（或收尘极)。从电晕形成的原理及电晕的现象分析，负电极作为电晕极产生的电晕放电比较集中。

负电晕区较正电晕小，因而正电晕放电更易形成，更易发生击穿，所以负电晕的临界击穿电压要比正电晕的临界击穿电压高得多；自由电子在电场力的作用下较正离子运动速度快，相同电压下正电晕的电晕电流较负电晕的小，而更大的电晕电流就意味着可以有更高的除尘效率。综上所述，从工业生产应用的角度考虑，负电晕是静电除尘器的首选。当在电晕极和集尘极之间分别通以负、正直流高压时，由于集尘极板和电晕极线之间产生极不均匀电场，且电晕极线附近的电场强度极高，导致强烈的电晕现象发生。在黑暗中可以观测到微弱的蓝光环绕于放电极线，即电晕放电。发生电晕放电时，电晕区空间内会产生众多的正离子、自由电子和那些因为与电子碰撞而表现出负电量的气体分子或负离子。在电场力的作用下，自由电子、负离子被驱往集尘极，正离子被驱往电晕极，直到布满两极板间的全部空间。此后，自由电子与负离子便会与那些流过电场的气体中的气溶胶粒子相撞击并黏附在其上，使之形成带负电的粒子。由于在静电场中作用于荷电尘粒上的电场力远远大于其自身重力，于是这些带负电的尘粒在电场力的作用下就被驱往集尘极，而后释放出携带的电荷并沉积于集尘极表面。同样，经正离子与粉尘颗粒撞击而产生的正电尘粒则沉积于电晕极上，然而由于正离子与电晕极间的路径极短，因而参与碰撞的尘粒极少，故而只有极少数尘粒能够沉积于电晕极上。当沉积在集尘极或电晕极上的粉尘颗粒积聚到一定厚度时，暂停供电，通过振打或冲洗等方式将集尘极上的粉尘清除。静电除尘器包括机械本体结构和供电电源装置两部分，其中静电除尘电源供电特性的优劣直接关系到除尘效果，要想提高除尘效果，除了要有良好的机械本体结构，还要有一个性能优异的供电电源与之相匹配。静电除尘器的工作原理如图 2-54 所示。

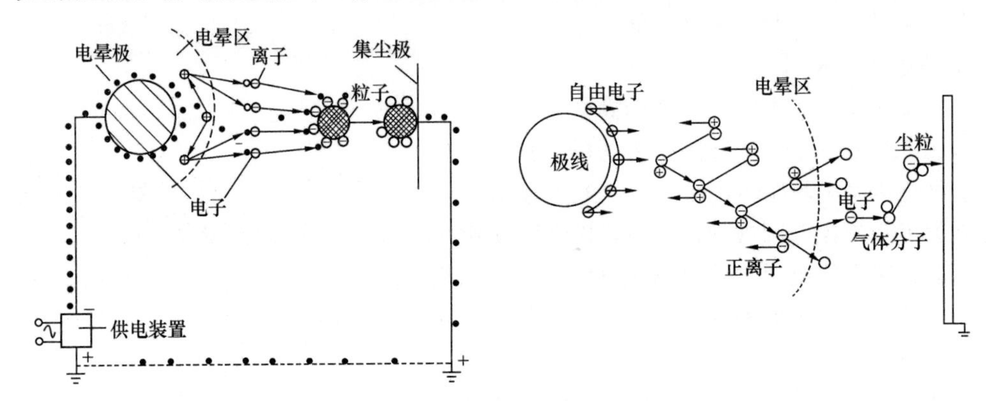

图 2-54　静电除尘器工作原理

（3）电除尘器分类。

1）按气体流动方向可分为立式和卧式电除尘器。

① 立式电除尘器。气体在除尘器内自下而上流动。此种除尘器占地较小，适用于处理烟气量小、除尘效率要求不高的场所。

② 卧式电除尘器。气体在除尘器内沿水平方向前进。其特点：可沿气流方向分成若干个电场，分别施加不同的电压，提高除尘效率；可任意增加电场长度以达到所要求的除尘效率；各电场可分别捕集不同粒度的尘粒，有利于粉尘的分选及综合利用，有利于有色金属的富集回收；占地面积大。

2）按集尘极形式可分为管式和板式电除尘器。

① 管式电除尘器。集尘极由一根或多根方形、圆形或六角形的管子组成，电晕极悬

挂在管子中心，管子直径为 200～300mm。

② 板式电除尘器。集尘极由若干块金属板组成，电晕极安装在两排集尘极中间。此除尘器是最为常用的结构形式。

3）按电晕极性可分为正电晕和负电晕电除尘器。

① 正电晕电除尘器。放电电极上施加正高压，而集尘极为负极接地。正电晕的电压低不产生对人体有害的臭氧及氮氧化物，但工作不稳定，常用作空气净化的场合。

② 负电晕电除尘器。放电电极上施加负高压，而集尘极为正极接地。与正电晕相比，负电晕具有放电性能稳定、电晕电流较大、产生的火花放电电压高等特点，但会产生大量的对人体有害的臭氧及氮氧化物，常用作工业收尘设备。

4）按荷电和分离区的布置情况可分为单区和双区电除尘器。

① 单区电除尘器。粉尘的荷电和集尘在同一区域中进行，收尘极和电晕极都装在此区域内。

② 双区电除尘器。粉尘的荷电和集尘在结构不同的两个区域中进行，在第一个区域中安装电晕极，第二个区域中安装收尘极。前者进行粉尘的荷电，后者进行集尘。这种结构形式安全性高，主要用于空气净化。

5）按清灰方式可分为干式和湿式电除尘器。

① 干式电除尘器。在振动清灰时易造成粉尘的二次飞扬。

② 湿式电除尘器。采用小喷淋或用适当的方法在收尘极表面形成一层水膜，使沉积在其上的粉尘和水一起流到除尘器下部排出。粉尘不会产生二次飞扬，但清灰排出的水会造成二次污染。

（4）影响电除尘器除尘效果的因素。

1）粉尘的比电阻。电除尘器运行最适宜的粉尘比电阻范围为 $10^4 \sim 10^{11}\Omega/cm$。当粉尘比电阻小于 $10^4\Omega/cm$ 时，由于粉尘导电性能好，到达集尘极后，释放负电荷的时间快，容易感应出与集尘极同性的正电荷，由于同性相斥而使粉尘沿极板表面跳动前进，降低除尘效率。当粉尘比电阻大于 $10^{11}\Omega/cm$ 时，粉尘释放负电荷慢，粉尘层内形成较强的电场强度而使粉尘空隙中的空气电离，出现反电晕现象，正离子向负极运动过程中与负离子中和，而使除尘效率下降。

因此，只有比电阻在 $10^4 \sim 10^{11}\Omega/cm$ 范围内的粉尘，在电除尘器中才有较高的除尘效率，比电阻过大或过小都对除尘不利。可采用下列措施解决高比电阻粉尘的捕集问题。

① 对烟气进行调质。常用增湿或在气体中加入一定量的$(NH_3)_2SO_4$等添加剂来降低粉尘的比电阻值。

② 改善除尘器的电极结构。如采用宽间距电除尘器、双区电除尘器、带辅助电极的电除尘器、高温电除尘器等。

③ 改变供电设备。如采用脉冲供电等。

2）粉尘的浓度。除尘器入口粉尘浓度过高时，极间空间会存在大量的荷电粉尘，阻挡了离子运动，影响电晕放电，电晕电流降低，严重时为零，即出现所谓的电晕闭塞现象，除尘效果急剧恶化。为了防止电晕闭塞，处理含尘浓度较高的气体时，必须采取措施，如提高工作电压，采用放电强烈的电晕极，增设预净化设备等。当气体的含尘浓度超过 $30g/m^3$ 时，必须设预净化设备。在这方面起决定性作用的是单位体积中尘粒的个数，因此，越细小的粉尘，即使质量浓度不高，也可能造成电晕闭塞，粗颗粒粉尘则允许入口含尘浓度高一些。

3）气流速度。随气流速度的增大，除尘效率降低，其原因是风速增大，粉尘在除尘器内停留的时间缩短，荷电的机会降低。另外风速过大，容易产生二次扬尘，也会导致除尘效率的下降。但是风速过低，电除尘器体积大，投资增加。根据经验，电场风速宜为1.5～2.0m/s，除尘效率要求高的除尘器宜为1.0～1.5m/s。

4）分布装置。影响除尘效率的关键构件是电极和气流分布装置。集尘极的几何形状、电晕线的半径、极板间距、电晕线间距等对电除尘器的电气性能如起晕电压、工作电压、电晕电流都会产生不同程度的影响；电除尘器内气流分布不均匀，流速低的区域除尘效率高，但补偿不了高流速区域除尘效率的降低值，从而导致除尘器的除尘效率降低。

（5）技术指标

1）优点。

① 净化效率高，能够捕集0.01μm以上的微细粉尘。在设计中可以通过不同的操作参来满足所要求的净化效率。

② 阻力损失小，一般在200Pa以下。由于提供的能量直接作用于粉尘粒子，因此和其他除尘器相比，其总的耗能较低。

③ 允许操作温度高，如SHWB型电尘器允许操作温度250℃，其他类型还可以达到350～400℃或者更高。

④ 处理气体范围量大，且处理风量越大，经济性越好，适应于大型工程。

⑤ 可以完全实现操作自动控制。

2）缺点。

① 设备比较复杂，制造、安装的精度高。

② 对粉尘比电阻有一定要求，不能使所有粉尘都获得很高的净化效率。

③ 受气体温度、湿度等操作条件影响较大；同种粉尘在不同温度、湿度下操作，所得的效果不同。

④ 一次投资较大，卧式电除尘器占地面积较大。

（6）典型应用案例。电除尘器在储矿槽除尘中的应用详细介绍。

除尘系统工艺为储矿槽顶部16个吸尘点、皮带机转运点32个吸尘点及斗提机2个吸尘点，设计总风量为4388m^3/min。含尘气体进入除尘器净化后，由风机经消声器、排气筒排入大气。除尘器捕集下来的粉尘经双层卸灰阀、水平输送机和斗式提升机送入储灰罐由压送罐车定期送到小球车间利用。

除尘系统的主要技术参数：除尘风量为4388m^3/min，常温含尘质量浓度为5g/m^3，粉尘的密度为3.95t/m^3，粉尘的比电阻为$8.9\times10^9\Omega$/cm。

工程应用中表明，常温电除尘器具有工作稳定、可靠维修简单和设备阻力小的优点。电除尘器具有高压电源通信管理功能，根据除尘器的排放浓度，由计算机对各电厂高压电源和电压、电流进行控制，实现火花频率、反电晕峰值跟踪及半脉冲间隙供电等。电除尘器在投入使用后，经实测，排放浓度小于80mg/m^3，使储矿槽区域粉尘污染得到了解决，同时每年可回收含铁粉尘1万t，给厂家带来一定的经济效益。

下面以华能汕头电厂除尘改造作为实例对电袋除尘与采用高频电源的静电除尘进行比较。华能汕头电厂1号、2号机组炉除尘器原配套两台双室四电场卧式除尘器，设计除尘效率≥99.2%，极板形式为大C形板，极线形式全部为螺旋线，出口设槽极板，振打方式全部采用侧部绕臂锤振打；其一、二、三、四电场高压供电和整流变压器工程于1995年年底通过168h满负荷试运，1996年完成性能考核试验工作。为了实现节能减排，采用电袋除尘方式进行除尘改造，电袋除尘器方案阴阳极振打方式为顶部电磁振打。华能汕头电厂3号机组为600MW机组，机组采用两台静电除尘器，每台除尘器为二通道四电场结构，以机组负荷的测量值作为闭环反馈控制信号。本体及电控系统设备均由福建龙净生产，机组于2005年9月投入运行。为了实现节能减排，改造工程对电除尘器第一和第二电场工频整流电源进行改造，更换为高频高压电源，同时对振打及加热控制系统整合，通过改造以达到降低除尘器耗电率、降低烟尘排放的目的。

3. 湿式除尘技术

（1）技术概念。湿式除尘是依靠液滴或液膜对粉尘进行捕集的除尘方法。湿式除尘主要有喷淋塔除尘、水膜除尘、洗浴式除尘及填料洗涤除尘等。

（2）技术原理。湿式电除尘器的工作原理与干式电除尘器类似，在湿式电除尘器中，水雾使粉尘凝结，并与粉尘在电场中一起荷电，一起被收集，收集到极板上的水雾形成水膜，水膜使极板清灰，保持极板洁净。启动高压直流电源后，让含尘气体通过。阴极线带高压电，使周围气体分子电离，产生正、负离子，出现电晕放电。离子随着远离阴极线系统，立即减速，即使有冲突，中性分子也不会产生电离。由此设备被分离为阴极线附近的电离区域和被大部分负电荷充满的区域。在此区域内，大部分微粒附着负电荷，经过此带电区域的微粒，无论附着正电荷还是负电荷，最终变成负带电体，在电场力的作用下，向阳极板运动，吸附在阳极板上。冲洗水泵的自动定期冲洗，保持极板的洁净。由于湿式电除尘器采用水流冲洗，没有振打装置，不会产生二次扬尘。由于烟气温度降低及含湿量增高，粉尘比电阻大幅度下降，因此湿式电除尘器的工作状态非常稳定。根据国外相关文献，湿式电除尘器对酸雾、有毒重金属以及PM_{10}尤其是$PM_{2.5}$的微细粉尘有良好的脱除效果。因此，可以使用湿式电除尘器控制电场SO_3酸雾，同时还具有联合脱除多种污染物的功能。如图2-55所示，金属放电线在直流高电压的作用下①，将其周围气体电离②，

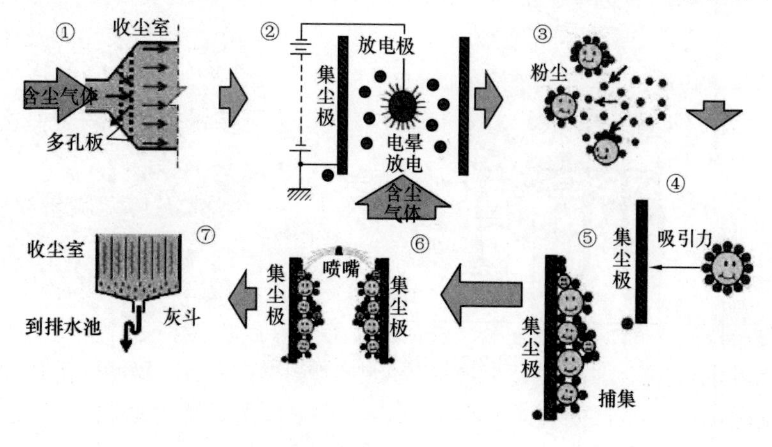

图2-55　湿式除尘器原理

使粉尘或雾滴粒子表面荷电③，荷电粒子在电场力的作用下向收尘极运动④，并沉积在收尘极上⑤，水流从集尘板顶端流下，在集尘板上形成一层均匀稳定的水膜⑥，将板上的颗粒带走⑦。因此，湿式电除尘器与干式 ESP 的除尘原理基本相同，都要经历荷电、收集和清灰 3 个阶段，最大区别在于清灰方式不同，湿式电除尘器采用液体冲刷集尘极表面来进行清灰。图 2-56 为湿式除尘器实物。

图 2-56　湿式除尘器实物

（3）结构型式。

1）基本型式。湿式静电除尘器在结构上有管式和板式两种基本型式，管式静电除尘器的集尘极为多根并列的圆形或多边形金属管，放电极均布于极板之间，管式湿式静电除尘器只能用于处理垂直流烟气。板式静电除尘器的集尘极呈平板状，可获得良好的水膜形成的特性，极板间均布电晕线。板式湿式静电除尘器可用于处理水平流或垂直流烟气。在相同的集尘面积时，管式静电除尘器内的烟气流速可以设计为板式除尘器的两倍，因此在达到相同除尘效率时，管式除尘器的占地面积要远小于板式除尘器。

2）系统结构。湿式电除尘器是湿式静电除尘器和水处理系统的有机结合体，主要由湿式电除尘器本体、阴阳极系统、喷淋系统、水循环系统、电控系统等组成。其本体结构与干式电除尘器基本相同，包括进出口封头、壳体、放电极及框架、绝缘子、喷嘴、管道及灰斗等。

水的循环利用经过两个环节，一是中和除酸，二是分离固体悬浮物，使污水变成适合喷淋使用的工业用水。国产技术已很成熟，完全掌握了湿式电除尘器的喷淋系统及均匀水膜形成规律、极配、结构、高压供电等关键技术，并研发了悬浮物高效分离、水循环利用系统等。湿式除尘器结构如图 2-57 所示。

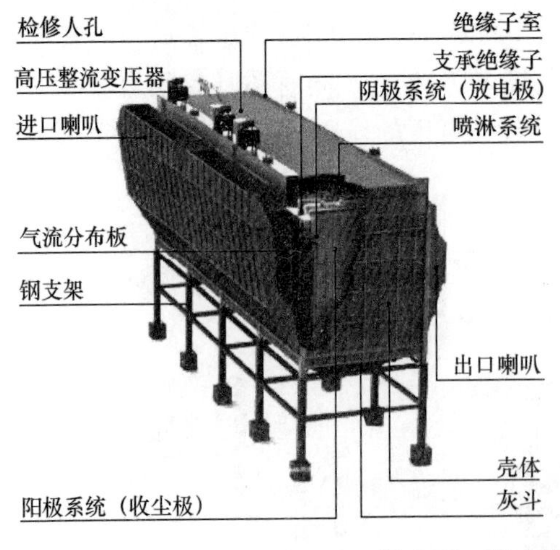

图 2-57　湿式除尘器结构

（4）技术优势。

1）能提供几倍于干式电除尘器的电晕功率，适用于去除亚微米大小的颗粒，能有效收集黏性大或高比电阻粉尘；

2）独特的喷水清灰工艺能有效控制二次扬尘发生；

3）利用喷水对集尘极始终保持清洁，提高单位面积的集尘效率，达到更低的排放浓度；

4）无运动部件，可靠性较高，大大降低了运行维护工作；

5）设备本体结构小，设备布置紧凑，占地面积小；

6）湿式电除尘技术可同时解决 $PM_{2.5}$ 微细粉尘、石膏雨和 SO_3 气溶胶的排放问题，因此湿式电除尘技术是控制燃煤大气污染物的最先进的技术之一。还可与其他烟气治理设备相互结合多样化设计。

（5）典型应用案例（表 2-20）。

表 2-20　美国部分燃煤电厂湿式电除尘器安装情况

火电厂名称	装机容量(MW)	设计煤种	烟气处理技术
Elm Road 1、2 号机组	2×615	匹兹堡 8 号	FF/WFGD/WESP
Prairie States	2×880	南伊利诺伊烟煤	FF/WFGD/WESP
Trimble County 2 号机组	820	烟煤与次烟煤混合	脱汞/ESP/FF/WFGD/WESP
CWLP-Dallman	200	烟煤与次烟煤混合	FF/WFGD/WESP
Spurlock 1、2 号机组	340(1 号机组)	烟煤	ESP/WFGD/WESP
	550(2 号机组)		

注：ESP 为电除尘器；FF 为布袋除尘器；WFGD 为湿法脱硫系统；WESP 为湿式电除尘器。

1)主要案例技术路线分析：

① 美国 Spurlock 电厂 1、2 号机组湿式电除尘器的应用。电厂燃煤硫分为 4.2%。采取的烟气治理技术路线：低 NO_x 燃烧器＋SCR 烟气脱硝工艺＋电除尘器＋湿法烟气脱硫工艺＋湿式电除尘器。该系统分别于 2008 年和 2009 年投运。

② 美国 Trimble County 电厂 2 号机组湿式电除尘器的应用。该电厂是美国燃高硫煤较环保的电厂之一。采取的烟气治理技术路线：低 NO_x 燃烧器＋SCR 烟气脱硝工艺(NO_x 综合脱除率＞90%)＋石灰液喷射系统(脱除 SO_3)＋电除尘器＋活性炭烟气脱汞装置＋布袋除尘器＋湿法烟气脱硫工艺＋湿式电除尘器。该系统 2011 年投运。

③ Elm Road 电厂 1、2 号机组湿式电除尘器的应用。电厂燃煤硫分为 2.6%，采取的烟气治理技术路线：低 NO_x 燃烧器＋SCR 烟气脱硝工艺＋电除尘器＋湿法烟气脱硫工艺＋湿式电除尘器。该系统分别于 2009 年和 2010 年投运，湿式电除尘器脱除达总量 94% 的 $PM_{2.5}$ 及 SO_3。

2）美国燃煤电厂湿式电除尘器应用特点：①针对燃中、高硫煤电厂；②针对新的燃煤电厂，并且主要针对燃中煤阶煤和高煤阶煤的火电机组，以解决蓝烟问题。美国自从 2006 年提出 $PM_{2.5}$ 控制要求后，提出了除脱除传统的粉尘、NO_x、SO_2 外，还要脱除 $PM_{2.5}$、SO_3 及汞的要求，进而提出了低 NO_x 燃烧器＋SCR 烟气脱硝工艺＋活性炭脱汞工艺＋布袋除尘器＋湿法烟气脱硫工艺＋湿式电除尘器的技术路线，其中大多数电厂采取布袋除尘器＋湿法烟气脱硫工艺＋湿式电除尘器或电除尘器＋烟气脱汞＋布袋除尘器＋湿法烟气脱硫工艺＋湿式电除尘器的技术路线。

3）对美国上述技术路线研究所得结论：①满足美国环保排放法规的要求，即美国燃煤电厂颗粒物排放质量浓度控制要求依然是 20mg/m³，因此首先应满足该要求。②满足控制 $PM_{2.5}$、硫酸雾和蓝烟要求。③满足烟气脱汞要求。

美国 2011 年以前各州电厂汞排放标准是 1～3μg/m³。美国对 80 个电厂的测试结果表明：袋式除尘系统的汞脱除率最高可达 90%。在袋式除尘器内，烟气与滤料表面形成的滤饼层充分接触，滤饼层如同一个固定床反应器，可以促进汞的异相氧化和吸附；湿式电除尘器脱除大约 37%的剩余汞。

（6）国内部分湿式电除尘器主要参数（表 2-21）。

表 2-21　国内部分湿式电除尘器主要参数

项目	卧式板式技术（玻璃钢）	柔性电极技术	卧式板式技术（金属极板）	蜂窝式玻璃钢技术
除尘效率（粉尘＋石膏）（%）	＞70	＞70	＞70	＞70
SO_3 除去效率（%）	＞70	＞70	＞70	＞70
出口水雾质量浓度（mg/m³）	≤20	≤20	≤100	≤25
阳极板型式及材质	导电 FRP	织物	316L	管式/CFRP
板长（管长）（m）	5	7.5～11.5	8～10	6
阴极线型式及材质	芒刺线/1.4529 或 2205	芒刺线/铅锑合金	316L	铅锑合金/钛合金/双相不锈钢
极间间距（mm）	300	400×400	300	300
烟气速度（m/s¹）	3～5	2.7	2.5	2.5～3.5
有无水膜	无	无	有	无
压损（Pa）	350	＜500	300	300
NaOH 耗量（单台炉）（t/h）	无	无	0.36	无

（7）对湿式电除尘器的应用建议。根据上述分析，对湿式电除尘器的应用建议如下：

1）燃低硫煤电厂。目前国家标准要求特别排放限值地区烟尘排放质量浓度为 20mg/m³。对燃用低硫煤的电厂，可考虑采用低温技术路线与高效电除尘器及湿法烟气脱硫工艺结合的工艺，满足烟尘排放质量浓度 5mg/m³（地方标准）的要求，或满足三部委颁发的发能源〔2014〕(2093)号文件提出的 10mg/m³ 要求。鉴于此，建议燃低硫煤的电厂可暂不考虑采用湿式电除尘器。

2）燃中、高硫煤电厂。湿式电除尘器不仅应用于烟尘排放，同时还应考虑更长远的排放控制问题。华能在山东的几个湿式电除尘器项目的实践在这方面已经积累了一定的经验，既要满足烟尘排放控制要求，又要考虑脱除大部分 $PM_{2.5}$，以及部分 SO_3 和汞，以消除蓝烟。

3）新上燃煤电厂。可将粉尘、NO_x、SO_2、$PM_{2.5}$、SO_3 及汞等共同考虑，提出先进的环保技术路线，其中包括采用湿式电除尘器。

4）湿式电除尘器选型。对 600MW、1000MW 机组，从除尘效率、阻力、布置、检修维护等方面考虑，建议采用卧式、板式湿式电除尘器；对 300MW 等级机组，可采用立式蜂窝式或卧式、板式湿式电除尘器。

4. 喷雾抑尘技术

（1）技术概念。喷雾抑尘利用水作为除尘的介质。一般来说，喷水或喷雾虽然有一定的除尘效果，但是会弄湿物料，影响成品质量，并且湿物料对设备会造成较大磨损，此外还会产生水污染，需要进行污水处理。喷水喷雾除尘表面上见效较快、花费少，但综合使用成本和管理成本及对环境的破坏代价是很高的。

（2）主要设备。

1）雾炮机。雾炮机工作是根据风送原理，首先使用进口高压泵、微细雾化喷嘴将水雾化，再利用风机风量和风压将雾化后的水雾送到较远距离，使水雾到达较远距离同时能够覆盖更大面积，水雾与粉尘凝结后降落，从而达到降尘目的。目前在许多露天堆料场、作业现场，作业粉尘和局部扬尘是粉尘治理的难题。很多企业过去采用水喷淋的措施治理，但覆盖面积小、用水量大等问题使水喷淋的治理效果极不理想。雾炮机可以根据用户现场的实际污染状况及粉尘量的多少，量身设计远射程喷雾方案，以达到理想的粉尘治理效果。

雾炮机是人们根据粉尘特性，运用两相流体力学原理对干湿环境、液固两项状态下的尘粒运动进行研究而制成的。研究表明要抑制运输、粉碎、筛分、配料等环节所散发的粉尘，必须尽量减少对尘粒的冲击力。在湿润的环境下，等径的尘粒通过液桥力的作用，由小尘粒聚成大尘粒，从而形成粉尘团；因其自身重力改变了运动速度，从而进行沉降。水雾尘粒与尘埃颗粒大小相近时，尘埃颗粒随气流运动时与水雾颗粒发生碰撞、吸附、凝结，形成的尘埃团在重力作用下降落，从而达到降尘的目的。

在实际应用中，亦可在雾炮喷雾中增加抑尘剂，以降低水的表面张力，改变亲水性，从而避免粉尘带静电，来实现微尘融入水滴，通过重力自然落地，实现降尘。粉尘和水的混合物落地后，表层会形成固化物，将粉尘固化在其之下，避免二次扬尘。喷雾抑尘原理如图 2-58 所示。

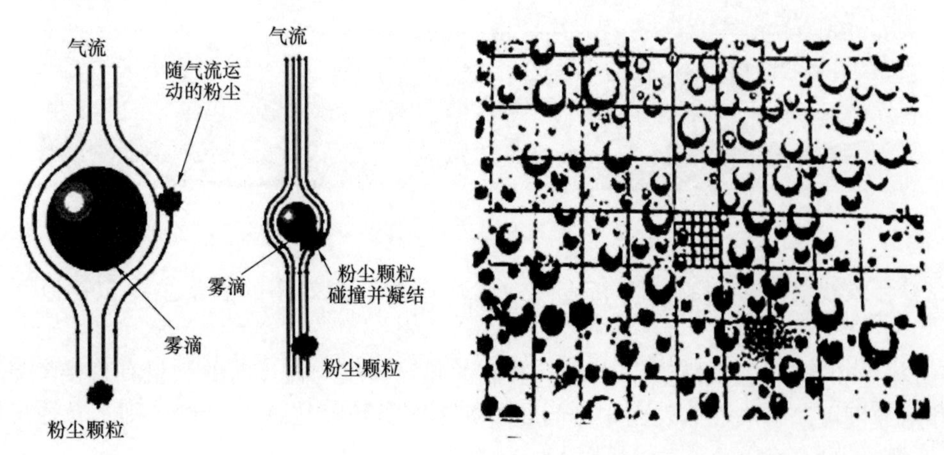

图 2-58　喷雾抑尘原理

2）多功能喷雾抑尘车。多功能喷雾抑尘车也称雾炮车、喷雾降尘车、农药喷洒车。目前市面上的抑尘车主要有两大类：一类是在原有洒水车的基础上加装一个风送式喷雾机（降尘半径为 50m 以下），原有水罐用来装抑尘剂；另一类是大功率抑尘车，降尘半径可达到 120～150m。

多功能喷雾抑尘车适用范围：城市拆迁工地、冶金钢铁企业、采矿区域、煤化工企业、水泥厂、火力发电厂、建筑工地、物料和矿产品露天堆放厂、混凝土处理厂、垃圾堆放场、垃圾焚烧厂、砂厂、干式物料仓库、露天爆破、重度粉尘区域、大型自卸车卸料区域、港口码头、储运区域、城市空气污染粉尘超标区域等地方的水雾除尘、抑尘、降温。

（3）基本原理。多功能抑尘车主要由摆臂式喷洒装置、储液罐、自行运载车辆及控制系统组成。一般来说，车量配载高压喷雾降尘设备，该设备利用高压泵或离心泵将水加压，经过管道输入到高压喷嘴雾化设备，路径内的水经过雾化装置设备形成飘洒在空气中的水雾，水雾能够吸附空气中的细小粉尘和悬浮微粒，能给大气加湿。其原理是喷雾产生的微粒抑制空气中的粉尘，从而产生固尘功效。微粒细小，表面张力基本为零，喷洒到空气中，能迅速吸附空气中的大小颗粒，有效控制粉尘量，固尘效果显著，雾化效果明显，不产生水滴，不会对金属器材产生腐蚀效应，保护生产设备的安全，并且费用低廉、环保节能、安装快速、设计合理、性价比较高。

多功能喷雾抑尘车将水雾化成与粉尘颗粒大小相当的水珠，由于水珠颗粒大小和尘埃颗粒相似或者相同，尘埃颗粒随气流运行过程中与水珠颗粒产生接触变得湿润。湿润的粉尘颗粒吸附其他颗粒而逐渐聚成粉尘颗粒团，颗粒团在自身重力作用下沉降。实际上，多功能喷雾抑尘车是在原有的洒水车基础上，增添了远距离喷雾抑尘的功能，对治理工业生产、汽车尾气、秸秆燃烧等产生在空气中的细小悬浮颗粒有显著的效果。

重力降尘原理：气流不断运动，粒径和密度较大的尘粒会由于重力作用而发生自然沉降，具体会受到尘粒大小、密度及气体流速等的影响，实现惯性碰撞、截留、扩散、静电补集。

图 2-59 为雾炮机和多功能喷雾抑尘车实物。

图 2-59　雾炮机和多功能喷雾抑尘车实物

（4）技术优势。通过调查分析发现，影响喷雾抑尘效率的因素主要包括以下几个方面：

1）粉尘和雾滴的相对速度。粉尘和雾滴的相对速度与碰撞时的动量有直接关系，适宜的相对速度可以解决液体表面张力问题，如果水雾粒径超过 0.1mm，则水粒速度超过 30m/s，2μm 的尘粒降尘率大约是 55%。

2）雾滴粒径。喷雾雾滴粒径大小和喷雾抑尘效率有直接关系，如果水量一致，雾滴的尺寸、数量、表面积等对效率的影响很大。

3）润湿性。润湿性好，则亲水粒子能够快速被液体捕集体收集，效率要比碰撞、截留及扩散高很多，可以针对较难润湿的粉尘，通过增添润湿剂的方法，减小其表面张力，从而促进除尘效率的提升。

4）耗水量。含尘空气的耗水量和喷雾抑尘效率成正比。

5）液体黏度和粉尘密度。液体黏度越大，喷雾抑尘的效率越低。粉尘密度越大，则喷雾抑尘效率越高。

除此之外，水雾作用范围、雾化效果、喷雾器安装位置、空气参与雾化作用的量、通风措施、粉尘浓度、带电性等对喷雾抑尘效率有一定的影响。

（5）典型应用案例。

1）沈阳市区建筑工地使用雾炮机案例介绍。沈阳市区部分建筑工地中的雾炮机扬程为 30m、60m、90m，分为遥控型和手动型两种规格。其操作简单、使用方便，适用于工地除尘、厂房除尘、绿化树木、高大树冠喷药除虫喷雾，也适用于环保行业、易起尘的煤炭及其他物料堆场、卸料口、车辆卸料时、码头、炼钢厂等的喷水除尘、抑尘、降温，以及公共场所或垃圾填埋场喷洒药物等。这些雾炮机可移动，也可固定于一处，使用范围广。

2）济南市政道路使用多功能抑尘车案例介绍。该市使用的抑尘车集洒水与喷雾降尘等多功能于一身，具有喷雾量大、射程远、覆盖面积大、雾粒细小、雾化效果好、工作效率高等特点。通过遥控装置，可根据需要以 180°适时调整变换角度和速度，进行全方位、定量定时喷雾，喷雾俯仰角可达 10°～60°，喷雾距离达到 120m，高程达到 70m。同时，所喷出的水雾比普通洒水车喷出的水雾颗粒更细小、范围更大，对空气中的尘埃有较强的穿透力，与飘起的尘埃接触时形成一种潮湿雾状体，可实现大面积湿化除尘，有效降低 PM_{10}、$PM_{2.5}$ 等浓度，起到降温抑尘作用，对市区防治大气污染、净化空气、美化城市环境具有良好效果。

一台抑尘车的工作直径可覆盖 4 个标准足球场，水箱中的水经过雾化后，由高压风机喷出。相比普通洒水车的水流，抑尘车可以喷射纳米级水雾，其吸附力是普通水雾的 3 倍，耗水量降低到 70%。若遭遇雾霾天气，$PM_{2.5}$ 严重超标时，可随意选定区域进行液雾降尘，分解、淡化空气中的颗粒浓度，将飘浮在空气中的污染颗粒物、尘埃等迅速降到地面，达到净化空气的效果，大力改善城市空气环境质量。

雾炮机与多功能抑尘车的比较见表 2-22。

表 2-22　雾炮机与多功能抑尘车的比较

项目	雾炮机	多功能抑尘车
降尘半径(m)	30～90	120～150
移动范围(m)	较小	50 以下
高程(m)	较小	70
耗水量	较少	较大
投资成本	较小	较大
备注	操作范围小，针对性强，可迅速灵活移动	①可对道路进行抑尘、降尘。②可对园林景观进行灌溉，对园区进行清理。③可在建设时期对扬尘进行有效抑制

多功能抑尘车适合整个园区的整体抑尘，雾炮机适合在较强起尘点单独设置，在园区内设置两项抑尘措施，有利于减少扬尘，降低空气中 $PM_{2.5}$ 的浓度。

5. 生物纳膜抑尘技术

（1）技术概念。生物纳膜抑尘技术又称生物纳米抑尘技术，是一种优于布袋除尘、密闭除尘、喷水除尘等传统技术的新型工业粉尘治理方式。生物纳膜抑尘技术是在源头抑制粉尘产生，通过生物纳膜抑尘机，生成精确配比的生物纳膜，喷附于物料之上，通过生物纳膜的吸附性，将小颗粒粉尘团聚成大颗粒，使其自重增加而不能飘散，在空中形成粉尘。生物纳膜抑尘技术能够有效地控制有组织及无组织粉尘，除尘率可达到 95%以上，效果稳定。

（2）技术原理。生物纳膜除尘设备（抑尘设备或抑尘机）由液膜发生器、自动控制部件、远程通信部件等部分组成。生物纳膜发生器根据系统指令在要求的工况下精确配比生成生物纳膜并进行输送。水源、生物纳膜抑尘剂、气源经过发生器、存储装置、输送装置，实现生物纳膜经精确制备产生后，达到正确的位置并根据实时产尘情况，控制喷洒剂量，精准抑尘。

生物纳膜抑尘技术是利用生物纳膜尺寸在纳米数量级时具有原子能级的特殊结构，且活性极高、极不稳定，遇见其他分子时很快结合的特点，有效聚合包括吸入性粉尘在内的无组织排放工业粉尘，使粉尘聚合颗粒具有稳定的表面与界面效应，从而实现粉尘的快速沉降。

生物纳膜抑尘剂是从椰子等生物中提取制成的，具有可降解特性，不会给工业生产过程和环境带来负面影响。

图 2-60 为生物纳膜抑尘技术原理。

图 2-61 为生物纳膜抑尘器实物。

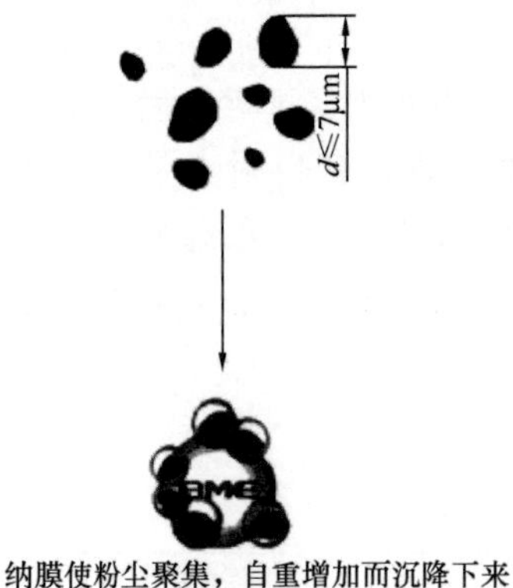

图 2-60　生物纳膜抑尘技术原理

图 2-61　生物纳膜抑尘器实物

生物纳膜抑尘系统由液膜发生器、自动控制部件、远程通信部件及防爆防护罩部件组成。液膜发生器根据系统的指令在要求的工况下精确配比生成纳膜。生物纳膜经精确制备后，输送到正确的位置并根据实时产尘情况，控制喷洒剂量，精准抑尘。图 2-62 为生物纳膜抑尘剂应用流程。

1）纳米级膜结构。由于纳米级膜结构的表面与界面效应，表面积大、表面能高，可有效地吸附细微颗粒团聚成大颗粒。

2）纳膜发生装置。为提高生物纳膜的抑尘性能，某单位研发了百诺生物纳膜抑尘机，

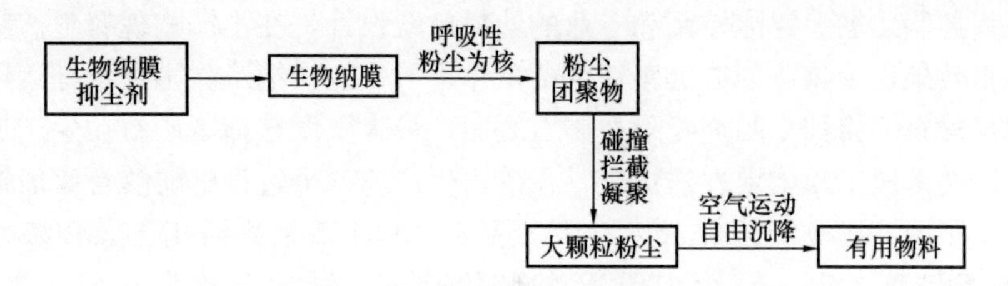

图 2-62　生物纳膜抑尘剂应用流程

其中全电子化控制纳膜发生器、纳膜传输装置以及温控装置确保纳膜经精确制备产生后，达到正确的位置实现抑尘。

3）生物配方。生物纳膜抑尘剂全部经生物萃取法提取，无毒无害，可生物降解。生物纳膜以水（99%以上）为主要成分，不会对环境造成二次污染。

4）基于无线传感网络的远程控制系统。通过远程监控环境中的粉尘浓度，对除尘试剂进行配比，达到良好的抑尘效果。

（3）技术指标。物理参数：外观为淡黄色透明液体，膜层厚度≤250nm，表面张力系数≤0.028N/m（25℃），无毒、无刺激性。

主要技术参数：生物纳膜生产量≤50kg/min，使用距离（喷洒点距离设备）≤75m，支持生物纳膜喷洒口数≤10，处理抑尘物料≤1000t/h，安全防护、耐压测试、绝缘测试和电气装置测试符合要求，使用水量≤3000L/h，生物纳膜厚度按 200nm 计算，一台生物纳膜抑尘机每小时最大可产生液膜 3000kg，理论最大捕收细微颗粒的延展面积可达到 1500 万 m^2/h。

生物纳膜除尘设备安装完成后，试生产运行结果表明，生物药剂抑尘效果很明显，抑尘效率在 80%～90%。此种设备没有吸尘通风管道，不存在管道，同时可有效控制药剂量，节约成本。

生物纳膜抑尘剂配方环保，能够在短期内自行降解，不影响生产工艺，避免二次污染；开放的作业环境，比一般除尘系统节省 30%～50%的投资，安装时间减少约 70%。同时，耗电和耗水量有较大幅度减少，运行成本低；保证生产质量，避免水除尘造成物料大范围粘结；对生产设备无损伤；回收粉尘并可资源化，增加收益；生物纳膜抑尘系统结构简单，可靠性好，维修量少，维修费用低。

（4）技术案例。山东新城金矿生产现场生物纳膜抑尘运用案例。现场工作人员根据矿山生产的实际情况，选择合适的抑尘点，便于实现最佳抑尘，达到粉尘理想抑制聚合的目的。破碎站生产流程中，抑尘点选择位置如图 2-63 所示。

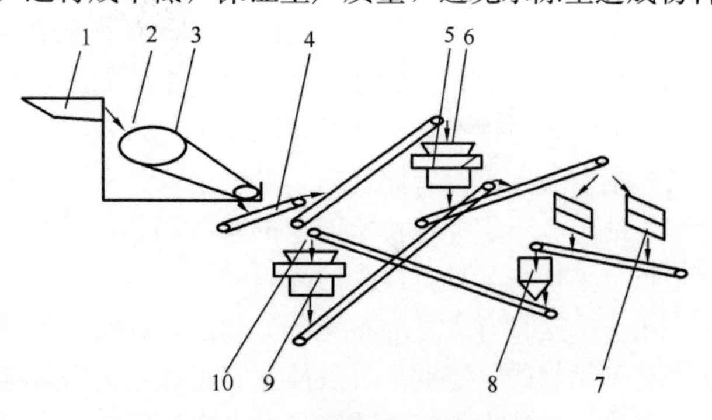

图 2-63　抑尘点选择位置

1—振动给矿机；2—第 1 个抑尘位置；3—颚式破碎机；4—带式输送机；5—液压圆锥破碎机（中碎）；6—第 2 个抑尘点位置；7—圆振动筛；8—细碎中间料仓；9—液压圆锥破碎机（细碎）；10—第 3 个抑尘点位置

百诺生物纳膜抑尘机通过 BME 生物纳膜对物料生产过程中的粉尘

污染进行源头控制，加上智能控制和专业的给料位置设计，在不影响现有生产线的基础上实现最佳抑尘效果，为企业创造健康良好的工作环境。生物纳米除尘技术是运用当今最先进的生物纳米材料，将抑尘制剂喷附在矿石表面，最大限度地抑制矿石在生产加工过程中产生粉尘。该技术属于粉尘散发前抑尘，在矿石生产的整个过程中能够有效地抑制粉尘的散发，使粉尘积聚并形成粒径 5mm 以下的成品料，抑尘效果达到 95%。传统的过滤式除尘需要 3 台布袋除尘器，需约 180kW 的装机功率，做功系数为 0.85，平均电费为 0.79 元/(kW・h)，电耗成本为 0.6 元/t。考虑到滤芯等成本，每吨总成本约 0.61 元，做封闭还需材料费和人工费的额外投资。BME 抑尘系统主要使用纳米材料药剂，单价为 33 元/kg，每吨矿配比使用纳膜制剂约 0.012kg，成本为 0.396 元/t，电费为 0.039 元/t，消耗水 2.2t/h，水单价为 3.3 元/t，用水为 0.036 元/t，总计矿消耗成本为 0.4713 元/t。

6. 干雾抑尘技术

(1) 技术概念。干雾抑尘技术是美国研发并引导的一种优于通过传统喷雾除尘技术的先进技术，已在矿山、电厂、港口、垃圾处理站等场所有了广泛应用。干雾抑尘技术通过“云雾”化的水雾来捕捉粉尘，让水雾与空气中的粉尘颗粒结合，形成粉尘和水雾的团聚物，受重力作用而沉降下来，实现源头抑尘，可以有效解决局部封闭/半封闭状态下无组织排放粉尘的处理难题，如进料斗和给料机等装卸区域的除尘。干雾抑尘系统为一套成熟的产品，在港口、码头等行业的转接塔内、堆取料机、装船机、卸船机、翻车机上得到广泛的应用，在有效节能节水的同时实现降低工业现场粉尘、保护环境的理想效果。在同行业领域内技术领先，在无组织排放粉尘污染治理的领域内一枝独秀。

(2) 适用条件。干雾抑尘装置主要靠干雾来遮罩粉尘，而干雾具有漂浮性，周边的风速对其抑尘效果影响很大，所以干雾抑尘装置在选用上应满足如下条件：①产尘点附近的风速控制在 2m/s 以下；②翻车卸料机/槽、筛分塔等不适宜进行现场封闭的大面积无组织排放口，宜采用干雾抑尘装置；③物料、灰渣散装，应在散装点周围采取防风措施，进行局部封闭，避免对环境造成二次污染；④物料破碎、皮带转接塔（转运站）等现场，根据物料装卸或转运过程中的落差、粉尘点面积大小、粉尘浓度等合理选择干雾抑尘设备配置，在落料点周围采取防风措施，将无组织排放转化为有组织排放；⑤设置封闭罩时，喷头向封闭罩内加注压缩空气，封闭罩应设置必要的排气口，保证罩内气压稳定。罩内含尘气体排出封闭罩前，应保证气体通过至少 0.5μm 厚度的干雾。

(3) 技术原理。整个系统可以分为气路系统、水路系统、干雾控制系统 3 部分，主要设备包括空气压缩机、储气罐、过滤装置、干雾机、水源控制箱、水气分配器、万向节喷嘴和管线等。干雾抑尘技术产生的水雾颗粒大小主要集中在粒径 1～10μm，对粒径 5μm 以下可吸入性粉尘具有极强的除尘效果。

干雾抑尘具有良好的雾化调节功能，可通过改变气体和液体的压力来调整雾化装置，从而达到理想的气体流率与液体流率之比，提供微细的喷雾。水雾颗粒与尘埃颗粒大小相近时吸附、过滤、凝结的几率最大。所以气雾降尘技术主要是将水雾化成较小颗粒与尘埃颗粒发生碰撞、吸附、凝结，形成的尘埃团在重力作用下降落，达到抑制粉尘、改善环境的目的。图 2-64 为干雾抑尘原理。

干雾抑尘技术的抑尘设备通过高性能喷嘴产生超细干雾颗粒，能充分增加与粉尘颗粒的接触面积，定向抑尘，消除粉尘及呼吸性粉尘的效果明显。系统连续或间断地自动喷洒

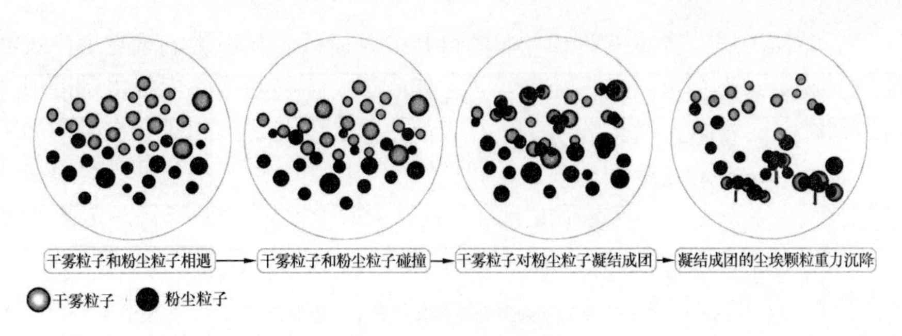

图 2-64　干雾抑尘原理

云状离子干雾，干雾有效喷射距离远，抗风能力强，形成一道捕捉、团聚粉尘的高效能云雾防尘墙。除此之外，干雾所形成的雾滴微细，耗水耗电量小，成本低，不影响后续工艺和成品的外观、质量，也延长了生产设备的使用寿命。

（4）技术优势。与传统除尘装置相比，干雾抑尘装置优势明显，主要优点如下：

1）在污染的源头——起尘点进行粉尘治理，有效解决无组织排放粉尘污染；

2）针对粒径 5μm 以下可吸入性粉尘治理效果较好，避免职业病危害；

3）除尘设备投入少，操作方便，全自动控制，占地面积小，运行费用低，（煤）无热值损失，物料含水量几乎不增加，无二次污染；

4）除尘装置操作压力及耗水量小，冬季结冻时仍可正常使用。

（5）技术案例

1）干雾抑尘在电力产业的应用。目前，干雾抑尘技术因具有领先优势，已在港口、煤矿、电力等行业被广泛应用。2008 年 11 月，秦皇岛发电有限责任公司环保室对微米级干雾抑尘装置进行采样检测。数据表明，运行干雾抑尘装置时室内平均粉尘浓度为 3.977mg/m^3，停止运行干雾抑尘装置后室内平均粉尘浓度为 5.733mg/m^3，抑尘效率高。13 号甲乙皮带机微米级干雾抑尘装置供水压力为 0.3～0.8MPa，耗水量为 10.64L/min。皮带机负荷以 800t/h 计算，煤中增加水分为 10.64×60÷800000×100%＝0.0798%。可见微米级干雾抑尘装置耗水量很小，对燃煤输送和燃烧没有影响。

2）干雾抑尘在煤矿产业的应用。干雾抑尘技术在黑岱沟选煤厂装车站的应用表明，抑尘率≥90%，粒径小于 5μm 的可吸入性粉尘浓度达到国家卫生标准；同时数据表明，煤炭含水量每增加 1 个百分点，煤热值损失 125.6～209.34kJ，按末煤热值 209.34MJ、热值损失 167.47kJ 计算，相当于煤炭损失 0.8%；按年装运末煤能为 1000 万 t 计算，年热值损失相当于煤炭损失 8 万 t，每年减少损失金额约 3200 万元。

7. 除尘器选型要点

将脉冲袋式除尘器、电除尘器、湿式除尘器、喷雾抑尘、生物纳膜抑尘、干雾抑尘 6 项技术进行比较，见表 2-23。可根据工厂需要选择合适的除尘设备。

表 2-23　除尘性能比较

项目	脉冲布袋式除尘	电除尘	湿式除尘	喷雾抑尘	生物纳膜抑尘	干雾抑尘
除尘效率(%)	≥90	≥90	80～90	≥90	80～90	95
能耗	能耗较高	能耗较高	能耗较高	能耗较低， 用水量少	能耗低	能耗低

续表

项目	脉冲布袋式除尘	电除尘	湿式除尘	喷雾抑尘	生物纳膜抑尘	干雾抑尘
操作	清灰、更换滤袋等相对复杂	可实现自动控制	操作较为方便	操作较方便	操作方便	操作方便
占地	较大	较大	适中	较小	较小	较小
安装	重型设备，风管尺寸较大，安装复杂	安装较为复杂	安装较为简单	安装简单	安装简单	全自动控制，安装简单
投资	大	大	较大	小	中等	小
处理效果	对微细尘粒去除率不高	对温度、风量要求较高	对硫化物处理较好	综合处理效果较好	对扬尘的处理效果较好	效率高、无二次污染
其他	容易产生二次扬尘	电阻要求较高	维护相对简单	设备维护相对简单	维护简单	冬季正常使用

除尘器选型是通风除尘工程设计中重要的环节之一，需要确定除尘器的类型、规格尺寸、工作方式，并针对工程具体要求等进行选择。考虑的因素包括排放标准、含尘浓度、粉尘性质、含尘气体性质、粉尘的后处理、处理风量、动力消耗等多方面因素。

选型时以下因素需重点考虑：

1）除尘效率要满足粉尘排放要求。依据排放标准规定的粉尘排空浓度，确定需要的除尘效率，必要时可采用多级除尘器串联运行。对运行工况不太稳定的系统，要注意工况改变对除尘效率的影响，如电除尘器的效率是随风量的增加而下降的。

2）处理风量。处理风量是确定除尘器类型，尺寸大小的主要因素之一。对大风量系统，要优选能处理大风量的除尘器，若将小风量除尘器并联使用，一般是不经济的。受操作和环境条件影响，实际风量会有所改变，因此在选型时需要保证有一定的余量。

3）粉尘特性。要综合考虑粉尘的化学组成、密度、分散度、比电阻、黏附性、润湿性、爆炸性等物理化学性质对除尘性能的影响。密度大、粒径在 10μm 以上的粉尘可以选用旋风除尘器、惯性碰撞等机械式除尘器、反之则应选用电除尘器、袋式除尘器等适于捕集微小粉尘的高效除尘器；黏附性强的粉尘容易导致袋式除尘器的过滤孔道堵塞、电除尘器清灰困难等问题；粉尘比电阻是选择电除尘的主要考虑因素，而润湿性好的亲水性粉尘选用湿式除尘器才能达到较好的除尘效果。

4）含尘气体的特性，包括气体的成分、温度、湿度、黏度、露点、毒性和其波动范围等物理化学性质。如干式除尘设备，原则上必须在含尘气体的露点以上的温度运行；在湿式除尘器中，由于水的蒸发和排放到大气后的冷凝等原因，应尽可能地在低温下进行处理；在布袋除尘器中，直接或间接地处理含尘气体的温度应降低到滤布耐热温度以下；在电除尘器中，使用温度可达到 400℃，同时要专虑粉尘的比电阻和除尘器结构热膨胀来选择处理含尘气体的温度。如果含尘气体中同时含有有害气体，可以考虑采用湿式除尘。

5）气体含尘浓度。对重力、惯性和旋风除尘器而言，进口含尘浓度越大，除尘效率越高，可是这样又会增加出口含尘浓度，所以不能仅因除尘器效率高就笼统地认为粉尘处理效果好。对文氏洗管除尘器、深射洗涤器等除尘器，以初始含尘浓度在 10g/m 以下为

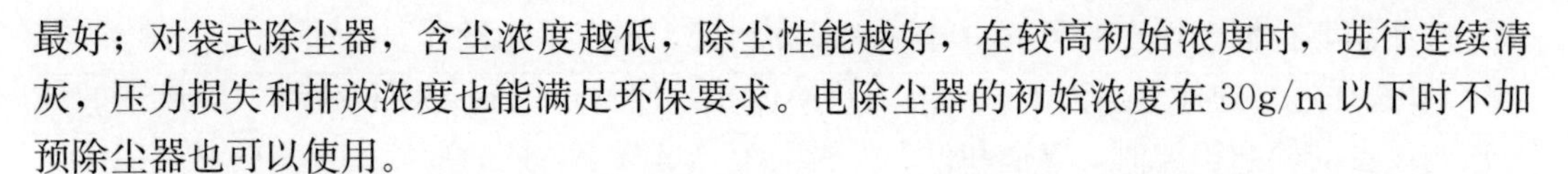
最好；对袋式除尘器，含尘浓度越低，除尘性能越好，在较高初始浓度时，进行连续清灰，压力损失和排放浓度也能满足环保要求。电除尘器的初始浓度在 30g/m 以下时不加预除尘器也可以使用。

6）除尘器的投资运行费用、维护管理情况、安装位置、收集粉尘的处理与利用等。如选用湿式除尘器，应考虑污水处理，以防止二次污染。

2.5.2　降噪

1. 工业噪声

工业噪声共分为三大类：一是机械类噪声，由机械之间摩擦、振动、撞击或高速旋转产生，例如振动筛、数控机床、破碎机等产生的噪声；二是气体动力噪声，往往和振动联系在一起，由于气体压力突变产生，例如高速叶片旋转、鼓风机、压缩机产生的噪声；三是电磁性噪声，由于电器元件振动而产生，例如发电机的噪声。根据工业厂房各项目的具体情况，隔声及降噪应在项目设计及施工阶段及早入手，从声源、传声途径这两个环节采取技术措施。

2. 工业降噪治理

工业噪声治理主要针对工矿企业产生的各类型噪声振动污染进行控制。如火力发电厂、石油石化厂、钢铁厂、水泥厂、地铁交通等，和一些大型设备工作时产生的噪声，如大型风机、除尘废气净化设备、冷却塔、球磨机、汽轮机等。

3. 降噪措施

（1）声源。首先要控制和减小并消除噪声声源，这是最直接的措施，可以通过升级工艺生产线和设备的升级替代来实现。所谓设备升级，即用噪声小的设备代替噪声大的设备，如用斜齿轮代替直齿轮、用焊接代替铆接、用液压代替冲压等。

（2）设计。在工厂设计阶段，合理进行厂区总图规划，使产生强噪声车间远离非噪声车间及居民区间，或者在强噪声车间厂房四周建专门的隔声墙及防护带。另外，应使噪声车间的门窗等噪声点不正对非噪声车间及居民区。噪声车间厂房四周通过地势阻隔或者增加厂区绿化等措施，也可以起到降低噪声的目的。

（3）安装。在设备安装阶段，减振设计特别重要。在设备运行过程中，振动和噪声有比较密切的关系，常常是振动和噪声同时产生，故关联度较高。这需要在设备底部采取隔振和减振措施来减小噪声。减振处理是根据设备质量和振动频率的大小设计的，常用的减振产品有橡胶减振垫、弹簧减振器、减振平台、减振阻尼胶等。根据振源与支撑振源的连接类型不同，减振方式有主动减振和被动减振两种方式。如水泵基础在地下室的减振降噪方案为混凝土基础＋减振垫＋型钢底座；在楼层结构层结构板的方案为混凝土基础＋阻尼减振器＋型钢底座＋橡胶减振垫；对管道的减振降噪方法有加装橡胶或金属软接头、采用减振吊架、管道穿墙处采用柔性材料填塞缝隙、管道穿墙处采用柔性材料填塞缝隙、管道间支撑处采用橡胶减振垫、穿墙处金属软接等措施。

对主要噪声源的机械设备，根据需要可以加装隔声罩，从噪声源头降低噪声辐射。隔声罩是把噪声较大的装置密封起来，是一种最有效、可取的降噪措施，可以最大限度地阻隔噪声的外传。隔声罩的应用相当广泛，空压机、车床、风机、电动机、冲床等各类声源设备会用到这个隔声吸声产品。由于每种声源设备的外部尺寸、通风散热等要求都不一样，因此需要根据现场声源尺寸、外形等设计加工。隔声罩的设计要点如下：

1）选择适当的外形。为了减少隔声罩的体积，使噪声的辐射面积减小，隔声罩的外形应与设备的轮廓相类似，罩壁和设备外壳间距尽量减小。同时要考虑设备的通风散热要求，还要考虑进排气、监测方便及消声器正常工作。

2）隔声罩内表面要铺贴较好的吸声材料，以减少罩内混响声和防止固体声的传递。

3）有隔声门窗、通风散热等在罩壁上开孔时，缝隙处必须密封起来，以减少漏声。

4）隔声罩与设备之间不能有刚性连接，如果两者接触在一起，应该采取隔振处理。

5）隔声罩外壁金属板面加筋或涂贴阻尼层，可防止罩外壁轻钢结构发生共振，减少声波的辐射。

（4）厂房。车间厂房建设：在车间设备基础进行施工时，可以采用加装隔振装置进行处理。其方法是在设备基础周围挖防振沟。防振沟宽度大约为0.3m，深度大约为1.5m，然后在沟内做减振层。减振层上方加盖橡胶减振垫，橡胶减振垫上再次处理，最后用钢板将减振沟与地面铺平。在厂房主体结构施工完成后，车间四周墙壁和顶部应进行吸声、隔声处理，即安装防吸声、隔声层，有门窗的地方设置密封隔声门、隔声窗。厂房隔声通常都是六面一体做房中房结构，具体处理方法是墙、顶、地、门窗等一体做隔声，这样才能达到厂房隔声要求。通过隔声、吸声、消声处理这一系列措施，车间对周围环境传播的噪声就很小。

在具体材料方面，针对厂房隔声的通常方案是隔声板、隔声棉、穿孔吸声板。首先要使厂房内的声音隔绝在室内，效果较好的就是隔声板。隔声材料做到了声音反射再结合隔声棉，穿孔吸声板做到进一步的声音能量消耗，从而达到内隔声、外吸声的目的，将声音消失在室内。另一方面要选择效果好的隔声窗。隔声窗的玻璃选用双层中空玻璃，可以很好地隔离大部分噪声。另外，处理好密封接缝问题，由此在理论上已经做好了厂房隔声。

4. 典型应用案例

（1）某机械厂隔声与降噪治理。某机械厂发出的机械声音，给周边的居民、厂房内的工作人员带来了无限困扰，从而造成了厂房跟周边居民、厂房内的作业人员矛盾日益激化的局面。人们针对此现象做了隔声降噪设计，最终使该厂的噪声指标达到国家标准工业噪声标准。该机械厂主要的噪声源是生产机组正常运转作业的情况下产生的大量噪声，机械厂厂外噪声通常在75dB左右，最高达到85dB，严重超出工业噪声排放标准。噪声主要为表面辐射噪声，控制噪声应从噪声源、声音传播途径，以及噪声影响对象这3个方面入手。

针对机械厂隔声降噪解决方案如下：

1）对高噪声设备，首先采取选用低噪声设备、定期维护保养、风机加设消声器等源头控制措施，然后针对设备做减振处理。减小因为设备振动而引起的低频振动噪声，做法就是在设备下放置减振器。

2）采用合理布局、利用车间四周墙壁和顶部采用隔声、吸声材料解决噪声。车间四周墙壁和顶部安装吸声或隔声层，顶通常的处理方法是做顶棚隔声，隔声材料跟墙体所使用的隔声材料相同。墙体具体使用隔声材料，如市场上的双层隔声板、双层隔声棉、单层隔声毡、外置吸声板。设置密封隔声门、隔声窗，为了起到隔声的效果，最好用隔声玻璃材质。另外就是厂房门做隔声，最好用钢制隔声门。通过隔声、吸声、消声处理，可以降低车间对外界的噪声影响，切断噪声传播途径。此外，缝隙使用隔声密封材料，可以有效做到缝隙漏声的问题。

3）通过地势阻隔等措施降低噪声以及增加厂区绿化等措施，以达到从传播途径上进行降噪的目的，减少声源对外部环境的影响。

（2）某钢厂鼓风机站隔声与降噪治理。某钢厂鼓风机站噪声主要是风机的噪声，风机在正常作业的情况下，发出的机械声音可以说是钢厂里面最大的噪声，给厂房内的工作人员带来了很大影响。我们针对这样的现象详细做了隔声降噪方案，最终使该钢厂鼓风机站的噪声指标控制在国家标准工业噪声之内。以下是该鼓风机站噪声治理的简单总结。

1）散热进、出风管道消声设计：可以大大降低管道内的空气及高速气流引起的噪声。

2）风机隔声设计：首先为风机做个隔声房，隔声房留有通风散热口。然后处理隔声房的通风散热问题，在把噪声隔绝在房内的情况下，噪声有反射的过程，在此过程中有声音能量的消耗，经过反复反射最终会反射到预留的通风口处，这时候的噪声能量已经大幅度降低，在通风口安置消声器，对声音做进一步降噪处理。

3）风机管道振动噪声控制设计：把进风管道做隔声包扎处理，隔声层的结构有阻尼层、吸声层、低频隔声层和钢板护面层等种类。管道可以采用减振吊架，管道穿墙处采用柔性材料填塞缝隙，管道与支架连接处采用橡胶减振垫等。

4）风机机壳、基础减振设计：减小因为设备振动而引起的低频振动噪声，做法就是在设备下放置减振器。在风机机壳下面与基础之间增加橡胶减振器、弹簧减振器、沥青毛毡、软木等减振方法来减弱噪声的传播。

2.6　其　　他

2.6.1　轻杂质集中利用技术

1. 概述

在建筑垃圾预处理过程中由分选除杂过程分拣出的某些杂质也可以进行循环利用，例如轻质物可以采用焚烧发电、炼油的方式进行循环再利用；而树枝、树叶则会被粉碎后掺入腐殖土，经高温发酵，制作成再生种植肥，用于种植各种蔬菜、树木。

2. 技术分类

对轻质物的处理，传统上的处置手段有填埋、焚烧等方法，近来从环保角度及资源最大化利用角度对轻质物的处理逐渐过渡为回收再生利用。

（1）填埋技术。建筑垃圾中的轻质物通常为一些高分子结构，如聚乙烯塑料等，若直接废弃，其长期不易分解腐烂，并且由于质量轻、体积大，暴露在地表时可随风飘动或在水中漂浮。因此，人们常利用丘陵、凹地或自然凹陷坑池建设填埋场，对其进行卫生填埋。

优点：填埋方法简单，不需要投资，不需要任何设备，深埋后不会对地表产生污染或危害地表植被，能以最快的速度处置轻杂物。

缺点：如塑料等轻质物不能被资源化利用，且相关实践表明，废塑料等物料的密度小、体积大、不易分解等特性造成场地很快被填满，降低了填埋场的处理能力。同时，塑料等物料的耐酸、耐碱、耐气候老化等耐腐蚀、不易分解特性，决定了其不宜被填埋，而且填埋是将杂物作为废弃物处理，对其资源利用率较小，不符合国家可持续发展原则。

（2）焚烧技术。利用焚烧技术可将所有轻质物放于焚烧炉中焚化，其产生的大量热量可再次充分利用。通过焚烧技术回收轻质物中的热能是经济上可取的方式，但焚烧炉投资较大。

通常利用焚烧进行发电，具体方式为将垃圾等杂物集中后添加一定的辅助燃料进行焚烧，之后通过一系列操作将热能转化为电能。

特点：垃圾等杂物通过焚烧得到了减量化处理，垃圾的体积变小，燃烧发电创造了价值。废塑料等杂物在垃圾焚烧发电中实现了资源化利用，获得了经济效益。

缺点：焚烧过程产生大量的有害气体，对环境及人体造成危害。轻杂物焚烧的主要产物是二氧化碳和水，但随着杂物的种类、焚烧条件发生变化等状况，会产生一氧化碳、芳香烃化合物等有害物质。另外，在废塑料中含有镉铅等重金属化合物，在焚烧过程中随焚烧残渣一起排放，污染环境。

（3）回收再生利用技术。回收再生利用技术主要包括对轻质物的再生技术、热处理油化技术、加工成衍生燃料（RDF）焚烧能源化利用技术，以及其他化学处理技术，如制涂料、油漆、黏合剂、轻质建材等。

1）机械处理再生利用技术。该技术包括直接再生利用及改性再生利用。

① 直接再生利用。直接再生利用是指将废旧塑料等轻质物经过清洗、破碎、塑化等过程，直接加工成型或与其他物质经过简单加工制成有用制品。该技术的优点是工艺简单，再生品的成本低廉；缺点是再生塑料制品的力学性能下降较大，不宜制作高档制品。

② 改性再生利用。改性再生利用的目的是提高再生品的基本力学性能，以满足再生专用制品的质量需要。改性再生主要分为两类，即物理改性和化学改性。

a. 物理改性：轻质物活化后加入一定量的无机填料，同时配以较好的表面活性剂，以增加填料与再生材料之间的亲和性。为提高再生品的力学性能，在加工的同时可对其进行增韧改性，即加入弹性体或共混热塑料弹性体，如将聚合物与橡胶、热塑性塑料、热固性树脂等进行共混或共聚。

b. 化学改性：化学改性是指通过接枝共聚等方法在分子链中引入其他链节和功能基团，或通过交联剂等进行交联，或通过成核剂、发泡剂进行改性，使轻质物被赋予较高的抗冲击性能、优良的耐热性、抗老化性等，以便进行再生利用。

2）化学处理再生利用技术。化学处理再生是指将轻杂物经过热解或化学试剂的作用进行分解，产物包括单体和不同聚合体的小分子、化合物、燃料等化工产品。该技术的一个显著特点在于分解生成的化工原料在质量上与新的原料不分上下，可与新原料共同使用。

化学处理再生利用技术主要有热分解和化学分解两类。

① 热分解。热分解技术的基本原理是将轻质物中的高聚物进行较彻底的大分子链分解，从而获得使用价值高的产品。热分解使用的反应器有塔式、炉式、槽式、管式炉、流化床及挤出机等。该技术是对轻质物较为彻底的回收利用技术。热分解所得的产物有油、气、固体或混合体等，按照工艺的不同可分为油化工艺、汽化工艺、炭化工艺等。

a. 油化。热分解油化工艺的特点是分解产物主要是油类物质及一些可利用的气体和残渣。由于需要在高温下进行反应，设备投资较大，回收成本高，并且在反应过程中存在结焦现象，因此限制了其应用。

b. 汽化。热分解汽化工艺装置的设计需要着重考虑两个方面：一是使物料充分汽化，二是汽化过程中产生尽可能少的有害物质。现有的汽化装置主要有流化床和固定床，原料流程以二段流程为主。

c. 炭化。轻质物进行热分解时会产生炭化物质，多数情况下是油化工艺或汽化工艺中所产生的副产物。当炭化物排出系统外用作固体燃料时，需要采用高效率并且无污染的燃烧方法。物料在一定热分解条件下炭化，并经相应的处理即可制得活性炭或离子交换树脂等吸附剂。

② 化学分解。化学分解是指将轻质物水解或醇解过程，通过分解反应，使其变成单体或低相对分子质量的物质，重新成为高分子合成的原料。化学分解产物均匀，易控制，不需要进行分离和纯化，生产设备投资少。

其分解方法有多种，主要有催化剂分解法和试剂分解法。

2.6.2　装修垃圾资源化技术

1. 概述

随着居民生活水平的提高，装修垃圾的排放量日益增加。装修垃圾成分复杂，包括砖石、混凝土、玻璃、陶瓷、木材、塑料等。在装修垃圾的所有利用途径中，在建设领域的资源化利用消纳量最大、应用最广，是实现装修垃圾高效利用、走节能环保道路的必然途径。但装修垃圾中还含有一定量的金属、有机物等其他组分，在分选加工过程中处理不当则会降低装修垃圾再生骨料等产品的性能等级，进而给后续资源化利用的安全性和经济性带来阻碍。

目前国外发达国家对装修垃圾资源化处置现状较为完善。例如 BUSSCHERS STAALWERKEN B. V. 公司是荷兰生产建筑及装修垃圾回收设备和系统的专业公司，在荷兰瓦特林恩市安装有建筑装修垃圾分拣线。其分拣的主要设备包括 3D 分拣筛筒、空气分离器、杰拉尔德仪器、Overbelt 磁选机、材料类型分离器、滤尘器。系统垃圾处理能力为 30t/h，可处理小于 1400mm 和 1400mm×1400mm×600mm、单件小于 25kg 的构件，该系统可以实现砖块、水泥块、金属、塑料、木料等的全部机械和人工配合的分离并处置，处置后的终端产品主要有路基材料、金属、再生木材制品、再生塑料制品等。

日本国内建筑垃圾前端分类做得较好，在建筑工地即基本完成分类，然后分装运输车辆进入附近相应的处置中心并基本分类堆放，在日本山形县山形市建筑混杂垃圾处置中心的临时装修垃圾堆场，采用人工和机械结合分拣，得到木材、水泥砖和混凝土块、塑料及布纤维、纸片、少量沥青、金属等，分别通过相应机械设备制成再生骨料（制水泥砖和路基材料）、固体 RPF 燃料、纸浆、木屑（部分用于奶牛场，部分用于制作再生木制品），沥青和金属交于其他专业公司处置。

2. 典型装修垃圾的组成

我国装修垃圾的组分因装修材料、装修风格、装修程度等不同而存在较大差异，但一般而言包括以下四类材料：

（1）矿物类无机物：主要是结构材料及无机类装饰材料，在拆除、修补过程中产生，如红砖、轻质砌块、瓷砖、石膏、大理石、卫生洁具、玻璃。

（2）金属：一般为金属类装饰材料更换过程中产生，如铝合金门窗、门把手、小五金、钢筋、电线等。

（3）木材类物质：一般为木质类装饰材料更换过程中产生，如木质地板、木质踢脚、木质门窗、木质桌椅、木质橱柜、废弃纸板等。

（4）有机高分子类物质：一般为有机高分子类装饰材料更换过程中产生，还包括装修过程中的辅助材料，如废弃沙发、废弃窗帘、编织袋、泡沫与塑料包装等。

3. 我国装修垃圾处置过程

装修垃圾的处置可以分为3个关键点：一是前期分拣；二是设备处置；三是终端产品去向。

（1）前期分拣。前期分拣的主要目的是，使经过挑选后的剩余垃圾可以在机械设备处置流程中流畅地完成而不至于造成机械设备的堵塞和故障，使进入机械设备处置流程的垃圾要么偏刚性，要么偏柔性。所以在装修垃圾处置过程中，前期分拣能达到什么样的程度很重要。

前期分拣的场所可以分为3类：第一类为装修垃圾产生后第一个堆放点，如住宅小区内、商业体旁边等指定的临时堆放点。如果在这里能做到较好的分类，可以为以后的处置节约大量的人力和财力。第二类为政府的建筑垃圾临时归集点。这类归集点里的垃圾已经是混杂垃圾，即普通建筑垃圾和装修垃圾已经混杂在一起，甚至还有少部分生活垃圾混杂其中，这个时候去分类需要花费更多的人力和财力。第三类为处置中心的装修垃圾堆放点，按照环保要求，需堆放后进行围挡并覆盖以备处置，或者在室内堆放，以等待分拣。

考虑目前国内合资和国产处置设备的情况，前期分拣至少要达到装修垃圾的五分法：①油漆桶、涂料桶、油漆类玻璃瓶等；②编织袋、塑料袋、塑料布、其他布类（轻质物）；③混凝土块、加气砌块、砖、天然石材、陶瓷（“重质物”）；④大件金属；⑤大件木制品、床垫等。

（2）设备处置。目前国内处置设备通常分为两类：一类是大件木制品和编织袋等柔性垃圾的破碎设备；另一类是混凝土块等刚性垃圾的破碎设备。绝大部分垃圾均需要在破碎后才能进行循环再利用。

根据国内外实际考察调研、装修垃圾成分测试、单体处置设备试验、单体处置设备简单组合试验，综合国内处置设备性能、国内装修垃圾分类管理实际情况，可以得到两个切实可行的生产工艺流程，如图2-65、图2-66所示。

两个工艺流程设计的基本思路如下：

1）将经过前期分拣后的③类和⑤类垃圾分开处置。

2）③类装修垃圾的处置目的是进一步分选出其中的金属和轻质物，并破碎至可利用的粒径。

（3）终端产品去向。以上两个生产工艺流程中，油漆桶、涂料桶由专业危废公司处理，金属由专业资源回收公司处理，木屑、塑料袋、编织袋、纸片等轻质物由垃圾焚烧发电厂处理，混合渣土运送至政府指定的填埋场处理，再生粗骨料用于道路基础建设，再生细骨料用于水泥砖制造。

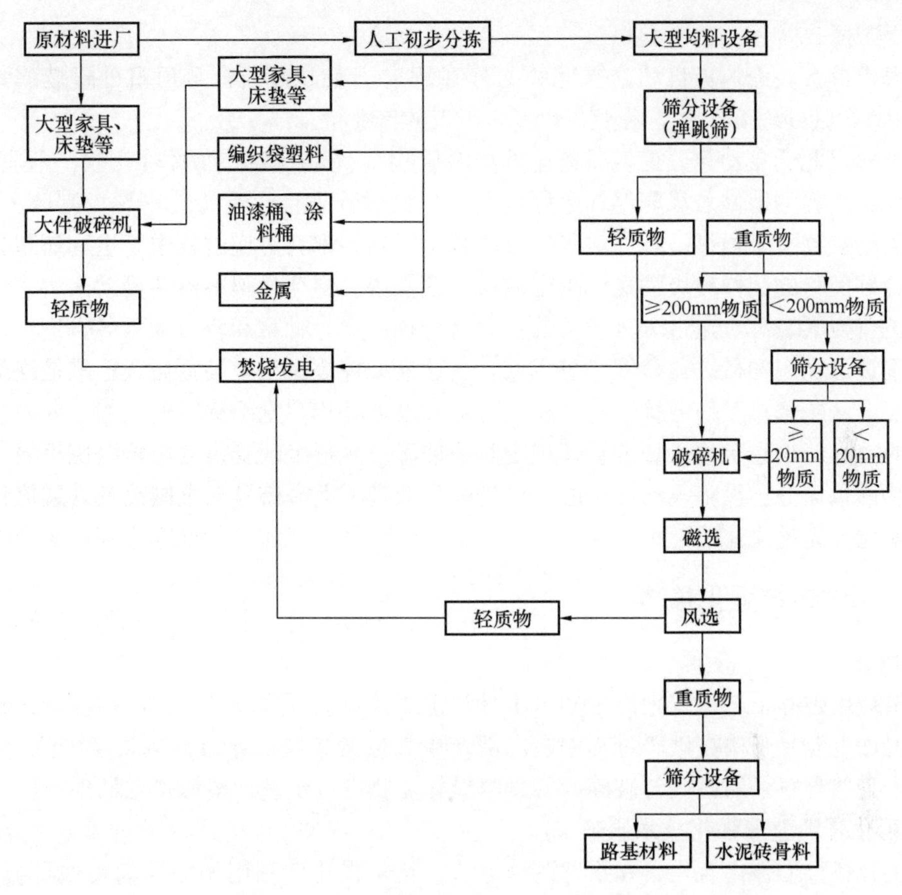

图 2-65　生产工艺流程一

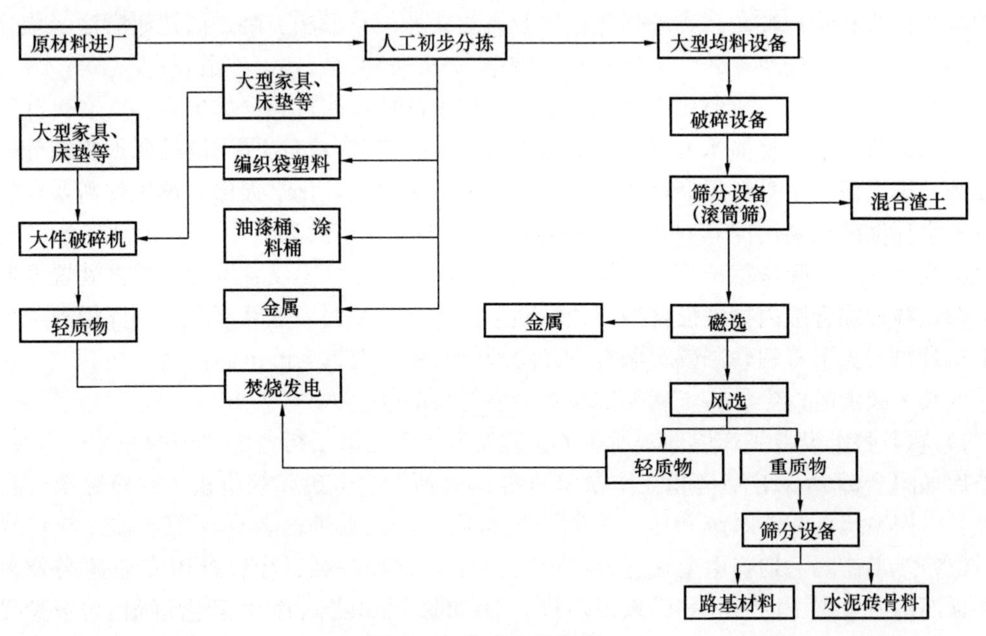

图 2-66　生产工艺流程二

4. 案例

上海市首套装修垃圾自动分拣流水线于2017年开始试运行。该厂日处理装修垃圾量超过1500t，其处理工作量等同于200多名工人的作业量。

据了解，此套自动化分拣设备作业基本靠“吹”，在强大气流的作用下，一些表面积较大而质量较轻的装修垃圾飘浮在上层，表面积相对较小且较重的装修垃圾则坠入底层。不同大类的装修垃圾通过这种方法可以分成数层，每层都有对应的输送管道和履带，将分好层（分好类）的装修垃圾输送到指定的收集容器内，整个过程不需要借助人力。

相关负责人表示，通过分拣设备的自动化分拣以后，骨料和轻质物可各自进行循环利用，实现资源利用的最大化程度。事实上，在这套分拣流水线上马之后，已经能完全消化上海徐汇全区装修垃圾的分拣，甚至还在一定程度上处于“吃不饱”的状态。同时上海市新制订的《上海市建筑垃圾处理管理规定》明确了上海各个区要设立中转分拣设施，推广同类的装修垃圾分拣设施。新规定的出台进一步促进了上海市乃至全国范围内装修垃圾处理的专业化、先进化。

2.6.3 再生骨料强化技术

1. 概述

建筑垃圾破碎工艺过程中产生的再生骨料由于针片状颗粒较多、表面粗糙且包裹水泥砂浆，再加上混凝土块在破碎过程中在内部产生大量微裂纹，导致再生骨料的强度较低，性能劣于天然骨料。因此，对破碎后的骨料颗粒需要进一步进行整形强化处理。

2. 再生骨料整形强化技术原理

再生骨料整形强化有化学和物理两种方法。化学强化法利用相关药剂实现骨料强化。物理强化法主要指使用机械设备，通过骨料之间的相互撞击、磨削等机械作用除去表面黏附的水泥砂浆和颗粒棱角。物理强化法主要有立式冲击整形法、卧式回转研磨法、加热研磨法等。

（1）化学强化法。所谓化学强化，是指采用不同性质的材料（如聚合物、有机硅防水剂、纯水泥浆、水泥外掺Kim粉、水泥外掺1级粉煤灰等）对再生骨料进行浸渍、淋洗、干燥等处理，使再生骨料得到强化的方法。研究结果表明，化学强化对再生骨料本身的强度有一定程度的提高，但其对再生骨料混凝土的强度提高效果并不明显，没有推广应用价值。

（2）物理强化法。物理强化法即颗粒整形强化法，通过“再生骨料高速自击与摩擦”来击掉骨料表面附着的砂浆或水泥石，并除掉骨料颗粒上较为凸出的棱角，使其成为较为干净、较为圆滑的再生骨料，从而实现对再生骨料的强化。

1）颗粒整形设备工作原理。所用的破碎整形设备是磨料行业中使用的一种整形设备，其外形如图2-67所示，结构和工作原理如图2-68所示。该破碎整形机由主机系统、除尘系统、电控系统、润滑系统和压力密封系统组成。主机系统内装有一个立轴式旋转叶轮（撒料盘）。工作时，物料由上端进料口加入机内，被分成两股料流。其中，一部分物料经叶轮顶部进入叶轮内腔，由于受离心作用而加速，并被高速抛射出（最大时速可达100m/s）；另一部分物料由主机内分料系统沿叶轮四周落下，并与叶轮抛射出的物料相碰撞。高速旋转飞盘抛出的物料在离心力的作用下填充死角，形成永久性物料曲面。该曲面不仅保护腔体免受磨损，而且会增加物料间的高速摩擦和碰撞。碰撞后的物料沿曲面下返，与飞盘抛出的物料形成再次碰撞，直至最后沿下腔体流出。物料经过多次碰撞摩擦而得到粉碎和整形。在工作过程中，高速物料很少与机体接触，从而提高了设备的使用寿命。

图 2-67　破碎整形设备外形

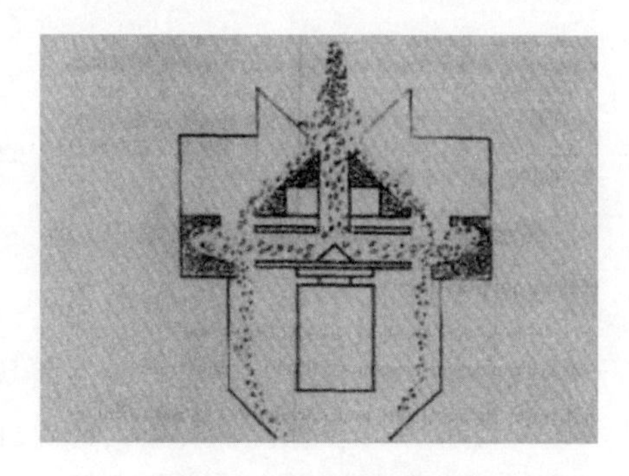

图 2-68　结构和工作原理

2）颗粒整形设备的性能特点。

① 被粉碎物料的颗粒表面较为光滑，粒形好（无针状和片状颗粒），从而提高了物料的堆积密度。

② 主要利用物料之间的碰撞实现整形，没有其他介质掺入，纯度高。

③ 配有袋式除尘器，使工作环境无粉尘污染。

④ 产量大，易损件及动力消耗低。

⑤ 压力密封系统保证了主机工作的正常和稳定，延长了轴承的使用寿命。

⑥ 设备体积小、操作简便，安装和维修方便，运转平稳，噪声低。

第3章 建筑垃圾建材资源化

3.1 再生无机混合料

3.1.1 概述

利用再生骨料配制的无机混合料道路基层用稳定材料称为再生无机混合料。建筑垃圾再生无机混合料由再生骨料、石灰、粉煤灰、水或者再生骨料、水泥、水拌制而成。再生无机混合料具有应用量大、强度要求低、可相对多比率地消耗微粉等特点，得到了较大范围的推广应用。

1. 分类

建筑垃圾再生骨料无机混合料主要分为3种，即水泥稳定再生骨料无机混合料、石灰粉煤灰稳定再生骨料无机混合料、水泥粉煤灰稳定再生骨料无机混合料。

2. 结合料、骨料的选择

无机混合料用结合料可以是水泥、水泥＋粉煤灰或石灰，以上3种结合料目前都有使用，只是在不同地区因为石灰质量、价格及混合料运输等条件的限制有其不同的适用性。无机混合料用骨料可以全部是再生骨料，也可以是再生骨料与天然骨料按一定比率混合形成的骨料。从实际出发，对无机混合料所用全部骨料总体做出规定，较对再生骨料、天然骨料分别做出规定，更利于无机混合料的质量控制。因此，在对全部骨料理解为级配骨料的基础上，明确了再生级配骨料概念，即掺用了再生骨料的级配骨料。

3.1.2 适用范围

依据标准《公路工程无机结合料稳定材料试验规程》(JTG E51—2009)，无机结合料用于基层时，最大粒径不应大于31.5mm；用于底基层时，最大粒径不得大于37.5mm。《道路用建筑垃圾再生骨料无机混合料》(JC/T 2281—2014) 对水泥稳定建筑垃圾再生骨料无机混合料的7d无侧限抗压强度要求见表3-1。

表3-1 水泥稳定无机混合料7d无测限抗压强度要求

道路等级	快速路	主干路		其他等级道路	
	底基层	基层	底基层	基层	底基层
7d强度(MPa)	2.5～3.0	3.0～4.0	1.5～2.5	2.5～3.0	1.5～2.0

为合理利用再生级配骨料，保证再生骨料混合料的性能，将再生级配骨料分为Ⅰ类、Ⅱ类，并对两类骨料的用途做出规定：Ⅰ类再生级配骨料可用于城镇道路路面的底基层，以及主干路及以下道路的路面基层；Ⅱ类再生级配骨料可用于城镇道路路面的底基层，以及次干路、支路及以下道路的路面基层。Ⅰ类再生骨料因此更具有广泛的适用性，同时考

虑到再生骨料无机混合料在国内的应用还未大量开展，因此限制Ⅰ类再生骨料在快速路的路面基层中使用。

相关研究结果表明，再生级配粗骨料（4.75mm以上部分）的再生混凝土含量、压碎指标、杂物含量、针片状颗粒含量对无机混合料性能影响明显，因此将以上指标作为再生级配骨料划分Ⅰ类、Ⅱ类的依据，并对每一指标做出了具体规定，见表3-2。

表3-2　再生级配骨料（4.75mm以上部分）性能指标要求

项目	Ⅰ	Ⅱ
再生混凝土颗粒含量（%）	≥90	—
压碎指标（%）	≤30	≤45
杂物含量（%）	≤0.5	≤1.0
针片状颗粒含量（%）	≤20	

3.1.3　技术原理

再生无机混合料的生产工艺与普通无机混合料的生产工艺基本相同。利用建筑垃圾再生骨料制备道路基层用无机混合料的生产工艺流程如图3-1所示。

具体来说，再生无机混合料的制备过程按照混合料所用的结合料的不同只在初期原料配置上存在一定差异，后续工艺完全一致。当再生骨料和结合料按照计量调配之后，进行搅拌以保证骨料和结合料充分混合均匀，之后产品经检验合格后即可出厂。

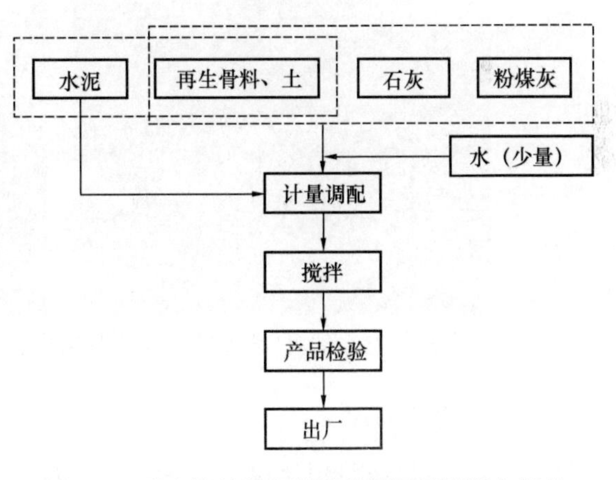

图3-1　再生骨料制备道路基层用无机混合料的生产工艺流程

3.1.4　关键技术

1. 无机混合料制备关键技术

无机混合料制备过程中的关键技术包括配合比设计、最佳含水量和最大干密度设计、拌合工艺设计等。

（1）配合比设计。与混凝土的配合比设计不同，无机混合料的配合比设计主要通过力学性能指标综合经济指标确定混合料中胶结材料用量及比例，而混合料的用水量通过击实试验确定。

（2）最佳含水量和最大干密度设计。最佳含水量和最大干密度指标通过室内击实试验确定，再生无机料选用重型击实试验法。最大干密度和最佳含水量是混合料施工和验收的重要参考指标，通过现场灌砂法测密度与最大干密度的比值确定压实度。通过最佳含水量控制施工碾压含水率。在击实试验过程中，由于再生骨料吸水率波动大，导致混合料击实试验中用水量波动大。

（3）拌合工艺设计。混合料拌和过程采用传统搅拌设备，搅拌缸长度不宜小于5m，或采用双缸搅拌。拌合胶结材料用量应按照室内试配用量提高0.5%左右，以保证施工强度。根据运输距离、施工时间应对拌和用水量进行合理控制。由于再生骨料吸水量大，主要吸水时间集中在1h内，24h内吸水量增加不大但也会对混合料的应用造成一定影响，通常以室内试验确定的最佳含水量作为参考，根据天气情况提高1%～2%的用水量。依据现行标准室内击实试验闷料时间不同，水泥稳定再生骨料宜在1h内击实完成，二灰稳定再生骨料应闷料4h后进行击实试验，而实际生产施工中，水泥稳定再生骨料的碾压成型时间不超过3h，二灰稳定再生骨料不超过24h，由于室内试验时间和实际施工时间具有一定差异，而随着时间的延长再生骨料吸水量逐渐增加，会对碾压性能造成一定影响，所以在实际应用中，建议根据施工时间确定室内试验的混合料闷料、击实时间，进而确定最佳含水量。

2. 无机混合料生产实际施工过程注意事项

（1）机械摊铺。再生骨料混合料施工宜使用机械摊铺，采用刮平机摊铺或摊铺机（图3-2）。摊铺时应注意松铺厚度，摊铺机摊铺的松铺系数一般在1.2～1.25，刮平机摊铺松铺系数一般在1.2～1.35，实际应用过程中宜通过铺筑试验段确定松铺系数。

图3-2 再生无机混合料摊铺设备

（2）混合料黏聚性问题。由于再生无机混合料中砖粉及混凝土石粉含量较多，混合料黏聚性较差，所以当骨料级配不合理或用水量较低时，混合料施工碾压加强振过程中容易出现骨料离析现象，而混合料含水量过高，容易出现黏辊现象，如图3-3所示。在碾压过程中宜在碾压轮上配上刮板或钢丝绳，如图3-4所示。

图3-3 碾压过程黏辊现象

图3-4 滚轮加装钢丝绳

（3）碾压过程。混合料应在摊铺后及时碾压成型，宜采用 12～22t 振动碾压压路机。碾压遍数宜通过试验段确定，通常碾压过程包括不加振碾压→轻振碾压→强振碾压→轻振碾压→快速不加振碾压整形。混合料碾压加强振时容易导致混合料面层的砖瓦类骨料破碎，当养生过程面层水分损失较快时，养生后的再生骨料混合料面层易出现砖瓦类粉尘，上层铺筑沥青时应加以处理。

（4）压实度检测。再生骨料无机混合料道路基层碾压完成后应进行压实度检测，采用灌砂法。由于再生骨料的组分波动大，混合料密度均匀性差，宜适当增加灌砂试验点数。混合料基层经一定龄期养护后铺筑上层前应进行取芯、弯沉试验，确定混合料基层各项指标满足设计要求后方可进行上层施工。

3.1.5　技术指标

无机混合料性能主要包括 7d 无侧限抗压强度、含水率、水泥（石灰）掺量等。

1. 7d 无侧限抗压强度

为满足施工及验收要求，再生无机混合料的 7d 无侧限抗压强度应满足现有设计及施工验收标准的要求。

2. 含水率

建筑垃圾再生无机骨料混合料的含水率测定需采用重型击实试验方法。由于再生骨料中含有一定量的细粉，若混合料含水率高，试件制作时容易出水，在施工碾压过程中也易出现黏辊现象，因此混合料的碾压含水率不宜过高。

3. 水泥（石灰）掺量

当水泥（石灰）掺量过小时，混合料拌制后易于出现拌和不均匀而导致混合料强度受到影响，因此标准规定水泥（石灰）掺量不应小于设计值。另外，参考现有相关标准要求，对石灰、粉煤灰稳定无机骨料混合料用于中冰冻、重冰冻区路面基层时，做出 28d 龄期试件 5 次冻融循环后的残留抗压强度比不宜小于 70%的抗冻性规定。

3.1.6　典型案例分析

北京首钢石景山厂区原钢渣厂内实验室门前道路基层，设计路面结构为 16cm 废砖混类混合料底基层、16cm 废砖混类混合料中基层、18cm 废混凝土类混合料上基层、10cm 沥青面层。建筑垃圾原料均为首钢石景山主厂区内部构筑物拆除废料，经首钢建筑垃圾处理线加工成再生骨料进行应用。再生骨料、再生无机混合料按照相关标准进行检测。该工程的具体应用时间为 2015 年 6 月底，施工工序：厂区内再生无机混合料拌合站按照设计要求生产再生无机混合料，然后运送至铺设部位卸料，摊铺机先把料堆进行摊铺并初步整平，用刮平机进行整平和整形，最后用压路机碾压压实，施工完毕之后封闭交通，洒水养护 7d。相关指标检测结果见表 3-3。

通过各项道路现场试验检测结果可知，该道路路面无蜂窝、麻面、开裂等现象，水泥剂量、7d 无侧限抗压强度等指标满足工程设计要求，满足道路施工验收要求。因施工工艺与普通无机混合料施工工艺基本相同，建筑垃圾再生无机混合料技术比较成熟，产品质量稳定，应用效果良好，所以是传统路材很好的替代材料。

表 3-3　水泥稳定建筑垃圾再生骨料无机混合料工程应用道路检测结果

基层类别	再生骨料种类	设计水泥剂量（%）	实测水泥剂量（%）	设计 7d 强度（MPa）	实测 7d 强度（MPa）
底基层	废砖混类	4.0	5.3	2.0	3.2
中基层	废砖混类	6.0	6.7	3.0	3.9
上基层	废混凝土类	5.0	5.5	3.0	3.2

3.2　再生预拌砂浆

3.2.1　概述

1. 预拌砂浆定义及分类

预拌砂浆是指由水泥、砂及所需的外加剂和掺合料等成分，按一定比率，经集中计量拌制后，通过专用设备运输、使用的拌合物。预拌砂浆包括预拌干混砂浆和预拌湿砂浆。

预拌砂浆按功能又可分为地面砂浆、抹灰砂浆、砌筑砂浆、装饰砂浆、地面自流平砂浆、瓷砖黏结砂浆、抹面砂浆、抹面抗裂砂浆和修补砂浆等。目前配制建筑砂浆的胶凝材料主要是硅酸盐类水泥。

2. 再生砂浆定义

将废弃混凝土等建筑垃圾土经过破碎、清洗、分级后，按照一定的比率混合形成再生细骨料，部分或全部代替天然细集料（0.16～ 5mm）配制的砂浆称为再生砂浆。相对于普通砂浆，再生砂浆具有密度小、保水性好等优点。

3. 再生砂、再生骨料砂浆定义

将建筑垃圾经特定处理、破碎、分级并按一定比率混合后，形成的以满足不同使用要求的骨料就是再生骨料，其中粒径尺寸范围为 0.08～4.75mm 的再生骨料称为再生砂。主要包括建筑垃圾破碎后形成的表面附着水泥浆的沙粒、表面无水泥浆的砂粒、水泥石颗粒及少量破碎石块。以再生砂配置的砂浆称为再生骨料砂浆。

3.2.2　适用范围

满足《混凝土和砂浆用再生细骨料》（GB/T 25176—2010）要求的再生细骨料都能应用于砂浆。对再生砂浆的生产和应用有别于普通细骨料的砂浆，主要体现在以下几个方面：

（1）再生砂浆可配制砌筑砂浆、抹面砂浆和地面砂浆。再生地面砂浆适用于找平层，不宜用于地面面层。

（2）再生细骨料不宜用于配制 M15 以上的砂浆。

（3）再生抹灰砂浆和再生地面砂浆中，再生细骨料的取代率不宜大于 70%。

行业标准《预拌砂浆应用技术规程》（JGJ/T 223—2010）、国家标准《预拌砂浆》（GB/T 25181—2010）及相关地方性行业标准等均对预拌砂浆的进场验收，预拌砂浆储存与拌和，砌筑砂浆施工与验收，抹灰砂浆施工与验收，地面砂浆施工与验收，防水砂浆施工与验收，瓷砖黏结砂浆施工与验收，界面砂浆施工与验收，自流平砂浆施工与验收，季节性施工等方面对预拌砂浆做了相关规定。

3.2.3　技术原理

1. 再生预拌砂浆生产工艺流程

再生预拌砂浆生产工艺流程如图3-5所示。

2. 干混砂浆生产流程特点

干混砂浆生产流程相对简单，但其生产有显著的特点，可以理解为“粗粮细做”4个字，“细做”体现在：

（1）干混砂浆是由专业生产厂采用自动化生产工艺生产制备的。

（2）针对不同的基体和建筑施工要求，干混砂浆配方不同。

（3）干混砂浆生产需各种功能性添加剂，其种类很多，掺配比率在百分之几、千分之几，要求达到计量精度高、搅拌均匀度高。

（4）干混砂浆施工有专用机具，施工现场整洁、环保。

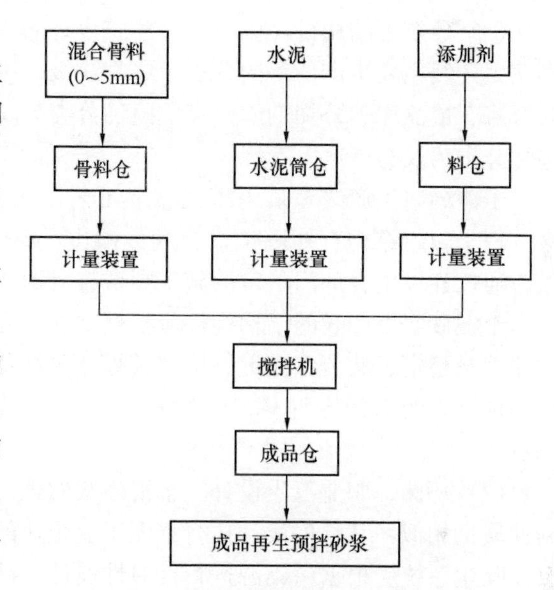

图3-5　再生预拌砂浆生产工艺流程

3.2.4　关键技术内容

1. 干混砂浆生产线设计关键技术

（1）总平面设计。总平面设计要遵循工业总平面设计规范，因砂石用量较大，整个平面布局应考虑物流顺畅，要考虑车辆停靠、等待所需要的场地。砂制备及烘干车间应布置在整个厂区最小风频率的上方向，尽可能靠近热源、动力来源。

（2）工艺设计

1）骨料预处理工序。骨料预处理工序要充分考虑机制砂的制备工艺，考虑石灰石堆存、喂料、破碎、筛分系统设计。与天然砂相比，机制砂存在石粉含量多、含土、外形棱角分明等特点，必须考虑除土、控制石粉量、颗粒整形等工艺环节。

2）配料计量工序。配料方式可采用螺旋喂料机加计量料斗的方式，在控制系统上将传感器、称重仪表、触摸屏、PLC和工控机结合为一体，使该系统既可全自动配料，又可半自动配料，还可以手动人工按按钮配料。

粉料称量斗容量应满足其最大配料量，上方应排气畅通，并应有良好的滤尘和清除效果。外加剂称量斗应设防风、防振装置，称量斗应耐锈蚀、耐酸碱腐蚀。

3）混合搅拌工序。混合搅拌工序是干混砂浆生产的关键。干混砂浆中骨料的掺量在70%以上，且表观密度较大。混合均匀度不应小于98%，但混合均匀度不是越长越均匀，根据业内生产企业经验总结，用于生产普通砂浆的混合机，最佳混合时间不宜超过3min。

4）包装、散装工序。普通干混砂浆除考虑散装外，也应设计包装系统。我国虽出台了相关政策，鼓励发展散装运输，节约包装成本，但实现普通干混砂浆全部散装仍需一个过程，因此在设计中要考虑普通干混砂浆的包装工位。散装头装车能力不应小于120t/h。下料斗应为可升降式，升降行程不应小于1000mm，上升极限位置离地高度不应低于4200mm。设计中要考虑散装干混砂浆运输车、背罐车、散装砂浆移动筒仓的配备。散装干混砂浆运输车不宜少于4辆，背罐车不宜少于1辆，散装砂浆移动筒仓不宜少于100个。

(3) 建筑、结构设计。根据《建筑设计防火规范》(GB 50016—2014) 等规定，干混砂浆生产线主要生产厂房的耐火等级为二级。烘干车间的火灾危险性分类为丁类厂房、原材料库、成品库、外加剂库火灾危险性分类为戊类仓库；配料搅拌塔、机制砂车间火灾危险性分类为戊类厂房。

干混砂浆生产线多采用塔式布置工艺，配料搅拌塔多采用钢结构框架，高度通常在30m以上。钢结构有外围护，有人员操作，属于建筑物，设计应按建筑物设计，设计图纸应通过建设主管部门认定的施工图审查机构审核。

干混砂浆生产线的结构构件应根据承载能力极限状态的要求，按使用工况分别进行承载能力及稳定、疲劳、变形、抗裂及缝宽度计算和验算；处于地震区的结构，尚应进行结构构件抗震的承载力计算。对物料筒仓、配料搅拌塔等建（构）筑物，应设置沉降观测点。

(4) 环保、职业卫生设计。干混砂浆的生产与水泥生产的许多工序相似，所用的原材料性质也相似，其环保设计执行水泥工业企业的环保要求较为合适。

除尘系统应根据污染源进行针对性设计。砂烘干系统应设独立的除尘器，骨料破碎筛分应设高效袋式除尘器集中除尘，配料仓仓顶设计单机袋式除尘器为宜，混合机、配料秤处设计宜采用钢筋笼外套除尘袋的形式。

配料斜塔内楼梯倾斜角度、宽度及栏杆应符合设计规范要求。砂烘干车间应考虑通风设计，空压机房应考虑降噪、吸声设计。

2. 砂浆生产相关设备要求

(1) 烘干设备。国内已建成的干混砂浆生产线中，烘干设备主要有双回程和三回程滚筒烘干机。烘干砂的含水率都能满足小于0.5%的要求，但烘干后砂的温度仅靠输送、储存环节的自然降温，无有效控制环节，很难达到预期要求。因此，要增加冷却工序，确保砂的温度控制在65℃以下。

(2) 原料二次提升工艺设备。国外干混砂浆生产厂大部分采用原料一次提升至配料塔顶端，原料借助重力，依次进行计量、混合搅拌、成品包装、散装发送的布置模式，但国内很多生产厂采用的是二次提升工艺。二次提升工艺可降低配料塔楼高度，减少单位面积荷载，降低钢结构设计难度，节省土建投资。

(3) 混合搅拌设备。常用的混合机有立式圆锥型混合机、双卧轴无重力混合机、单卧轴混合机，不同混合机的装载系数不同，混合机的装载系数应不小于0.5。

国产混合机所配“飞刀”的使用寿命较短，应有选择地使用，同时注意其使用方式，盲目随意使用“飞刀”，会大大降低“飞刀”及配件的寿命。

混合系统工艺布置应充分考虑混合机的维修空间。

(4) 砂浆包装机。砂浆包装机上方应设包装仓，仓的有效容量应不小于混合机有效容量的2倍。包装机所在平面应有足够的操作、检修空间及包装袋堆存空间。当采用集装袋

（吨包）包装时，应设置相应的起吊、运输设备。成品仓应设有高、低料位计、破拱装置，筒仓的锥顶角设计应充分考虑物料休止角，应安装防离析装置。

3. 预拌砂浆产品工程应用技术要点

（1）预拌砂浆应严格按使用说明书的要求操作使用。

（2）预拌砂浆生产和使用应采用机械搅拌。

（3）对干拌砂浆，施工前搅拌如采用连续式搅拌器，应以产品说明书要求的加水量为基准，并根据现场施工流动度微调拌和加水量；如采用手持式电动搅拌器，应严格按照产品说明书规定的加水量进行搅拌，先在容器内放入规定量的拌合水，之后在不断搅拌的情况下陆续加入干拌砂浆，搅拌时间宜为3～5min，静停10min后再搅拌不少于0.5min。

（4）搅拌好的砂浆拌合物应在使用说明书规定的时间内用完，在炎热或大风天气时应采取措施防止水分过快蒸发；砂浆拌合物应在初凝前使用完毕，超过初凝时间的砂浆拌合物严禁二次加水重复使用。

（5）严禁由使用者自行添加某种成分来变更预拌砂浆的用途和等级。

（6）施工时砂浆拌合物温度应不低于5℃。当气温或施工基面的温度低于5℃时，应对施工后的砂浆采取保温措施；砂浆在施工后的硬化初期严禁受冻。

（7）施工中及施工后如遇雨雪，应采取有效措施防止雨雪损坏未凝结的砂浆。

（8）散装干拌砂浆应储存在专用储料罐内，储罐上应有标识。不同品种、强度等级的产品必须分别存放，不得混存混用。袋装干拌砂浆宜采用糊底袋，在施工现场储存应采取防雨、防潮措施，并按不同品种、强度等级分别堆放，严禁混堆混用。干拌砂浆储存期不得超过产品说明书上标明的保质期。

3.2.5　技术指标

1. 预拌砂浆的性质

下面主要介绍新拌砂浆的和易性。砂浆的和易性是指砂浆是否容易在砖石等表面铺成均匀、连续的薄层，且与基层紧密黏结的性质，包括流动性和保水性两方面含义。

（1）流动性。影响砂浆流动性的因素主要有凝胶材料的种类、用量、用水量，以及细骨料的种类、颗粒形状、粗细程度与级配，除此之外，也与掺入的混合材料及外加剂的品种、用量有关。通常情况下，基底为多孔吸水性材料，或在干热条件下施工时，应该选择流动性大的砂浆。相反，基底吸水少或湿冷条件下施工时，应选择流动性小的砂浆。

（2）保水性。保水性是指砂浆保持水分的能力。保水性不良的砂浆，使用过程中出现泌水、流浆，使砂浆与基底黏结不牢，且失水影响砂浆正常的黏结硬化，使砂浆的强度降低。影响砂浆保水性的主要因素是凝胶材料的种类和用量，砂的品种、细度和用水量。在砂浆中掺入石灰膏、粉煤灰等粉状混合材料，可提高砂浆的保水性。

（3）硬化砂浆的强度。当原材料的质量一定时，砂浆的强度主要取决于水泥强度等级和水泥用量。此外，砂浆强度还与砂、外加剂、掺入的混合材料以及砌筑和养护条件有关。砂中泥及其他杂质含量多时，砂浆强度也受影响。

2. 预拌砂浆的技术优势

（1）品种丰富，可满足不同工程及施工需求。如砌筑砂浆、抹灰砂浆、地面砂浆、防水砂浆、保温砂浆、装饰砂浆、自流平砂浆等。

(2) 产品性能优异，性价比高，产品品质稳定。预拌砂浆采用优质原材料，并掺入高性能添加剂，砂浆性能得以显著改善；由于实现工厂化生产，配合比得以严格控制，计量准确，可以精确达到预期设计性能。

(3) 属于绿色环保型产品。原材料损耗低、浪费少，可利用大量工业废渣，避免了传统砂浆现场配制搅拌的粉尘、噪声等环境污染。

(4) 节省劳力，减轻工人劳动强度，施工效率大大提高。

(5) 节省施工场地占用面积，便于实现文明施工管理。

3.2.6 典型应用案例

建筑垃圾再生预拌干粉砂浆项目位于安阳中原高新技术产业开发区邺城大道，厂区占地面积 33333m^2，总投资 6200 万元，年设计生产能力 80 万 t。截止 2016 年 4 月 15 日，该公司已经生产干混砌筑砂浆 DMM5 约 230t，干混抹灰砂浆 DMM5 约 260t，经河南某建筑材料检测有限公司检测，产品各项性能均符合《预拌砂浆》(GB/T 25181—2010)(现行为 GB/T 25181—2019) 要求。产品投入市场即得到用户认可，具有广阔的市场发展空间。特种砂浆系列产品有防火砂浆、保温砂浆、透水砂浆。该公司计划二期投资 6600 万元，生产外墙保温产品；三期投资 2000 万元，生产建筑垃圾砌块砖产品。

该项目为绿色环保产品，主要原料为建筑垃圾，通过垃圾分捡、破碎、筛选、除杂等工序与添加剂结合后生产出新的再生砂浆产品，其附属产品钢筋、玻璃等均可回收再利用，建筑垃圾再生转化利用率达 98%，符合《国家“十二五”规划纲要》“推广建筑和道路废弃物生产建材制品、筑路材料和回填利用，建立完善建筑和道路废弃物回收利用体系”的要求。该项目的建成投产，较好地缓解了安阳市建筑垃圾运输、堆放、掩埋的压力，解决了建筑垃圾围城的问题，对安阳市蓝天碧水工程建设具有重要意义，进一步推动安阳市建设资源节约型、环境友好型社会的发展。

3.3 再生混凝土

3.3.1 概述

1. 再生混凝土定义

再生混凝土是指将废弃混凝土块经过破碎、清洗、筛分、级配得到的再生骨料，部分或全部代替天然骨料再加水及水泥等配制而成的再生骨料混凝土。

2. 再生混凝土研究发展历程

最早的关于建筑垃圾回收及再生混凝土的研究、应用出现在第二次世界大战之后。苏联学者 Gluzhge 最早提出了将废弃混凝土合理粉碎用作混凝土骨料的设想并成功实践，到 20 世纪 70 年代，苏联的废弃混凝土回收量已经达到 4000 万 t 以上。美国、日本、德国、丹麦、荷兰等国也相继开展了相关研究，得出了一系列的成果并积极将其应用于实际工程中。我国关于再生混凝土的研究较晚，但是势头较猛，国内数十所大学和研究机构都开展了大量的研究工作，涉及再生混凝土的各个方面，包括再生混凝土的工作性能、力学性能、变形性能、耐久性、再生混凝土高温后的性能、再生混凝土梁柱试验研究、再生混凝土框架节点试验研究、再生混凝土构件抗震性能研究等。

3.3.2　适用范围

再生骨料混凝土的拌合物性能、力学性能、长期性能和耐久性能、强度检验评定及耐久性检验评定等应符合现行《混凝土质量控制标准》(GB 50164）的规定。

再生骨料混凝土的轴心抗压强度标准值、轴心抗压强度设计值、轴心抗拉强度标准值、轴心抗拉强度设计值均可按现行国家标准《混凝土结构设计规范》(GB 50010）的相关规定取值。

再生骨料混凝土的耐久性设计应符合现行国家标准《混凝土结构设计规范》(GB 50010）和《混凝土结构耐久性设计标准》(GB/T 50476）的相关规定。

再生骨料混凝土的收缩值可在普通混凝土的基础上加以修正。当只掺入再生骨料时，修正系数取 1.0～1.5，对Ⅰ类再生骨料可取 1.0；对Ⅱ、Ⅲ类再生骨料，当再生骨料取代率为 30％时可取 1.0，再生骨料取代率为 100％时可取 1.5，中间可采用线性内插取值。

再生骨料混凝土中氯离子、三氧化硫含量应符合现行国家标准《混凝土结构设计规范》(GB 50010）和《混凝土结构耐久性设计标准》(GB/T 50476）的有关规定。

3.3.3　技术原理

再生混凝土生产工艺流程如图 3-6 所示。经过建筑垃圾预处理生产线得到的不同级配的再生骨料，加入砂、石、添加剂、水泥等经过合适的配比，通过计量装置后进入搅拌系统充分混合均匀，后用混凝土罐车输送。

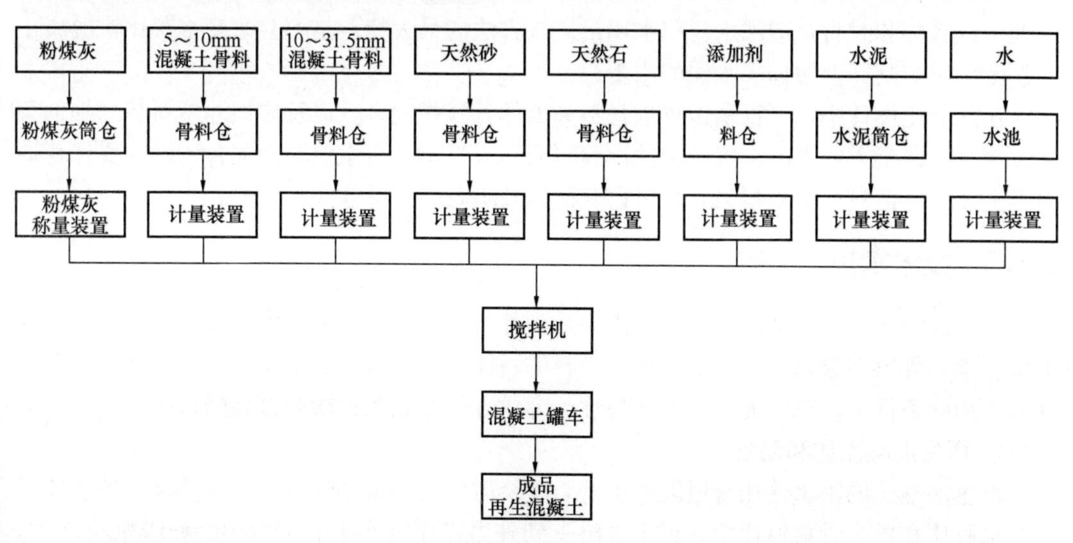

图 3-6　再生混凝土生产工艺流程

3.3.4　关键技术

1. 混凝土生产线组成

(1）制浆和制粉系统。制浆和制粉系统主要是将粉煤灰及石灰磨细后进行配置储存。

该系统包括带式输送机、球磨机、砂浆提升机、砂浆罐、打浆池、斗式提升机、石灰仓、水泥仓、除尘器等主要设备。生产时，砂浆罐中的砂浆送入打浆池搅拌均匀后提升到料浆计量罐中。

（2）输送系统。输送系统用于生产过程中原材料及坯体的运输。原材料通常采用带式输送机、螺旋输送机和斗式提升机进行输送，坯体的运输通常采用变频托坯小车。

（3）称重搅拌控制系统。称重搅拌控制系统包括物料计量罐、称重传感器、温度传感器、浇筑搅拌机等，是整个控制系统的核心。配料系统将原材料按照一定比率混合，制成混合料浆。原材料通过物料计量罐进行精确计量，整个过程采用 PLC 自动控制。称重搅拌控制系统的配料精度直接影响混凝土成品的合格率。

（4）蒸压养护系统对坯体进行蒸压养护。

（5）包装线系统对混凝土进行成品打包，堆场存放。

2. 再生混凝土配合比设计

混凝土配合比设计的任务是将水泥、粗细骨料和水等各项组分材料进行合理配制，使所得混凝土满足工程所要求的各项技术指标，并符合经济原则。对再生混凝土，常用的配合比设计方法有如下几种：

（1）遵循普通混凝土配合比设计方法。此方法适宜配制强度等级较低如 C25 及以下等级的再生混凝土。

（2）以普通混凝土配合比设计方法为基础根据再生骨料吸水率计算所得的水量计入拌合水中或用水对再生骨料进行预处理。该法的特点是所得的再生混凝土和易性较好，满足施工要求，但改变了水灰比，增加了实际需水量，在一定程度上降低了混凝土的强度。

（3）以普通混凝土配合比设计方法为基础，用相同水灰比的水泥浆对再生骨料进行预处理，或者拌和时直接增加水泥和水用量。该方法的最大特点是不会改变水灰比，混凝土的强度可以控制，但增加了水泥的用量。

在配合比设计中，可以采用再生骨料和天然骨料相混合，以及掺加外掺料与外加剂等来改善再生混凝土的性能。大量相关试验研究结果显示，再生混凝土配合比设计要比普通混凝土复杂，但只要措施得当，仍可以获得比较满意的力学性能。

3.3.5 技术指标

废弃混凝土在进行破碎过程中，由于受到外力作用，再生骨料内部会出现不同程度的细微裂纹，骨料空隙率增大，因此再生骨料的性能会影响再生混凝土的各项性能。与普通混凝土相同条件下，再生混凝土的和易性、力学性能和耐久性能等都会降低。

1. 再生混凝土的和易性

再生混凝土的泌水性比普通混凝土低，凝结时间长，流动性差。影响其性能的主要原因有水胶比和再生骨料取代率。再生骨料受到外力作用，产生的细微裂纹使吸水率增大，从而在相同条件、环境下，坍落度也会变小。在现实工程中，用的再生骨料越多，坍落度还会不断降低，而且再生骨料混凝土与天然骨料混凝土水胶比相似，同条件下水胶比越大坍落度降低也越大。

2. 再生混凝土的力学性能

再生混凝土技术开发与研究表明，再生混凝土与普通混凝土的强度破坏过程和破坏模式基本一致，而再生混凝土的长期抗压强度变化的规律较差，强度有所降低，主要原因是再生骨料破碎方法、破碎工艺、配合比和骨料替代率等方面有所差异。

3. 再生混凝土的耐久性

再生混凝土的耐久性包括抗冻性、抗渗性能、抗化学腐蚀性能、碳化性能等。研究表明，再生骨料混凝土的耐久性虽然不及天然骨料混凝土，但可以满足工程质量的要求及应用。现在多数企业通过加矿渣、粉煤灰等活性掺合料，就可以改善再生骨料混凝土的物理力学性能和耐久性能。例如添加粉煤灰可改善其抗硫酸腐蚀性和抗渗性。

3.3.6　典型案例分析

合肥至南京的高速公路采用再生混凝土骨料作为新拌混凝土的骨料来浇筑混凝土路面。合肥至南京的高速公路，路面为水泥混凝土，于 1991 年建成通车，随着交通量的增长、使用年限的增加，路面出现了不同类型的病害，每年路面维修工程量很大，每年维修产生大量的旧混凝土。为此，在养护维修过程中，根据高速公路快速通行的特点，采用再生混凝土骨料，并加入早强剂，达到快速通行的目的。施工前测试了再生混凝土骨料的表观密度、吸水率、压碎值、坚固性和冲击值，并且充分注意了骨料的最大粒径和级配。用再生混凝土骨料代替天然骨料，再生混凝土骨料的利用率可以达到 80%，每年还可以节约大量骨料的运输费用，同时节省了废弃混凝土占用的土地费用。这样既节省了大量养护资金，又有利于环境保护，获得了良好的社会效益和经济效益。

3.4　再生制品

3.4.1　再生砖

1. 概述

以建筑垃圾作为原材料制作的再生砖被看作发展绿色建材的主要措施之一。再生砖是以水泥为主要凝胶材料，在生产过程中采用再生骨料，且再生骨料占固体原材料总量的质量分数不低于 30%的非烧结砖，如图 3-7 所示。

2. 适用范围

用于再生砖的再生骨料具体要求应依据标准《再生骨料应用技术规程》（JGJ/T 240—2011）执行：再生砖所用骨料的最大公称粒径应不大于 8mm，且应不大于砖的肋厚。另外按照该规规，再生砖有 MU7.5、MU10、MU15、MU20 共 4 个等级，相比于普通混凝土砖增设了 MU7.5、MU10 两个等级，一方面结合再生骨料生产较低等级的砖，另一方面也满足墙体材料多元化的需求。

图 3-7　各种各样的再生砖制品

再生砖有普通实心砖、多孔砖之分，还包括再生标砖、仿古砖、免装饰标砖等。再生实心砖的主规格尺寸为 240mm×115mm×53mm；再生多孔砖主规格尺寸为 240mm×115mm×90mm，其他规格尺寸如 190mm×190mm×90mm 等，可由供需双方协商确定。

3. 技术原理

（1）再生砖生产工艺流程。再生砖的生产工艺和设备比较简单、成熟，免烧结，产品性能稳定，市场需求量大。生产再生砖一般是先将建筑垃圾进行破碎、筛分，生产出符合粒径要求的再生骨料，然后将再生骨料、胶凝材料、矿物掺合料按一定配合比加入搅拌机，搅拌均匀后送至液压砖块机成型，然后按规定养护条件进行养护即可。其工艺流程如图 3-8 所示。

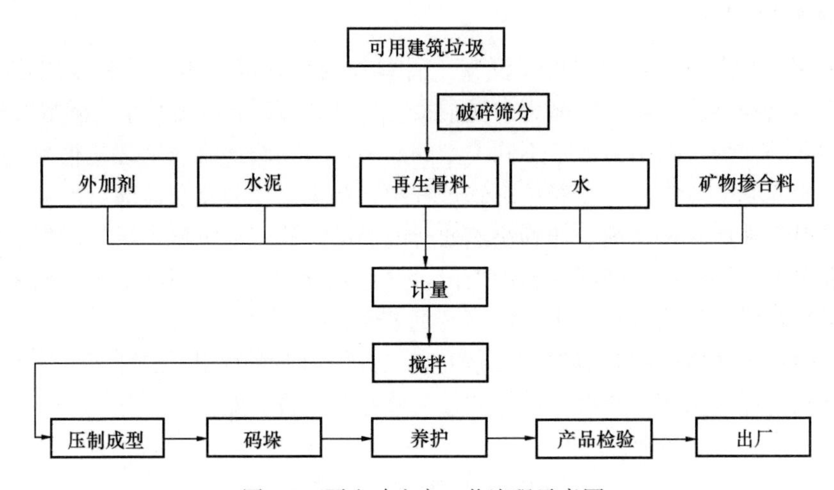

图 3-8 再生砖生产工艺流程示意图

具体来说，再生砖的生产制作是将建筑垃圾先进行粗破碎、筛分等过程，得到不同粒径的再生骨料。将粒径为 5～8mm、2～5mm 及 2mm 以下的物料通过计量，按一定比率送入搅拌机后，掺入一定比率的水泥、粉煤灰等添加剂，搅拌均匀送到液压砌块机成型，然后将其整齐码垛放置，28d 自然养护即可。再生砖生产过程中再生骨料粒径、颗粒级配、含水量、混凝土强度、矿物掺合料性质、各原材料配合比、成型工艺及养护制度都将会对再生砖的性能产生影响。

（2）再生砖生产设备。再生砖生产设备主要分为两部分，一部分是原料生产设备，另一部分是制砖设备。其中原料生产设备包括进料斗、喂料机、颚破机、反击破、振动筛、胶带运输机、铲车等。制砖设备主要包括原料罐 3 个、计量搅拌设备 1 套、液压振动制砖成型设备 1 台、托板若干、叉车等。

4. 关键技术

（1）再生砖成型关键技术。再生砖成型包括备料、搅拌、布料、压力成型和表面处理等步骤，每个步骤都对再生砖质量有着至关重要的作用。

1）备料。备料过程中的主要问题是计量的准确性及加料方式对生产效率的影响。再生细骨料的备料系统如图 3-9 所示，从现场生产来看，加料 1000kg 的误差一般在 10～20kg；同时使用袋装水泥也会存在一定的误差，大规模生产时应该使用罐装水泥、电子计量、自动加料。

2）搅拌。搅拌过程中的主要问题在于搅拌的顺序和搅拌时间。现在生产中通常是开始搅拌立即加水，这使混合材料的各组分搅拌不均匀，应先搅拌一段时间再加水。搅拌时间也是影响搅拌质量的重要因素，时间太短则使搅拌不充分，时间太长则可能成团，应通过试验确定最佳的搅拌时间，一般宜控制在3～5min。

图3-9　再生骨料的备料系统

3）布料。布料的要求是加料充分且均匀，涉及的主要工艺包括加料和振动。加料量不能太少，即料仓中必须具有足够的料；同时要有合理的振动力度和频率，保证布料均匀和饱满。

4）压力成型。压力成型是指振动压力成型过程，影响再生砖质量的因素有模型的磨损程度、振动方式和力度。模型磨损过大，会使脱模后的再生砖棱角处留有凸起，影响尺寸、棱线和表观质量。振动方式常为横向振动，目的是使砖体在纵向受压情况下更加均匀和密实，振动必须与加压同时进行，否则可能产生分层不够，使得上表面粗糙不平。要控制振动力度，振动力度不够时可能出现局部空隙。

5）表面处理。再生砖脱模后难免会在其表面留有混合料颗粒或出现棱线不整的情况，再生砖养护前的表面处理就成了一道关键程序，应该在再生砖出仓后的运送带上加一道软毛刷，扫掉余料、去除棱线凸起。

（2）再生砖成品后期养护等的注意事项。

1）再生砖养护过程。再生砖宜采用蒸汽养护，蒸汽养护时间及其后的停放期总计宜不少于28d。当采用人工自然养护时，在养护的早期阶段应适量喷水养护，之后应有一定时期的干燥工序，自然养护下总的时间不得少于28d。

2）影响再生砖干燥收缩的因素。在正常生产工艺条件下，再生砖收缩值达0.4mm/m，经28d养护后收缩值可完成60%。因此，延长养护时间能保证砌体的强度并可减少因为砖收缩过多而引起的墙体裂缝。

3）再生砖堆放储存和运输过程中的注意事项。再生砖在堆放储存和运输时，应采取防雨措施。堆放储存时保持侧面通风流畅，底部宜用木质托盘或塑料托盘支垫，不可直接贴地堆放。堆放场地必须平整，堆放高度宜不超过1.6m。再生砖应该按规格、强度等级和密度等级分批堆放，不得混堆。

5. 技术指标

（1）再生砖产品性能。

1）再生砖强度。再生砖按照抗压强度可分为RMU10、RMU15、RMU20、RMU25、RMU30共5个强度等级。抗压强度试验方法参照现行《砌墙砖试验方法》（GB/T 2542）的规定执行。

2）再生实心砖的吸水率。再生实心砖的吸水率单块值应不大于18%，再生多孔砖的性能与混凝土多孔砖的性能接近。吸水率、干燥收缩率和相对含水率试验方法均按照现行《混凝土砌块和砖试验方法》（GB/T 4111）的规定执行。

3）再生砖抗冻性。再生砖抗冻性测试方法按照现行《混凝土砌块和砖试验方法》

(GB/T 4111) 的规定执行。

4) 再生砖的尺寸允许偏差和外观质量。再生实心砖外观质量：再生砖的平行面高度差、弯曲、缺棱掉角、裂缝和完整面个数等应全部合格，试验方法按照《非烧结垃圾尾矿砖》(JC/T 422) 执行。

(2) 再生砖技术优势。再生砖具有废弃物利用、绿色环保、机制生产、尺寸灵活、设计性好、强度高、价格低廉、施工简便快捷等特点，是建筑垃圾作为原材料进行循环再利用的新一代绿色建材产品。其主要技术优势如下：

1) 废弃物利用，节能环保：利用再生砖技术每年可减少损毁农田上千亩。

2) 机制生产，减少污染：可利用多孔砖、粉煤灰砌块等模具等机制生产，节约燃料和减少碳排放。

3) 尺寸随机，适应性强：有标准化产品，供需双方亦可协商设计专用尺寸。

4) 强度高：强度高于粉煤灰和加气混凝土砌块，可用于承重结构。

5) 就地取材，价格低廉：建筑垃圾可就地取材，手工或简易机械就能生产，快捷、便宜。

6) 施工快捷：可利用传统砌筑工艺施工，方便快捷。

7) 情感再生：可用于灾后重建，在精神和情感方面进行“再生”。

6. 典型应用案例

(1) 北京建筑大学实验楼。北京建筑大学实验楼的建设采用再生砖作为填充墙体材料，施工结果显示，再生砖的使用性能良好、易于施工。砖砌体整齐、表面质量良好，深受施工单位好评。

(2) 其他。北京市亦庄开发区 1994 年用再生砌块砖做填充墙作为试点工程，截至目前未发现问题。北京市也曾使用再生古建砖建成陶瓷馆、新农村建筑以及邯郸金世纪商务中心（采用建筑垃圾再生砖作为填充墙体、基础等），效果与性能良好。在我国北京、河北、江苏、广东、四川、福建、陕西等地也有利用建筑垃圾再生砖的工程应用，建筑面积约为 100 万 m^2。

3.4.2 再生预制构件

1. 概述

再生预制构件是指以建筑垃圾再生混凝土为基本材料，经过混凝土模具浇筑振捣、养护等过程制备得到的建筑构件。

目前，国内装配式建筑预制构件的突出特点是品种多、型号多，且分类复杂。主要产品包括复合保温外墙板（三明治板）、内墙板、叠合板、PCF 板、楼梯板、阳台板、空调板、扶手板、装饰板、梁、柱、挂板等。其中复合保温外墙板的结构最复杂，多采用三明治结构，且还有很多带拐角的异型构件（图 3-10）；内墙板结构也较复杂，不仅表现在配筋方面，内部还设置聚苯板减重块、预埋水电管等配件（图 3-11）；叠合楼板虽然生产工序相对较简单，但总构件面积占比很大，需要模台数量多；阳台板、空调板、装饰板多为异型构件（图 3-12、图 3-13）。因此，在工厂生产线设计方面，不仅要考虑平板型构件，还需考虑异型构件生产。以北京市公租房项目为例：按照面积计算，平板型构件约占 80%，其中复合保温外墙板占 30%、内墙板占 25%、叠合板占 45%。

图3-10　L形复合保温外墙板

图3-11　内墙板内部结构

图3-12　阳台板

图3-13　阳台装饰板

2. 适用范围

预制混凝土构件生产应在工厂或符合条件的现场进行。根据场地、构件尺寸、实际需要等情况，可分别采取流水生产线法、固定模台法预制生产，其生产设备技术指标应符合相关行业技术标准。混凝土构件生产企业依据深化设计的构件制作图进行构件制作生产。制作前应根据预制混凝土构件的型号、质量、形状等特征制定相应的生产工艺流程，明确质量要求和生产环节各阶段质量控制要点，编制完善的构件生产计划书，在预制构件生产过程中进行质量跟踪管理和计划管理，形成可追踪的质量保障体系。

3. 技术原理

预制构件生产工艺流程如图3-14所示。

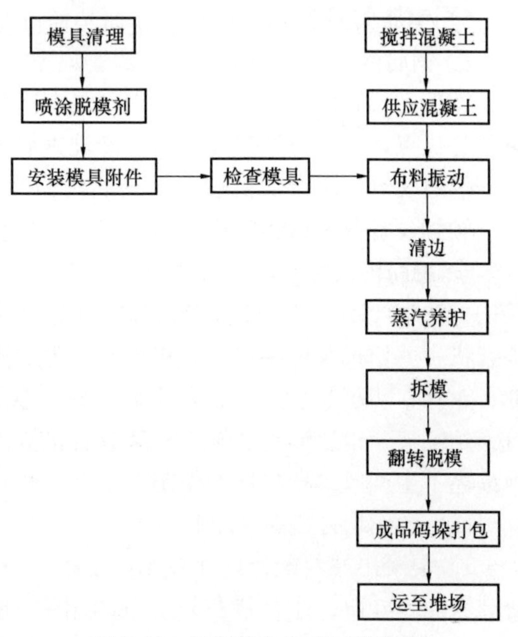

图3-14　预制构件生产工艺流程

注：组装模具应按照一定的组装顺序进行，对一些特殊构件，一般应先将钢筋入模，再组装模具。模具在拼装时，模板接触面平整度、板面弯

曲、拼装缝隙、几何尺寸等应满足相关设计要求。模具拼装应连接牢固、缝隙严密，拼装时应进行表面清洗或涂刷水性、蜡质脱模剂，接触面不应有划痕、锈渍和氧化层脱落等现象。组装完成后模具尺寸允许偏差应符合相关技术要求，一般净尺寸应比构件尺寸小 1～2mm。

4. 关键技术

（1）预制构件生产线典型装备。

1）混凝土运料系统。混凝土运料系统以运输车为主体，做往复式运动，用于原料制备车间与混凝土构件生产车间的混凝土自动化输送，具有速度快、可靠性高、成本低等优点。运输车具备起重、输送、空中储存、组织生产和坡度运输的功能，可实现变频调速、故障报警与诊断、自动认址、生产计划下达等辅助功能。

2）混凝土布料机。混凝土布料机把混凝土均匀地浇筑到底模托盘上。可在水平方向前后、左右移动。布料机由计量螺旋输送装置、称重装置、多个可自由控制阀门等组成，为全自动或半自动。为方便清洗，料斗底部可打开。可预先设置代码，混凝土排放阀门的开关可通过代码来编程，操作工人通过代码可以打开或关闭不同的排放阀门。

3）组合振捣设备。组合振捣设备用于对新浇筑的混凝土预制构件在水平方向和垂直方向同时进行振捣密实。高频振动器频率由频率调节器来调整，用于压实混凝土，消除内部气泡，确保混凝土良好的颗粒分布。振捣设备可以产生 X、Y、Z 3 个方向的振动，激振力大，振捣部分与基体分离，参振质量小，振捣效果更佳，确保产品质量，可节省水泥10%，年节约材料成本 200 万元。

4）堆垛机。堆垛机将底模托盘及预制构件从生产线移送到养护室，或将养护好的预制板同底模托盘从养护室移出，重新放入生产线。提升装置缓慢地把起重梁架提起，精确地放置在养护室的格架层面上。养护室格架前的定位是通过机械调整的。整个过程由主机控制系统来控制，操作台上的屏幕可以看到底模托盘在堆垛机及养护室格架上的位置，整个过程实现了全自动化控制、激光测距，X、Y 坐标准确定位。

5）钢筋成型系统。

① 钢筋网全自动加工生产线及置放系统。钢筋网全自动加工生产线可以生产不同长度、宽度和形状的预制构件用焊网；具有产量大、精度高、改型方便、操作故障率低、质量高等优点，设备可对热轧钢筋、冷轧钢筋等进行高质量的交叉焊接。生产线主要包括横纵筋供料装置、矫直切割设备、钢筋传输及喂料系统、自动焊接设备、网片拉拽输送设备、倾翻设备及折弯运输设备等。

② 钢筋桁架全自动生产线及置放系统。钢筋桁架全自动生产线可以替代传统人工焊接的方法生产出高质量的钢筋桁架。生产线主要包括钢筋放线架、矫直机、拱架机、桁架焊接机、剪切机及桁架自动收集机构。为了满足生产工艺的要求，还配置有全自动桁架存储、对焊、切割及放置设备，主要包括平板式格构梁储存设备、自动侧位喂料机、对焊机、切割剪、桁架输出系统、桁架放置机械手。整个操作流程由计算机全自动控制，极大地提高了生产效率和操作的稳定性。

（2）预制构件制备关键技术。

1）混凝土原料配比优化技术。混凝土原料配比是解决混凝土耐久性问题的主要途径。研究水泥、砂石、掺合料及外加剂的用量，找出原料配合比中影响混凝土质量的主要原料，确定其用量与混凝土质量的对应关系，建立原料配合比与混凝土等级对应关系数据库。

2）智能布料技术。在布料机上设置若干个小的布料口，每个布料口包含一个螺旋输送机，输送机的工作速度由软件控制。对混凝土预制构件来说，有些构件形状不唯一，如构件中有门和窗的区域，在这些区域中，布料口就需要关闭。对小尺寸的构件，在构件尺寸外的区域需要关闭布料口。因此，分布式控制各个小布料口启闭及布料速度，使布料机适应不同尺寸和厚度的构件十分重要。

3）高效密实技术。混凝土密实技术实际上是在振动台上对边模中浇筑好的混凝土进行振动，以消除其中的气泡，增强构件的强度，同时又要防止粗骨料下沉，造成骨料分布不均匀，影响构件的整体性能。对双面浇筑的构件，不能因为振动破坏了养护好一侧的结构。因此，选择最优的振动频率和振幅，既关系到混凝土密实的效率和骨料的均匀性，也关系到双面浇筑预制构件强度的均匀性，最终关系到混凝土构件的整体性能。

4）钢筋网全自动生产线。

① 钢筋网全自动生产线结构设计与工艺规划：结合混凝土构件生产流程需要，研究钢筋网全自动生产线工艺，制定生产线框图，根据各工艺特点与时效，进行工艺路线优化；开发出钢筋网全自动生产线虚拟样机平台，进行全自动化生产线结构设计与模拟制造；研究全自动生产线的多通道协调控制技术，进行系统可靠性研究，开发出生产保护系统及在线监控与管理系统。

② 自动焊接技术：研究钢筋网电渣压力焊工艺技术及自动焊接交直流电源系统，进行不同类型、不同尺寸钢筋网焊接头专用夹具的模块化设计与分析；开发出电渣压力焊在线质量检测与管理技术；确定电渣压力焊进料速度、焊接频率工艺参数优化与工艺数据库；研究电渣压力焊焊接设备故障诊断与数据采集技术；开发出钢筋网电渣压力焊系统全自动控制与管理系统。

5）混凝土预制构件分布式养护关键技术。养护室设计成分体式蒸养格栅，对不同尺寸的混凝土构件实行单独蒸养，养护室中的不同位置、不同时间段，有不同的温度和湿度环境，为了获得最优预制构件质量和养护效率，确定了构件在养护室中的最优参数，即养护时间、养护温度、养护湿度、构件强度之间的最优关系，通过传感器监控每个养护格栅的情况，提高设备自动化程度，缩短系统反应周期，建立动态调节模式，保证预制件的蒸养效果和效率，减少养护室开合时的热量损失，降低生产线能耗。

5. 技术指标

（1）模具。模具应具有足够的刚度、强度和稳定性，并符合构件精度要求；制作模具的材料宜选用钢材，所选用的材料应有质量证明书或检验报告；模具每次使用后，应清理干净，不得留有水泥浆和混凝土残渣；模板表面除饰面材料铺贴范围外，应均匀涂刷脱模剂。

（2）钢筋。钢筋应有产品合格证，并应按有关标准规定进行复试检验，钢筋的质量必须符合现行有关标准的规定。钢筋成品笼尺寸应准确，钢筋规格、数量、位置和绑扎方式等应符合有关标准规定和设计文件要求。钢筋笼应采用垫、吊等方式，满足钢筋各部位的保护层厚度。钢筋入模时，应平直、无损伤，表面不得有油污、颗粒状或片状老锈。

（3）混凝土。混凝土应按符合现行标准《普通混凝土配合比设计规程》（JGJ 55）的有关规定，根据混凝土强度等级、耐久性和工作性等要求进行配合比设计。混凝土原材料的计量设备应运行可靠、计量准确，并应按规定进行计量检定或校准。

（4）构件成型。构件浇筑前应进行隐蔽验收，符合有关标准规定和设计文件要求后方可浇筑混凝土。混凝土成型应振捣密实，振动器不应碰到钢筋骨架、面砖和预埋件。混凝土浇筑应连续进行，同时应观察模具、门窗框、预埋件等是否有变形和移位，如有异常应及时采取补强和纠正措施。混凝土表面应及时用泥板抹平提浆，并对混凝土表面进行二次抹面。

（5）构件养护。预制构件混凝土浇筑完毕后，应及时养护。可采用自然养护或蒸汽养护。

（6）构件脱模。预制构件拆模起吊前应检验其同条件养护的混凝土试块强度，达到设计强度75%时方可拆模起吊。

6. 典型案例

（1）中建技术中心实验楼改扩建工程。该项目位于北京市顺义区林河开发区，建筑高度为35.3m，地上7层、地下1层，首层层高5.1m，二层层高3.9m，三层层高5.7m，4～7层层高4.5m。建筑平面为矩形布置，轴网间距10m，主体结构为现浇钢筋混凝土框架-剪力墙结构，外墙采用预制清水混凝土挂板系统（图3-15、图3-16）。

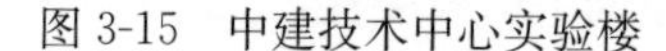
图3-15 中建技术中心实验楼

图3-16 中建技术中心实验楼细部

（2）中粮万科长阳半岛5号地块。该项目位于北京市长阳镇，主体地下部分采用现浇钢筋混凝土-剪力墙结构，地上部分采用预制混凝土装配整体式剪力墙结构。产业化楼建筑面积约90000m^2，最高楼栋建筑地上11层，建筑高度为31.9m。

1）项目概况。该项目是住宅产业化项目，工业化预制率达到了61%，预制构件种类较多，有外墙、内墙、阳台、叠合底板、挑板、防火隔板、外挂板、楼梯、梯梁、女儿墙共10种。建筑设计采用了业内较为先进的设计理念，如24h新风负压系统、横向排烟系统等内装部品化集成技术、SI内装分离与线管集成技术等。

2）深化设计。产业化预制构件加工图设计不但要求绘图人员能够准确绘制出构件外形，还要了解每种类型构件的加工成型工艺和预制构件装配方案，将加工技术要求在构件加工图中整体表达出来，设计深度必须满足构件现场生产要求，图3-17～图3-20是几种典型预制构件三维模型。

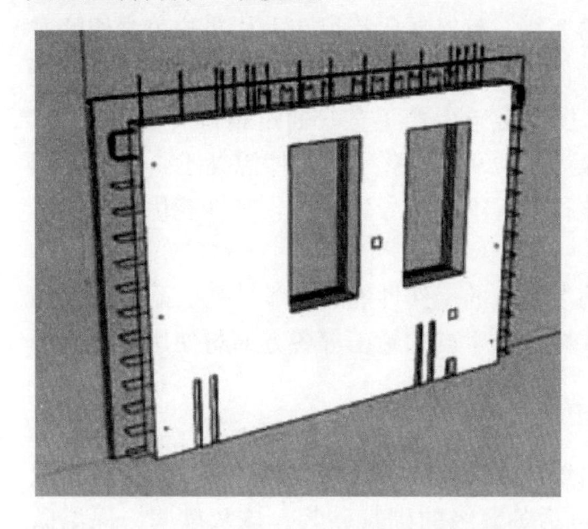

图 3-17　中粮万科长阳半岛住宅楼复合保温外墙板

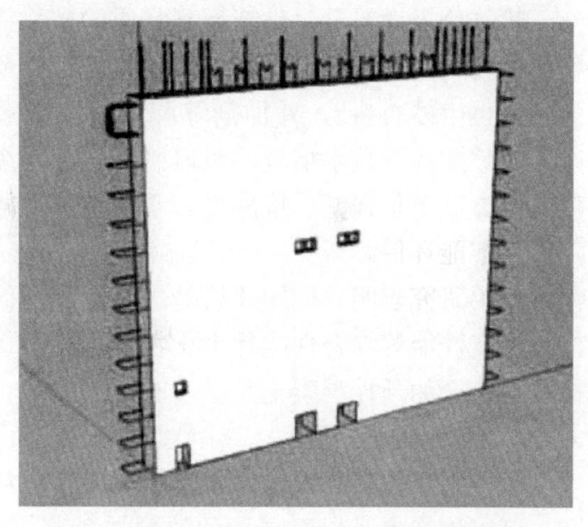

图 3-18　中粮万科长阳半岛住宅楼预制内墙板

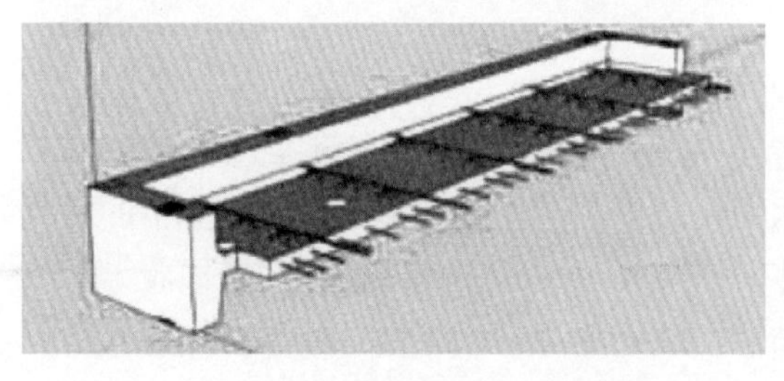

图 3-19　中粮万科长阳半岛住宅楼预制叠合阳台

图 3-20　中粮万科长阳半岛住宅楼预制楼板叠合底板

3.5　微粉及粉尘

3.5.1　概述

建筑垃圾再生骨料在破碎、筛分、强化及整形等工艺处理时，会产生一定量的微粉，再生骨料用于制备混凝土或砂浆时，微粉含量过多会影响再生混凝土的强度及耐久性。我国再生骨料标准将微粉的定义为粒径小于 75μm 的细微颗粒。

建筑垃圾中的再生微粉的应用，可实现绿色全再生利用，既能变废为宝，又可以减少对自然资源的开采，兼有良好的经济效益和重要的社会效益。目前，国内主要是把再生微粉作为掺合料开展研究，并在再生微粉的制备工艺、组成分析、再生微粉制品的物理性能、力学性能及其耐久性能等方面都取得了一定的成果。

3.5.2　建筑垃圾微粉的应用

建筑垃圾微粉可广泛应用于生产水泥混凝土、砂浆、混凝土墙体砖（砌块）、混凝土路面砖等常用建筑材料，以及地聚物、特种混凝土、泡沫混凝土、无机保温板材等。

1. 预拌混凝土中的应用

建筑垃圾微粉是一种新型高品质的矿物掺合料，可以替代粉煤灰、矿渣粉等常用的矿物掺合料来生产预拌混凝土。将建筑垃圾微粉作为矿物掺合料，与水泥、砂石料（包括建筑垃圾再生砂石料）、外加剂等配合，使用常规混凝土生产工艺，通过精确计量和配料，以及高效搅拌等技术措施，可以制作强度等级为C10～C60系列的预拌混凝土，包括通用型、抗渗型、早强型、抗冻型、泵送型、大体积型等不同型号和品种，其性能优良、成本降低、节能环保。

相关研究表明，使用建筑垃圾微粉制作的混凝土的工作性能、力学性能、耐久性能和体积稳定性能等综合性能优良，在各项品质、性能、生产和施工等各方面与使用常规矿物掺合料生产的预拌混凝土几乎没有差别。

2. 砂浆中的应用

利用中活性或高活性建筑垃圾微粉替代粉煤灰或矿渣粉，与水泥、砂等其他原材料配和，可以生产多系列不同品种的预拌砂浆，包括各等级的砌筑砂浆、抹灰砂浆、保温砂浆、地面砂浆、聚合物砂浆、防水砂浆等砂浆材料，产品品质和性能符合相应标准和规范要求。

3. 路面砖和墙体砖中的应用

利用中活性或高活性复合建筑垃圾微粉替代粉煤灰或矿渣粉，与水泥、砂、碎石等其他原材料配和，可以生产多系列不同品种的水泥混凝土制品，包括不同等级和规格的混凝土多孔砌块、混凝土路面砖、混凝土标准墙体砖、混凝土多孔墙体砖、透水路面砖等。与使用常规材料生产的同类产品相比，它具有品质和性能相当、成本低、环境和经济效益较好的优势。

4. 地聚物中的应用

高活性建筑垃圾微粉在制备地聚物材料方面也有较大的利用前景。研究结果表明，利用高活性建筑垃圾微粉，与适量的石膏、偏硅酸钠、氢氧化钾及必要的少量硅酸盐水泥熟料进行复合，可制备出地质聚合物胶凝材料。这种地质聚合物的工作性能和强度性能均与常规水泥相当。

第4章　自动化处置技术

建筑垃圾资源化处理厂自动化技术不仅包括现场设备及生产线的自动控制技术，还包括整个厂区的智慧运营管理技术。现场设备及生产线的自动控制技术为厂区自动化技术的基础，而工厂的智慧化管理技术则通过分析从设备及生产线采集的数据为工厂智慧运营提供决策支持。两者相辅相成，共同实现建筑垃圾资源化处理厂的自动化。

4.1　自动控制技术

自动化控制技术是实现智慧工厂的基础，是信息化系统数据信息的来源。自动化控制技术一般包括现场监控系统、控制器及其输入/输出模块、现场总线、现场执行机构、现场传感器等设备。

PLC（Programmable Logic Controller，可编程逻辑控制器）及其输入/输出模块或者DCS（Distributed Control System，集散控制系统）通过现场总线技术对现场执行设备进行控制与信息采集，传感器及其他感知电气元件将现场设备实际运行状态及必要的信息进行反馈，使PLC或者DCS控制系统能够实时采集现场数据，当出现外部干扰或者异常情况时能够及时纠正或做出报警处理。

常用现场监控系统为SCADA（Supervisory Control And Data Acquisition，数据采集与监视控制）系统，由PC与组态软件构成，与现场控制器连接，对现场信息进行采集、显示，以及对设备进行控制，实现现场生产过程的可视化。

随着工业机器人技术的进一步完善和改进，利用机器人进行生产车间的控制和操作越来越普及。在建筑垃圾资源化预处理过程中，利用机器人进行建筑垃圾分选具有可操作性和可实施性。

自动控制系统的建设原则包括：

（1）标准化。要求现场设备品牌标准化、设计标准化、数据格式标准化、管理标准化及通信标准化，以便后续维护和备品备件的管理。

（2）自主化。对各设备要求控制逻辑开放、人机界面友好，便于后期的自主设备升级改造与功能优化。

（3）分步化。智慧工厂逐层建设，逐步实现，依次实现自动化、信息化、智慧化。

4.1.1　可编程逻辑控制器（PLC）

1. 基本概念

PLC即可编程逻辑控制器，为工业生产而设计的一种数字运算操作的电子装置，它采用一类可编程的存储器，用于其内部存储程序、执行逻辑运算、顺序控制、定时、计数与算术操作等面向用户的指令，并通过数字或模拟方式输入/输出控制各种类型的机械和生产过程。

PLC是一种控制设备，主要应用于中小型离散系统，侧重于逻辑控制。主要品牌有西门子、三菱、台达等。

2. 基本原理

当可编程逻辑控制器投入运行后，其工作过程一般分为3个阶段，即采样、程序执行和输出刷新。完成上述3个阶段称作一个扫描周期。

采样阶段：首先以扫描方式按顺序将所有暂存在输入锁存器中的输入端子的通断状态或输入数据读入，并将其写入各对应的输入状态寄存器中，即刷新输入。随即关闭输入端口，进入程序执行阶段。

程序执行阶段：按用户程序指令存放的先后顺序扫描执行每条指令，经相应的运算和处理后，其结果再写入输出状态寄存器中，输出状态寄存器中所有的内容随程序的执行而改变。

输出刷新阶段：当所有指令执行完毕，输出状态寄存器的通断状态在输出刷新阶段送至输出锁存器中，并通过一定的方式（继电器、晶体管或晶闸管）输出，驱动相应输出设备工作。

3. 组成结构

PLC基本架构如图4-1所示。

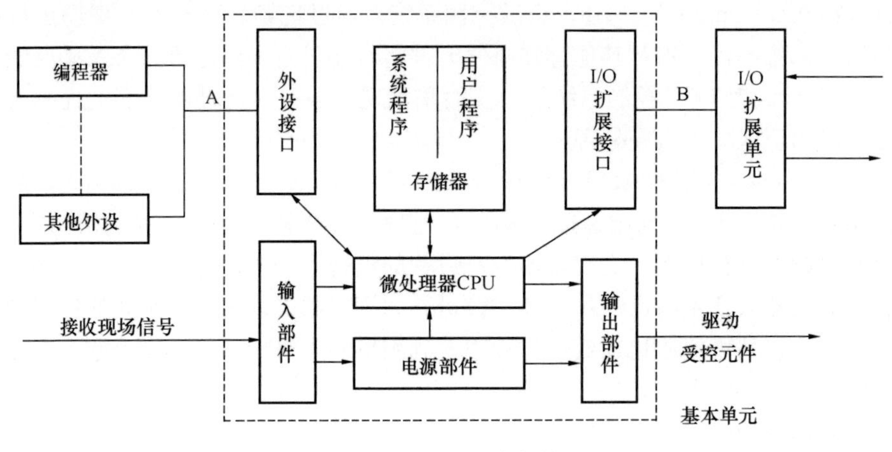

图4-1 PLC基本架构

可编程逻辑控制器中常用的CPU主要采用通用微处理器、单片机和双极型位片式微处理器3种。

存储器分为系统存储器和用户存储器。系统存储器主要存放系统管理程序，用户存储器主要存放用户编制的控制程序。

输入单元可实现将不同输入电路的电平转换成PLC所需的标准电平，供PLC进行处理。接到PLC输入接口的输入器件是各种开关、按钮、传感器等。各种PLC的输入电路大多相同，PLC输入电路中有光耦合器隔离，并设有RC滤波器，用以消除输入触点的抖动和外部噪声干扰。输出有3种形式，即继电器输出、晶体管输出、晶闸管输出。

编程器可将用户程序输入PLC的存储器，还可以用编程器检查程序、修改程序；利用编程器还可以监视PLC的工作状态。编程器一般分简易型和智慧型。

4. 基本功能

（1）逻辑控制。逻辑控制就是位处理功能，用 PLC 的与、或、非指令代替继电器触点串联、并联和其他逻辑连接，实现逻辑控制、开关控制和顺序控制。

（2）信号采集。PLC 可以采集模拟信号、数字信号和脉冲信号。

（3）数据处理。数据处理即进行数据传送、比较、转换、位移和算术运算等操作。

（4）通信联网。PLC 系统与计算机可以直接或通过通信处理单元相连，构成网络，实现信息共享和交换。

（5）远程 I/O 控制。远程 I/O 功能是指通过远程 I/O 单元将分散在远距离的各种输入、输出设备与主控制器相连接，来接收、处理信号，实现远程控制。

4.1.2　集散控制系统（DCS）

1. 基本概念

DCS 即集散控制系统，也称为分布式控制系统，是过程控制级和过程监控级组成的以通信网络为纽带的多级计算机系统，综合了计算机（Computer）、通信（Communication）、显示（CRT）和控制（Control）等 4C 技术。它的主要特征为集中管理和分散控制。

DCS 是一个系统，用于大中型过程控制系统，主要是一些现场参数的监视和调节控制，在电力、冶金、石化等行业都获得了极其广泛的应用。常用品牌有西门子、ABB、霍尼韦尔、罗克韦尔、和利时、上海新华、浙江中控等。

2. 基本原理

（1）把集中的计算机控制系统分解为分散的控制系统，由专门的过程分散控制装置，在现场控制站完成过程中的部分控制和操作。

（2）从模拟电动仪表的操作习惯出发，开发人机间良好的操作界面，用于操作人员的监视操作。

（3）为了使操作站与过程控制装置之间建立数据的联系，建立数据的通信系统，使数据能在操作人员和生产过程间相互传递。

3. 组成结构

DCS 系统主要由现场控制站、服务器、工程师站、操作员站、通信站等构成。其中现场控制站主要实现信号采集和输出、数据转换及控制运算等功能。服务器主要实现数据运算、实时数据和历史数据的存取等功能。工程师站主要实现组态和相关系统参数的设置、现场控制站的下装和在线调试、服务器和操作员站的下装。操作员站主要实现各种监视信息的显示、查询和打印，以及在线参数修改和控制调节。通信站主要实现和其他设备的通信。相应的通信网络包括控制网、系统网、监控网 3 层网络结构。其总体结构如图 4-2 所示。

4. 基本功能

（1）数据采集。主要是对各类传感变送器的模拟信号进行数据采集、变换、处理、显示、存储等。

（2）数字控制。通过接受现场的测量信号，求出设定值与测量值的偏差，对偏差进行 PID 控制运算，最后求出新的控制量，并将此控制量转换成相应的电流送至执行器驱动被

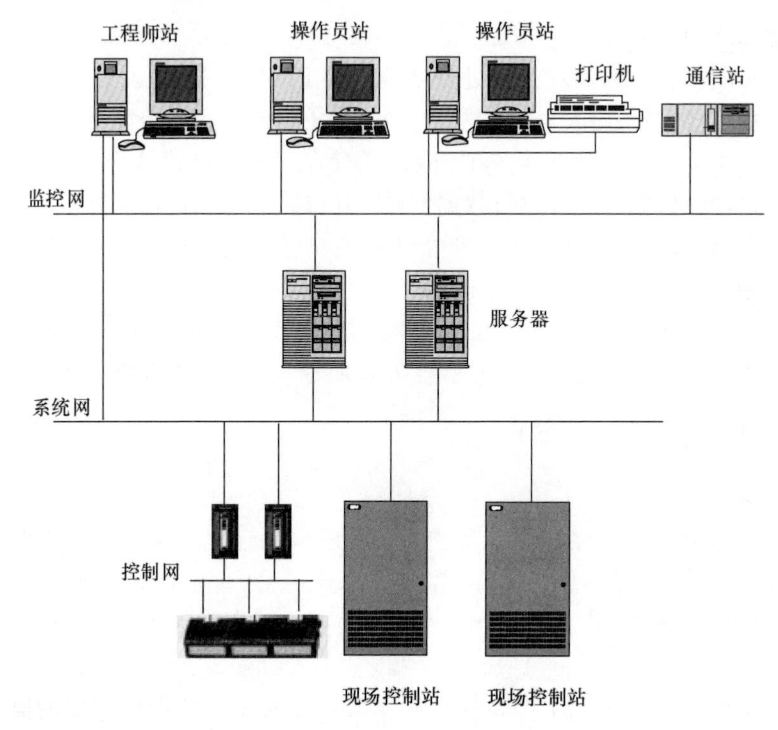

图 4-2　DCS 总体结构

控对象。

（3）顺序控制。通过输入/输出信号和反馈控制功能等状态信号，按预先设定的顺序和条件，对控制的各个阶段进行顺序控制。

（4）信号报警。对过程参数设置上下限值，若超过上限值或者低于下限值，则分别进行越限报警，对正常的开关状态进行报警，对出现的事故进行报警等。

4.1.3　数据采集与监视控制系统（SCADA）

1. 基本概念

SCADA 即数据采集与监视控制系统，是以计算机为基础的生产过程控制与调度自动化系统。它可以对现场的运行设备进行监视和控制，涉及组态软件、数据传输链路、工业安全隔离网关，其中安全隔离网关是保证工业信息网络安全的，工业上大多都要用到这种安全防护性的网关，防止病毒入侵，以保证工业数据、信息的安全。

2. 组成结构

SCADA 系统主要由以下几部分组成：监控计算机、远程终端单元（RTU）、可编程逻辑控制器（PLC）、通信基础设施、人机界面（HMI）。

（1）监控计算机：监控计算机是 SCADA 系统的核心，是负责与现场连接控制器通信的计算机和软件。在较小的 SCADA 系统中，监控计算机可能由一台 PC 组成，在这种情况下，HMI 是这台计算机的一部分。在大型 SCADA 系统中，主站可能包含多台托管在客户端计算机上的 HMI、多台服务器、分布式软件应用程序及灾难恢复站点。为了提高系统的完整性，多台服务器通常配置成双冗余或热备用形式，以便在服务器出现故障的情况下提供持续的控制和监视。

（2）远程终端单元：远程终端单元也称为（RTU），其连接到过程中的传感器和执行器，并与监控计算机系统联网。RTU 是“智慧 I/O”，并且通常具有嵌入式控制功能，例如梯形逻辑，以实现布尔逻辑操作。

（3）可编程逻辑控制器：可编程逻辑控制器也称为 PLC，它连接到过程中的传感器和执行器，并以与 RTU 相同的方式联网到监控系统。与 RTU 相比，PLC 具有更复杂的嵌入式控制功能，并且采用一种或多种 IEC 61131-3 编程语言进行编程。PLC 经常被用来代替 RTU 作为现场设备，因为它更经济、多功能，可灵活配置。

（4）通信基础设施：通信基础设施将监控计算机系统连接到远程终端单元（RTU）和 PLC，并且可以使用行业标准或制造商专有协议。RTU 和 PLC 都使用监控系统提供的最后一个命令，在过程的实时控制下自主运行。通信网络的故障并不一定会停止工厂的过程控制，并且在恢复通信时，操作员可以继续进行监视和控制。一些关键系统具有双冗余数据高速公路，通常通过不同的路线进行连接。

（5）人机界面：人机界面（HMI）是监控系统的操作员窗口，如图 4-3 所示。它以模拟图的形式向操作人员提供工厂信息。模拟图是控制工厂的示意图，以及报警和事件记录页面。HMI 连接到 SCADA 监控计算机，提供实时数据以驱动模拟图、警报显示和趋势图。在许多安装中，HMI 是操作员的图形用户界面，收集来自外部设备的所有数据、创建报告、执行报警、发送通知等。工厂的监督操作是通过 HMI 进行的，操作员使用鼠标、键盘和触摸屏发出命令。例如，泵的符号可以向操作员显示泵的运行状态，流量计符号可以显示流体的流量信息。

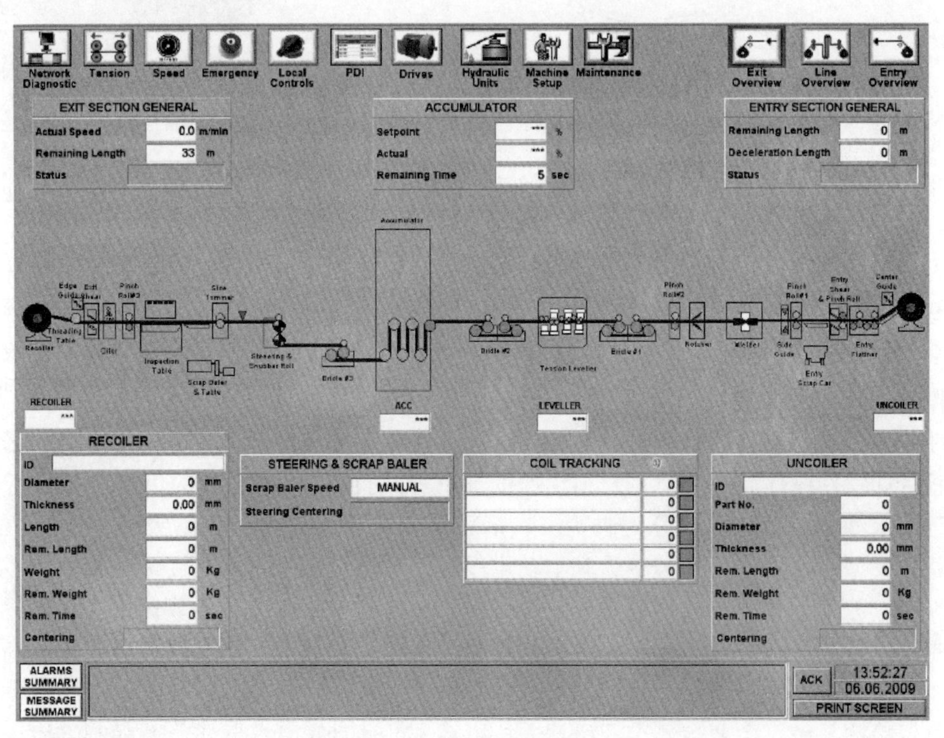

图 4-3　HMI 界面

4.1.4 工业机器人技术

1. 基本概念

工业机器人是一种能模拟人的手、臂的部分动作，按照预定的程序、轨迹及其他要求，实现抓取、搬运工件或操作工具的自动化装置。

2. 组成结构

工业机器人由执行机构、控制系统、驱动系统、位置检测系统 4 部分组成。其组成结构如图 4-4 所示，其实物如图 4-5 所示。

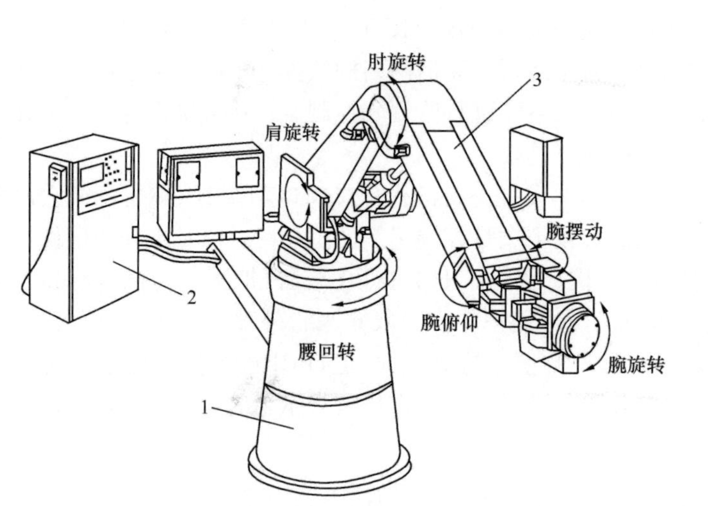

图 4-4 工业机器人组成结构

1—机械部分；2—控制部分；3—传感部分

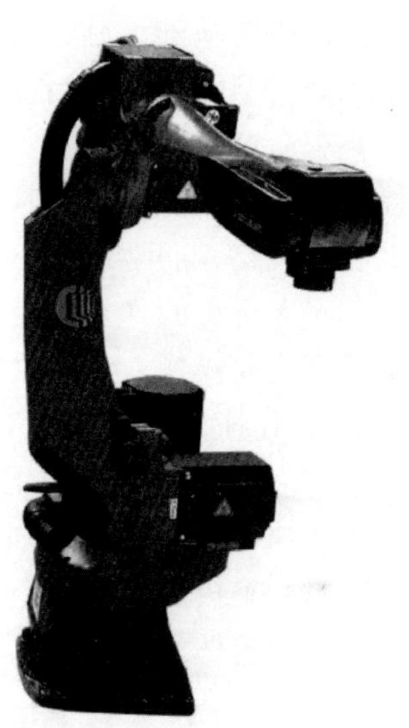

图 4-5 工业机器人实物

执行机构：指一种具有和人手臂相似的动作功能，可在空间抓放物体或执行其他操作的机械装置，通常包括机座、手臂、手腕和末端执行器，如图 4-4 中的 1、3。机座是工业机器人的基础部件，承受相应的荷载，分为固定式和移动式两类；手臂是支承手腕和末端执行器的部件，由动力关节和连杆组成，用来改变末端执行器的空间位置；手腕是连接手臂和末端执行器的部件，用以调整末端执行器的方位和姿态；末端执行器是机器人直接执行动作的装置，可安装夹持器、工具、传感器等。

控制系统：是机器人的大脑，支配着机器人按规定的程序运动，并记忆人们给予的指令信息（如动作顺序、运动轨迹、运动速度等），同时按其控制系统的信息控制执行机构按规定要求动作。控制系统分为决策级、策略级和执行级 3 级。决策级的功能是识别环境、建立模型、将作业任务分解为基本动作序列；策略级将基本动作变为关节坐标协调变化的规律，分配给各关节的伺服系统；执行级给出各关节伺服系统的具体指令。

驱动系统：是指按照控制系统发出的控制指令将信号放大，驱动执行机构运动的传动装置。常用的有电气、液压、气动和机械 4 种驱动方式。

位置检测系统：主要检测工业机器人执行系统的运动位置、状态，并随时将执行系统的实际位置反馈给控制系统，并与设定的位置进行比较，然后通过控制系统进行调整，使执行系统以一定放入精度达到设定位置状态。常用力、位置、触觉和视觉等传感器进行检测。

3. 工作原理

工业机器人的工作原理就是模仿人的各种肢体动作、思维方式和控制决策能力。从控制的角度看，主要通过以下 3 种方式来实现。

（1）“示教再现”方式：通过“示教盒”或“手把手”两种方式教机械手如何动作，控制器将示教过程记下来，然后机器人就按照记忆周而复始地重复示教动作。

（2）“可编程控制”方式：根据机器人的工作任务和运功轨迹编制控制程序，然后将控制程序输入机器人的控制器，启动控制程序，机器人就按照程序所规定的动作一步一步地去完成，如果任务变更，只要修改或重新编写控制程序即可。

（3）“自主控制”方式：是机器人控制中最高级、最复杂的控制方式，它要求机器人在复杂的非结构化环境中具有识别环境和自主决策能力。

4. 主要参数

（1）工作空间。工作空间是指机器人臂杆的特定部位在一定条件下所能达到空间的位置集合，工作空间的性状和大小反映了机器人工作能力的大小。

（2）有效负载。有效负载是指机器人操作机在工作时臂端可能搬运的物体质量或所能承受的力或力矩，用以表示机器人的负荷能力。

（3）运动精度。机器人机械系统的精度主要涉及位姿精度、重复位姿精度、轨迹精度、重复轨迹精度等。

（4）运动特性。速度与加速度是表明机器人运动特性的主要指标。

（5）动态特性。结构动态参数主要包括质量、惯性矩、刚度、阻尼系数、固有频率和振动模态。

4.1.5　视频监控系统

视频监控系统作为建筑垃圾资源化处理厂自动控制技术中必不可少的一部分，其主要负责对预处理生产车间、再生产品生产车间及关键设备进行监控。本次主要选择预处理车间的视频监控系统进行介绍。

建筑垃圾资源化处理厂预处理生产线包括破碎、筛分、分选等生产工艺，主要设备包括破碎机、振动筛、风选机、水浮选机、皮带等。利用网络摄像机对预处理生产线及主要设备进行监控，以保障预处理生产线的正常运转。常用的摄像机为球机（带红外）、半球机（带红外）。预处理车间视频监控系统工作原理如图 4-6 所示。

利用球机和半球机对预处理车间及主要设备进行监控，并将监控数据通过电缆传送到 POE 交换机，一方面通过交换机可以将数据转存于网络硬盘录像机（NVR）中，监控客户端可以调用储存于 NVR 中的数据来实现数据追踪及回忆的功能。另一方面数据通过 POE 交换机进入视频分配器中，通过视频分配器将实时的监控画面分配到电视墙上进行显示。

同时预处理生产车间与各再生产品生产车间的监控数据汇聚交换机之后通过网线传输到厂区的综合控制中心服务器，并在综合控制中心显示大屏中进行远程监控。

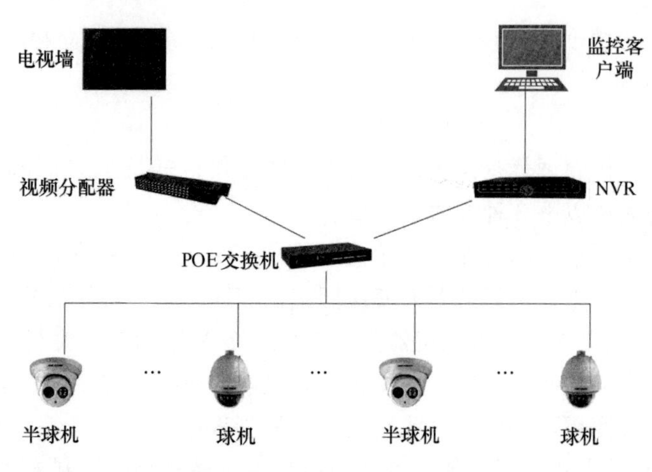

图 4-6　预处理车间监控系统

4.1.6　视觉分析系统

1. 基本概念

视觉分析系统是指用计算机来实现人的视觉功能，也就是用计算机来实现对客观的三维世界的识别。

2. 组成结构

视觉分析系统主要由 3 部分组成：图像的获取、图像的处理和分析、输出。

图像的获取实际上是将被测物体的可视化图像和内在特征转换成能被计算机处理的一系列数据，它主要由三部分组成：照明、图像聚焦形成、图像确定和形成摄像机输出信号。照明是影响机器视觉输入的重要因素，因为它直接影响输入数据的质量。由于没有通用的机器视觉照明设备，所以针对每个特定的应用实例，要选择相应的照明装置，以达到最佳效果；图像聚焦形成是将被测物体的图像通过一个透镜聚焦在敏感元件上以此形成图像；图像确定和形成摄像机输出信号是将传感器所接收到的透镜成像，转化为计算机能处理的电信号。

图像的处理和分析主要包括图像增强、数据编码和传输、平滑、边缘锐化、分割、特征抽取、图像识别等内容。经过图像处理后，输出图像既改善了视觉效果，又便于计算机对图像进行分析、处理和识别。

输出即将经过处理分析的图像转化为电信号，利用电信号来控制和显示基于某种逻辑运算的指令。

3. 工作原理

视觉分析系统原理如图 4-7 所示。通过特定的光源对目标进行照明，利用智能相机进行目标图像捕获、采集与数字化，对数字化后的图像进行智慧化分析处理，将处理结果输出到控制执行单元，通过执行单元实现对目标的控制。

4. 视觉分析系统在建筑垃圾预处理工艺中的应用

（1）目的。建筑垃圾成分复杂，主要包含砖块、混凝土、渣土及少量的木屑、碎玻璃、金属、塑料等。在对建筑垃圾资源化处理过程中，会根据成分中红砖含量的不同，选择是否使用水选处理方法。

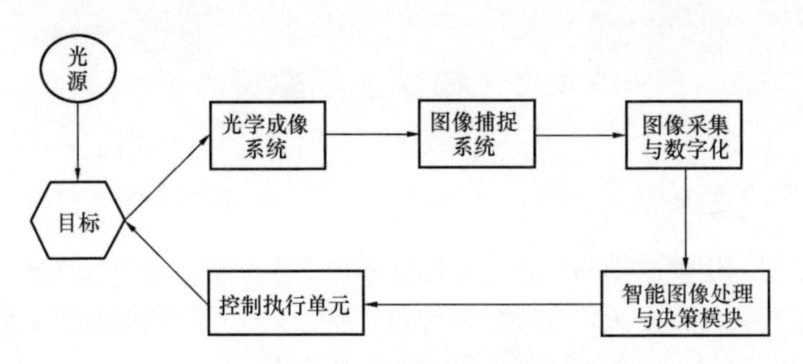

图 4-7　视觉分析系统原理

(2) 系统硬件结构。系统分为管理层、控制层、设备层。

1) 管理层配有触摸屏。其主要功能：对现场数据进行监视、记录，对现场出现的故障状态报警，并对设备进行控制操作。

2) 控制层选用 PLC 作为中央控制单元。

3) 设备层配有支持以太网通信的智能相机、变频器、电动阀、旋转编码器、对射检测开关等。

(3) 系统控制功能。建筑垃圾经过颚式破碎后，骨粒体积不大于 $100mm^3$，骨粒经过运输皮带上 150mm 限高杆后，均匀铺在皮带上。在分板台前 10m 处安装对射检测开关和智能相机。对射检测开关用来检测皮带上是否有骨料，当长期没有信号时，通知相机停止拍照。当检测开关首次发信号时，PLC 启动飞行拍照模式，触发智能相机拍照。

智能相机获取图像后，在图像中分割出建筑垃圾的分割图像，统计分割图像中的总像素数量，红砖的颜色所在的像素范围的红砖像素数量、混凝土像素数量，以及其他杂质像素数量。然后计算红砖像素数量在总像素数量中的比率，得出红砖含量数据，计算杂质像素数量在总像素数量中的比率，得出杂质含量数据，并将数据发送给 PLC。红砖含量数据和杂质含量数据显示并记录在触摸屏上，用于分析来料和产出情况。

PLC 根据智能相机反馈数据，分析是否需要切换骨料运输路径，控制输出驱动相应分板台挡板动作。

通过上述控制方法即能根据建筑垃圾骨料中红砖和杂质含量，确定骨料的运输路径。

生产线布局如图 4-8 所示。

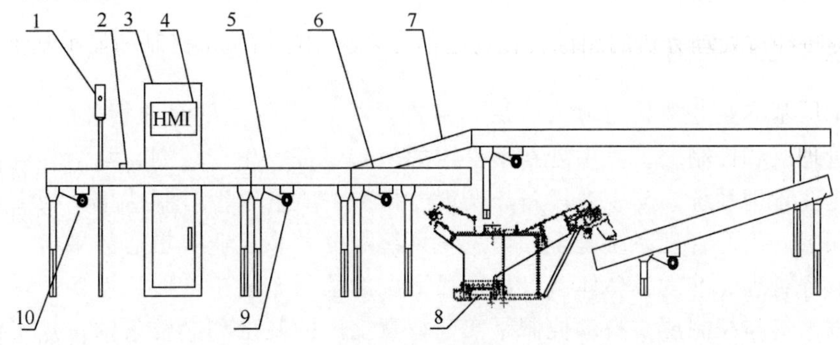

图 4-8　生产线布局

1—智能相机；2—传感器；3—控制柜；4—触摸屏；5—路径选择装置；6—水选路径；7—旱选路径；8—水浮选设备；9—变频电动机；10—旋转编码器

4.2 智慧工厂建设

4.2.1 智慧工厂定义

智慧工厂是指利用物联网和工业互联网技术加强生产信息管理和服务，提高生产过程可控性，减少生产线人工干预，合理计划排程，同时集智慧手段和智慧系统等新兴技术于一体，构建高效、节能、绿色、环保、舒适的人性化工厂。

4.2.2 智慧工厂特征

（1）生产设备网络化，实现车间“物联网”。物联网是指通过各种信息传感设备，实时采集需要监控、连接、互动的物体或过程等各种信息，其目的是实现人、设备和系统3者之间的智慧化、交互式无缝连接。

（2）生产数据可视化，利用大数据分析进行生产决策。在生产现场，每隔几秒就收集一次数据，利用这些数据可以实现很多形式的分析，包括设备开机率、主轴运转率、主轴负载率、运行率、故障率、生产率等。同时利用这些大数据，可以对生产工艺进行改进，实现对生产工艺的优化。

（3）生产文档无纸化，实现高效、绿色制造。生产文档无纸化管理后，工作人员在生产现场即可快速查询、浏览、下载所需要的生产信息，生产过程中产生的资料能够及时进行归档保存，大幅降低基于纸质文档的人工传递及流转，从而进一步提高了生产准备效率和生产作业效率，实现绿色、无纸化生产。

（4）生产过程透明化，高效运行智慧工厂的“神经”系统。智慧工厂的建设，促进了制造工艺的仿真优化、数字化控制、状态信息实时监测和自适应控制，进而实现整个过程的智慧管控。

（5）生产现场无人化，真正做到“无人”工厂。工业机器人、机械手臂等智慧设备的广泛应用，使工厂无人化制造成为可能。在制造企业生产现场，数控加工中心、智慧机器人和三坐标测量仪及其他柔性化制造单元进行自动化排产调度，工件、物料、刀具进行自动化装卸调度，可以实现无人值守的全自动化生产模式。

4.2.3 智慧工厂架构

智慧工厂基本业务架构可分为3层，主要为以ERP为主的企业管理层、以MES为主的生产管理层和控制层。其中处在最上层的是与财务、生产计划、物流等企业资源分配相关的企业管理系统。与生产设备、调度、排产、质量等生产制造相关的生产管理系统处在中间层。生产管理系统是全厂信息化系统数据共享、业务贯通的平台，是生产制造流程、业务管理标准的具体体现。处在最下层的是与车间生产线、设备、辅助设施等相关的数据采集与控制层。自动控制是实现智慧工厂的基础和必要条件，是实现底层设备数据采集的主要手段。智慧工厂的业务架构如图4-9所示，智慧工厂网络架构如图4-10所示。

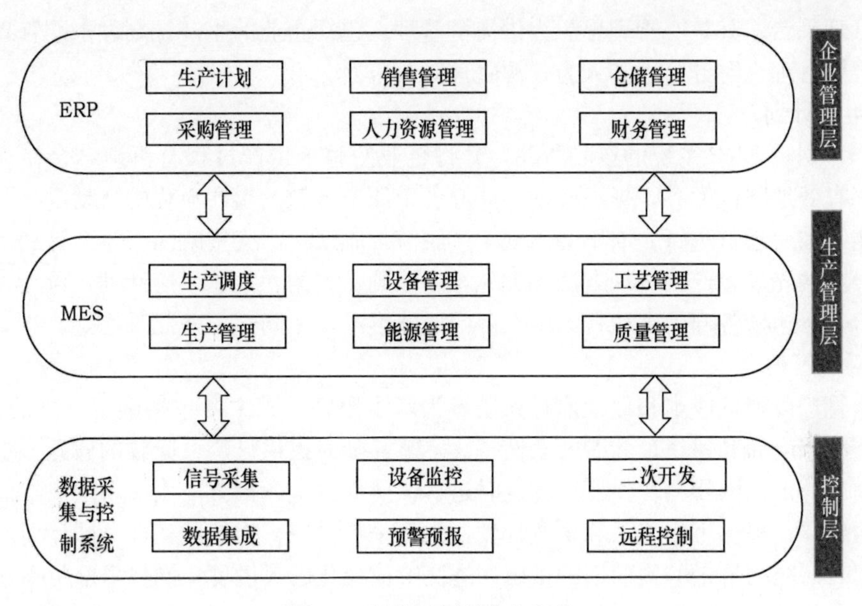

图 4-9　智慧工厂的业务架构

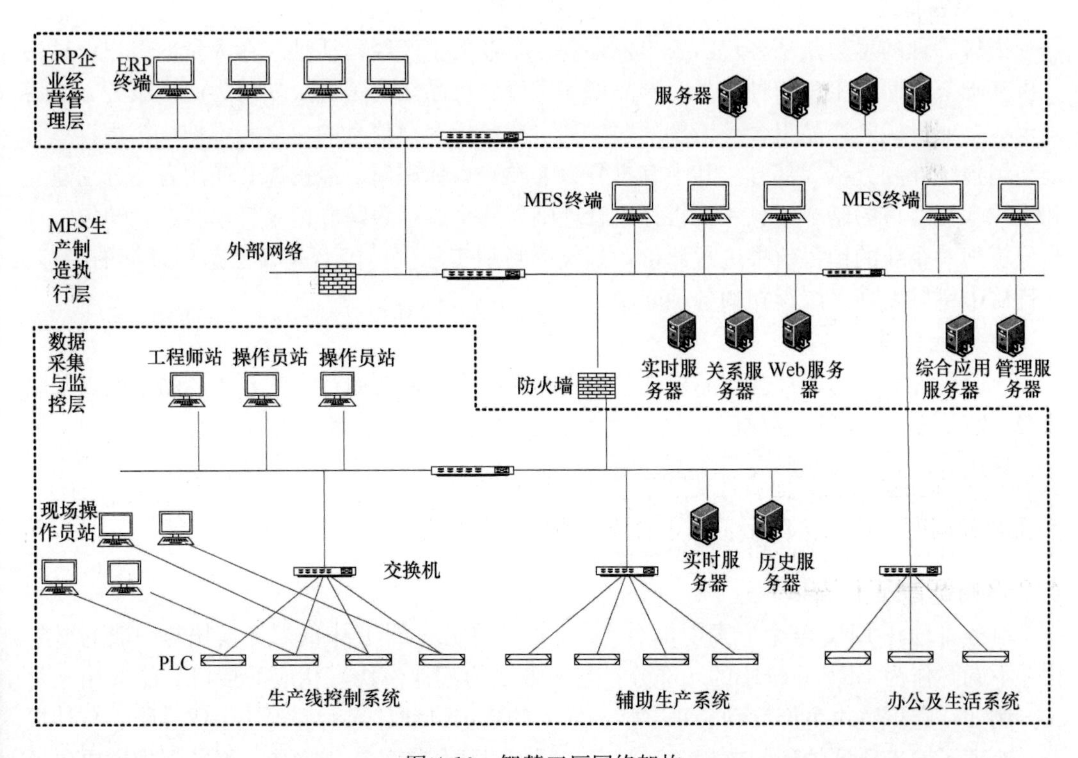

图 4-10　智慧工厂网络架构

4.2.4　企业管理技术——ERP 系统

ERP（Enterprise Resource Planning）即企业资源规划，指建立在信息技术基础上，集信息技术与先进管理思想于一身，以系统化的管理思想，为企业员工及决策层提供决策手段的管理平台。其核心管理思想为供需链管理，包括企业的生产计划、采购管理、销售管理、仓储管理、财务管理和人力资源管理等。

1. 生产计划

生产计划是ERP系统的核心所在，其将企业的整个生产过程有机地结合在一起，使企业能够有效地降低库存，提高效率。同时各个原本分散的生产流程的自动链接，也使生产流程能够前后连贯进行，而不会出现生产脱节，耽误生产交货时间。生产计划是一个以计划为导向的先进生产、管理方法。首先，企业确定它的一个总生产计划，再经过系统层层细分后，下达到各部门去执行，生产部门以此生产，采购部门按此采购等。

2. 采购管理

采购管理以降低成本和保证原材料质量为基本原则。其主要包括确定合理的订货量、选择优秀的供应商和保持最佳的安全储备。它能够随时提供订购、验收的信息，跟踪和催促对外购或外加工的物料，保证货物及时送达；建立供应商档案，用最新的成本信息来调整库存的成本；根据市场需求和企业计划，提高采购供应工作的预见性；同计划部门和供应商一起，研究缩短采购提前期的措施，提高响应变化的灵敏度；同技术部门指导供应厂商改进外购件的质量，研究降低成本的措施。

3. 销售管理

销售管理的思想是从客户需要出发来规划企业的生产经营活动，在大量的客户信息的分析基础上来回答生产何种产品、产品如何定价、产品如何销售、如何为用户服务、如何确定本企业最优的产品组合等诸多问题。其主要包括客户信息的建立和维护，销售订单管理和销售统计和分析3部分。其中客户分为3类——代理商、经销商和使用者，分别建立和维护3类客户的基本信息。销售订单管理则需要全过程跟踪并记录订单状态。销售统计与分析则对企业的销售效果进行评价，不仅可判别实际生产经营是否已达到预期的目标，而且从中可以发现系统存在的各种问题。

4. 仓储管理

仓储管理是伴随着社会产品出现剩余和产品流通的需要而产生的，当产品不能被及时消费、需要专门的场所存放时，就产生了静态的仓储。而将储存物进行保管、控制、加工、配送等的管理，便形成了动态仓储。仓储管理的目的是实时掌握库存动态，维持库存量在合理水平，减少库存占用，加速资金周转。主要包括基础信息管理、物资入库管理、物资出库管理、库存盘点和库存预警管理等。

5. 财务管理

财务管理在ERP整个方案中是不可或缺的一部分。ERP中的财务模块与一般的财务软件不同，作为ERP系统中的一部分，它和系统的其他模块有相应的接口，能够相互集成。例如，它可将由生产活动、采购活动输入的信息自动计入财务模块生成总账、会计报表，取消了输入凭证烦琐的过程，甚至完全替代以往传统的手工操作。财务管理主要包括应收账模块、应付账模块、固定资产核算模块和成本模块4个模块。

其中，应收账模块是指企业应收的由于商品赊欠而产生的正常客户欠款账。它包括发票管理、客户管理、付款管理、账龄分析等功能。它和客户订单、发票处理业务相联系，同时将各项事件自动生成记账凭证，导入总账。

应付账模块指企业应付购货款等账单，它包括发票管理、供应商管理、支票管理、账龄分析等。它能够和采购模块、库存模块完全集成以替代过去烦琐的手工操作。

固定资产核算模块即完成对固定资产的增减变动，以及与折旧有关基金计提和分配的核算工作。它能够帮助管理者对固定资产的现状有所了解，并能通过该模块提供的各种方法来管理资产，以及进行相应的会计处理。

成本模块即将依据产品结构、工作中心、工序、采购等信息进行产品的各种成本的计算，以便进行成本分析和规划。

6. 人力资源管理

人力资源管理被视为企业的资源之本，开始越来越受到企业的关注。ERP系统中的人力资源管理与传统方式下的人事管理有着根本的不同，其主要包括人力资源规划辅助决策、招聘管理、工资核算和工时管理4个模块。

（1）人力资源规划辅助决策：对企业人员、组织结构编制的多种方案，进行模拟比较和运行分析，并辅之以图形的直观评估，辅助管理者做出最终决策；制定职务模型，包括职位要求、升迁路径和培训计划，根据担任该职位员工的资格和条件，系统会提出针对员工的一系列培训建议，一旦机构改组或职位变动，系统会提出一系列的职位变动或升迁建议；进行人员成本分析，可以对人员成本做出分析及预测，并通过ERP集成环境，为企业成本分析提供依据。

（2）招聘管理：优秀的人才才能保证企业持久的竞争力。招聘系统一般从以下几个方面提供支持：进行招聘过程的管理，优化招聘过程，减少业务工作量；对招聘的成本进行科学管理，从而降低招聘成本；为选择聘用人员的岗位提供辅助信息，并有效地帮助企业进行人力资源的挖掘。

（3）工资核算：能根据公司跨地区、跨部门、跨工种的不同薪资结构及处理流程制定与之相适应的薪资核算方法；与时间管理直接集成，能够及时更新，对员工的薪资核算动态化；核算功能，通过和其他模块的集成，自动根据要求调整薪资结构及数据。

（4）工时管理：根据工作日历，安排企业的运作时间及劳动力的作息时间表；运用远端考勤系统，可以将员工的实际出勤状况记录到主系统中，并把与员工薪资、奖金有关的时间数据导入薪资系统和成本核算中。

4.2.5　生产管理技术——MES系统

MES（Manufacturing Execution System）即制造企业生产过程执行系统。美国先进制造研究机构将MES定义为“位于上层的计划管理系统与底层的工业控制之间的面向车间层的管理信息系统”，它为操作人员/管理人员提供计划的执行、跟踪，以及所有资源（人、设备、物料、客户需求等）的当前状态。

MES能通过信息传递对从订单下达到产品完成的整个生产过程进行优化管理。当工厂发生实时事件时，MES能对此及时做出反应、输出报告，并用当前的准确数据对它们进行指导和处理。这种对状态变化的迅速响应使MES能够减少企业内部没有附加值的活动，有效地指导工厂的生产运作过程，从而使其既能提高工厂及时交货能力、改善物料的流通性能，又能提高生产回报率。MES执行流程如图4-11所示。

1. 生产调度

此模块的使用部门为生产调度计划部门。生产调度人员根据销售订单和生产计划，根

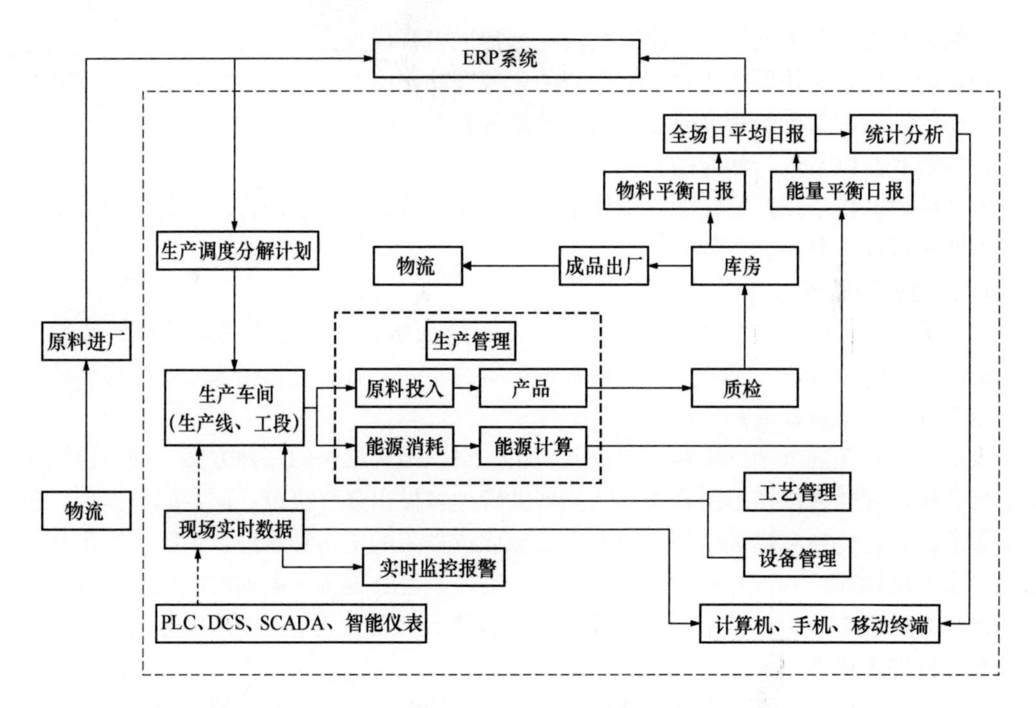

图 4-11　MES 执行流程

据每天的原材料进厂、产品库存、产品出厂、设备运行等综合情况进行生产安排，下达生产指令。

通过系统实现对原材料的进厂信息，成品、半成品的产量、库存和出厂信息，设备运转情况的记录和分析，并能根据产量倒推出原材料的耗用情况，对企业的生产调度人员有实际的参考和指导作用，体现全厂生产状况和生产资源情况。

2. 生产管理

此模块的使用部门为技术管理部门。工艺管理是 MES 系统中必不可少的一个重要环节，是工厂重要的基础管理，是稳定、提高产品质量，提高生产效率，保证安全生产，降低消耗，增加经济效益，发展生产的重要手段和保证。系统主要功能如下：

（1）工艺文件和图文的管理：可在系统中对生产工艺图文和相关文件进行统一管理。

（2）工艺流程管理：可在系统中自定义工艺路线等。

（3）工艺版本管理：可通过版本管理工艺路线等。

（4）审批管理：当系统中工艺流程或工艺版本变更时需进行审批，审批流程可自定义。

3. 设备管理

此模块的使用部门为设备管理部门。设备管理是一套对生产设备、操作规程、管理制度、运行监控、故障诊断、维修维护、运行统计等进行全面管理的模块。该模块需要和设备联网系统集成，一起实现管理功能。系统主要实现设备台账管理、实时运行监控、设备故障报警、设备运行统计分析、定点巡检信息化管理、维修维护管理、备品备件管理、零配件采购管理等功能。

4. 能源管理

此模块的主要使用部门为能源管理部门或者生产调度部门。利用基于实时数据库完成全厂范围内水、电等基础能源的计量，通过与实时数据库高度集成同步的 Web 界面，实现全厂能源的动态监控与统计分析，实现企业综合能耗、单位产品、单位产值综合能耗等数据查询与分析报告，实现能源管理画面、报表/告、趋势画面以 Web 方式发布。

5. 质量管理

此模块的使用部门为技术部门或者质量管理部门。生产质量管理主要是为了控制产品生产过程质量、降低生产风险、提高合格率和客户满意度，针对关键工序设置检验指导内容、质检项及参数供质检人员对比确认，降低因上道工序存在的质量问题继续加工生产而带来的损失。系统主要功能如下：

（1）通过现场终端可以提交生产过程中产品自检、报废、返修等数据。

（2）移动检验，检验人员配备移动终端，如 PDA、PAD 等。通过移动终端选定生产任务进行检验，并提交检验数据。

（3）工作人员可通过系统实时查看当前生产任务的检验记录和统计结果。

（4）通过设备数据采集，可自动获取检验设备的检验数据并向系统提交。

（5）二维码管理，可通过二维码信息追踪产品的相关信息，包括生产时间、产品规格、班组、原料批次等信息。

6. 工艺管理

此模块主要对生产线的工艺流程进行管理，为工艺技术指标的不断调整与优化提供技术支持。对生产车间采集的数据进行统计分析，对生产线的工艺流程进行改进和优化。

第5章 应用案例
——丰台区建筑垃圾资源化处理厂

5.1 项目概况

丰台区建筑垃圾资源化处理厂项目地处北京市丰台区长辛店镇大灰厂村天峪沟（图5-1），位于西六环外，与石景山区、门头沟区交界，属于废旧矿山。项目总占地约357亩（含近远期），一期占地235亩（征地150.48亩，租地84.52亩）。规划用地性质为市政公用设施用地，用地权属为长辛店镇大灰厂村，周边为废弃采矿区，周边规划用地性质为林地。

图5-1 项目现场图片

5.2 项目建设背景

建筑垃圾指在建筑物的新建、改建、扩建或者拆除过程中产生的固体废弃物，如砖瓦、砂石、混凝土、渣土、淤泥及其他废弃物。建筑垃圾可根据来源分为施工建筑垃圾和拆毁建筑垃圾。在砖混结构、全现浇结构和框架结构建筑施工过程中，每10000m^{2}能产生500～600t施工建筑垃圾；而每10000m^{2}拆除的旧建筑，能产生7000～12000t拆毁建筑垃圾。

随着我国城镇化进程不断加快，建筑垃圾产生量持续增加。2010年，我国建筑垃圾产生量约为15.5亿t，占城市垃圾总量的30%～40%，且有逐年增加的趋势。根据住房城乡建设部公布的数据，到2020年，我国还将新增建筑面积约300亿m^2，由此将产生建筑垃圾20亿t；到2030年之前，我国将拆除200亿m^{2}旧建筑，由此将产生建筑垃圾200余亿t；据此，年产生建筑垃圾总量将达10余亿t。北京市常年生产建筑垃圾3500余万t，而丰台区作为首都城市功能拓展区，该项目位于北京市城六区西南，2014年建筑垃圾消纳申报总量491.54万t，其中简易填埋172.21万t，回填利用319.33万t。

建筑垃圾处理问题日益突出，已成为城市管理一大“顽疾”。长期以来，因缺乏统一完善的建筑垃圾管理办法，缺乏科学有效、经济可行的处置技术，建筑垃圾绝大部分未经任何处理，便被运往市郊露天堆放或简易填埋。露天堆放和简易填埋等传统建筑垃圾处理方式大量侵占土地，造成噪声和扬尘等二次污染，由于消纳场所距市区较远，清运费用高昂，并且存在污染土壤和地下水的风险。

2011年12月10日，发展改革委印发《“十二五”资源综合利用指导意见》和《大宗固体废物综合利用实施方案》（发改环资〔2011〕2919号）。该意见明确了推广建筑和道路废弃物生产建材制品、筑路材料和回填利用，建立完善建筑和道路废弃物回收利用体，实施建筑垃圾综合利用重点工程。该实施方案要求，推进建筑废弃物生产再生骨料并应用于道路基层、建筑基层，生产路面透水砖、再生混凝土、市政设施制品等建材产品，鼓励先进技术装备研发和工程化应用，推动建筑废弃物收集、清运、分拣、利用、市场推广的回收利用一体化及规模化发展，扩大在工程建设领域的应用规模；到2015年，全国大中城市建筑废弃物利用率提高到30%，通过实施重点工程新增4000万t的年利用能力。

2013年1月1日，发展改革委和住房城乡建设部共同发布《绿色建筑行动方案》（国办发〔2013〕1号），明确了“推进建筑废弃物资源化利用”为行动方案的重点任务之一。该行动方案指出，住房城乡建设部、发展改革委、财政部、工业和信息化部要制定实施方案，推行建筑废弃物集中处理和分级利用，加快建筑废弃物资源化利用技术、装备研发推广，编制建筑废弃物综合利用技术标准，开展建筑废弃物资源化利用示范，研究建立建筑废弃物再生产品标识制度。地方各级人民政府对本行政区域内的废弃物资源化利用负总责，地级以上城市要因地制宜设立专门的建筑废弃物集中处理基地。

2014年8月，李克强、俞正声、张高丽等中央领导同志在九三学社中央关于我国建筑垃圾资源化利用的调研报告上，分别做出了重要批示，指出发展建筑垃圾资源化利用这类环保产业一举多得，要统筹提出综合性政策措施，推动循环经济发展取得更大成效。

2015年4月14日，发展改革委发布的《2015年循环经济推进计划》中明确提出：①研究起草《关于加强建筑垃圾管理及资源化利用工作的指导意见》和《建筑垃圾资源化利用试点方案》。②鼓励各地探索多种形式市场化运作机制，创新建筑垃圾资源化利用领域投融资模式。

在此背景下，北京市丰台区政府启动了建筑垃圾资源化处理厂特许经营项目。

5.3　总体工艺设计

目前，我国建筑拆除现场不对建筑垃圾进行系统分类。国内建筑垃圾资源化处置工艺一般包含破碎、磁选、风选、筛分等工序，根据建筑垃圾类型、再生产品需求的不同而有所不同，尚无针对混杂建筑垃圾资源化系统处置的成熟工艺技术，普遍存在缺乏系统除杂手段、处理效率低、产品质量不稳定等问题。

针对我国目前的建筑垃圾产生及处置的状况，该工程确定建筑垃圾预处理工艺路线如下：运抵处理厂的建筑垃圾首先在存储车间卸料，车间采用封闭设计，总面积超过10000m^2，满足连续生产储存量，高峰期运输而至的建筑垃圾可于厂区应急堆场暂存。

建筑垃圾经装载机向链板给料机料仓上料，进入预处理系统。经过砖混分选机把废混凝土和废砖瓦、渣土进行初步分离。废混凝土、废砖瓦经过一级破碎、二级破碎、风选、磁选、人工拣选、水选，以及整形、筛分等工艺过程，最终得到废混凝土类再生骨料、废砖瓦类再生骨料及废金属、渣土、木块、塑料及其他杂物等。

废混凝土类再生骨料可用于混凝土构件、干混砂浆和各种铺路砖的生产；废砖瓦类再生骨料可用于无机混合料、再生压制砖的生产；废金属可外卖，提高经济效益；渣土可外运，作为回填土；废塑料、木块等杂物运往大灰厂简易填埋场处置。

全厂物料流向分析图如图 5-2 所示，物料流向分析汇总表见表 5-1，物料平衡分析表见表 5-2。

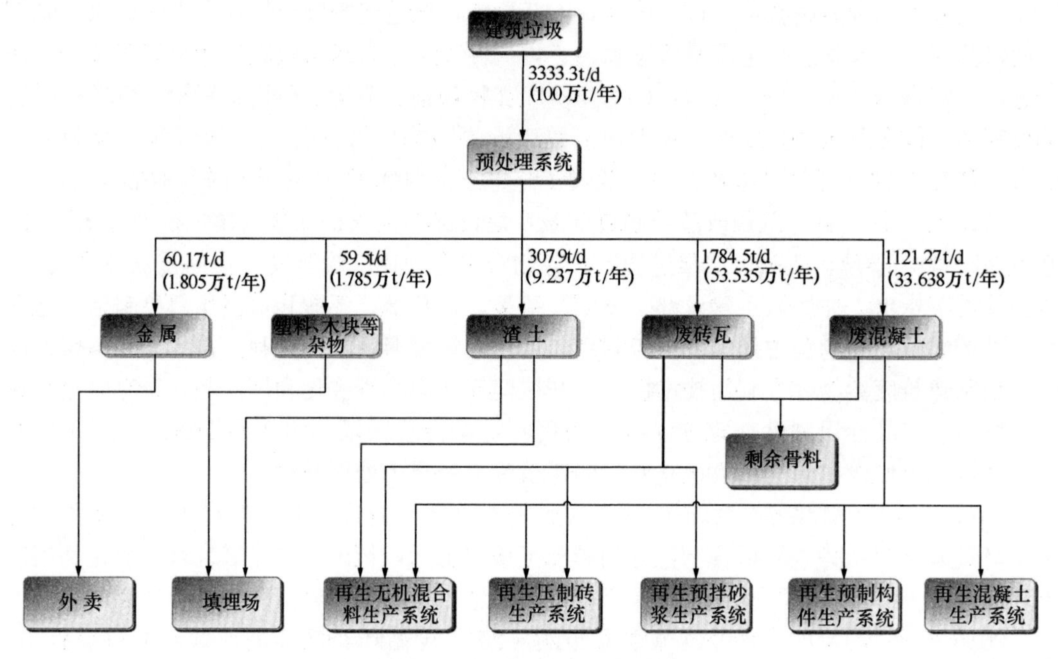

图 5-2 全厂物料流向分析图

表 5-1 物料流向分析汇总表

序号	类别	物料量（万 t/年）
1	<31.5mm 混料	8.787
2	0～10mm 砖瓦骨料	11.313
3	0～5mm 混料	20.58
4	5～10mm 砖瓦骨料	6.3
5	10～31.5mm 砖瓦骨料	15.342
6	5～10mm 混凝土骨料	14.7
7	10～31.5mm 混凝土骨料	18.938
8	水洗去除渣土量	0.45
9	金属回收量	1.805
10	分选杂物外运量	1.785

表 5-2　物料平衡分析表

类别	组成	物料量（万 t/年）	小计	生产用量（万 t/年）	平衡差异（万 t/年）
分选混凝土类	5～10mm 混凝土骨料	14.7	33.638	13.728	0.972
	10～31.5mm 混凝土骨料	18.938		15.192	3.746
分选砖瓦类	0～10mm 砖瓦骨料	11.313	53.535	5.4336	5.8794
	0～5mm 混料	20.58		20.1944	0.3856
	5～10mm 砖瓦骨料	6.3		5.9936	0.3064
	10～31.5mm 砖瓦骨料	15.342		15.0144	0.3276
分选渣土类	<31.5mm 混料	8.787	8.787	5.244	3.543

5.4　预处理系统

5.4.1　设计规模

本建筑垃圾处理工程预处理系统的处理规模为 3333.3t/d，即 100 万 t/年。

5.4.2　工艺流程

本工程建筑垃圾预处理工艺流程如图 5-3 所示。

5.4.3　工艺流程描述

建筑垃圾通过运输车运输至处理厂后，首先于存储车间卸料，车间采用封闭设计，总面积超过 10000m^2，满足连续生产储存量，高峰期运输而至的建筑垃圾可于厂区应急堆场暂存。

建筑垃圾经装载机向链板给料机料仓上料，进入预处理系统的砖混分选机，通过形状差异选别原理，将砖瓦石和混凝土进行初步分离。

渣土部分会同砖瓦石进入 31.5mm 筛孔振动筛，筛下物一部分可作为无机混合料生产原料，剩余部分外运处置或作为回填土；筛上物进入圆锥破碎机后，经 10mm 振动筛，筛下物经带式输送机送至骨料备料棚，筛上物返回破碎环节，保证出料粒径，重新破碎前可由人工拣选出非建筑用料的物质。

经砖混分选机去除部分渣土和废砖瓦后，混合物料进入颚式破碎机，破碎后的物料经磁选分离出大部分废弃钢筋及废金属物质，随后进入湿式除杂系统，通过水力浮选原理，在清洗骨料的同时，将木块、塑料等轻质物选出，定期外运处置。水洗后物料进入反击式破碎机进一步破碎，之后进入多层振动筛，5mm 以下物料经带式输送机送至骨料备料棚，31.5mm 以上物料返回破碎环节，保证出料粒径在 5～31.5mm 范围内，经磁选回收金属后进入轻质物分离系统，利用物料密度的不同，对轻质物料（如塑料及木屑）进行选别。重质物料通过带式输送机送至冲击式整形机进行整形处理，整形机出料进入多层振动筛。通过此振动筛得到如下 4 种不同粒径的物料：

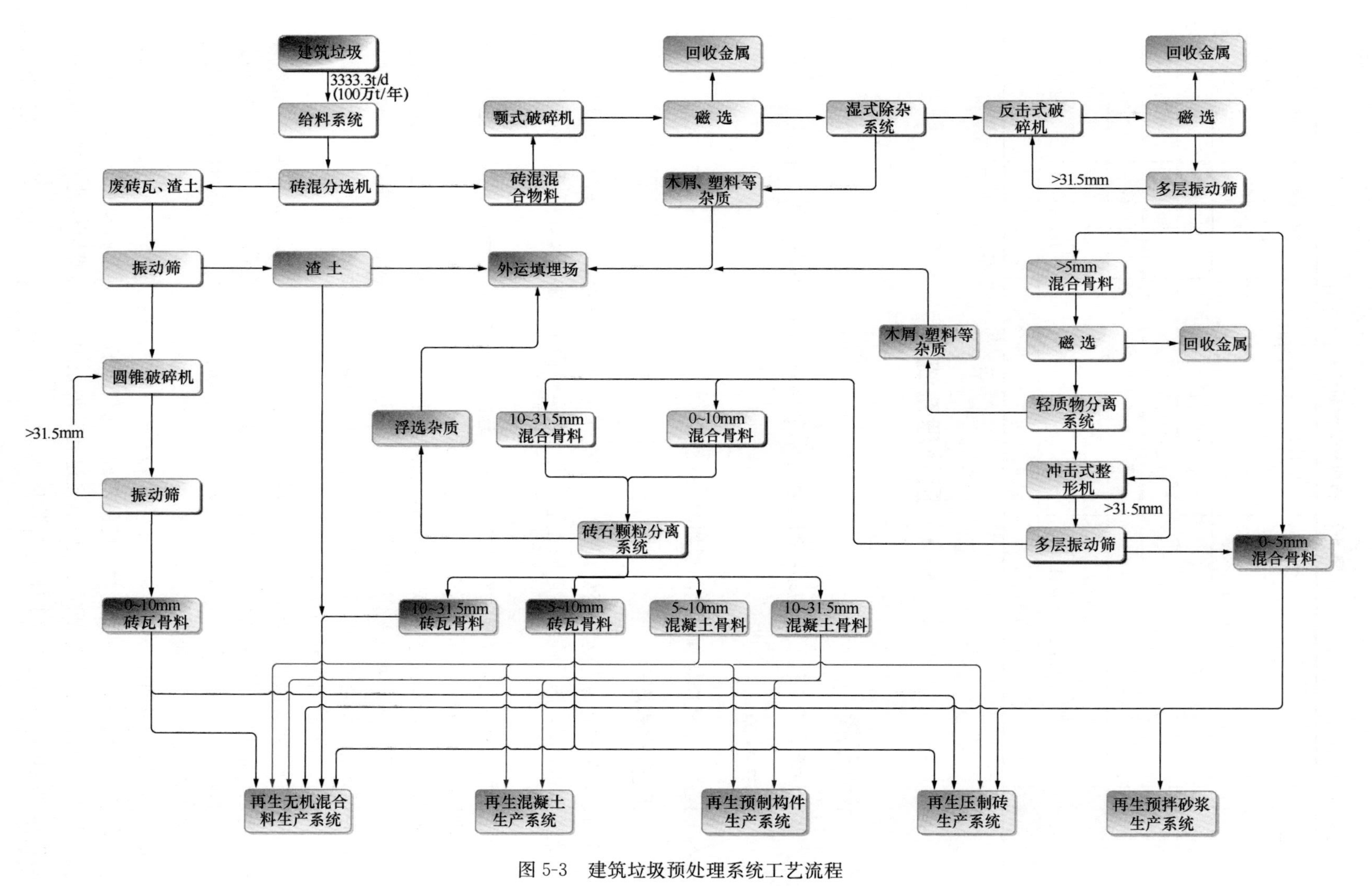

图 5-3 建筑垃圾预处理系统工艺流程

（1）小于 5mm 混合骨料：通过带式输送机送至骨料存放棚作为生产备料。

（2）大于 31.5mm 物料：返回至整形机处理。

（3）5～10mm 混合骨料。

（4）10～31.5mm 混合骨料。

上述 5～10mm 和 10～31.5mm 混合骨料各自进入砖石颗粒分离系统，通过跳汰分选，将混凝土和砖瓦进一步分离。出料分为 5～10mm 砖瓦骨料、5～10mm 混凝土骨料、10～31.5mm 砖瓦骨料和 10～31.5mm 混凝土骨料 4 类产品，各自通过带式输送机送至骨料存放棚作为生产备料。

该项目经过磁选分离出的钢筋、废金属用于出售、回收；经轻质物料分离器分离出塑料、木块类杂质，外送填埋处置。

骨料浮选产生的污水经过管道、泥浆泵输送至细砂回收系统，回收的细砂定期送至水洗骨料存放棚；经过细砂回收系统的污水通过泥浆泵，输送至泥浆池，通过管道输送至压滤机，产出清水和泥饼，清水通过管道返回浮选设备重新投入生产，泥饼可作为无机混合料生产系统原料或外运填埋处置。图 5-4 为浮选废水处理工艺流程。

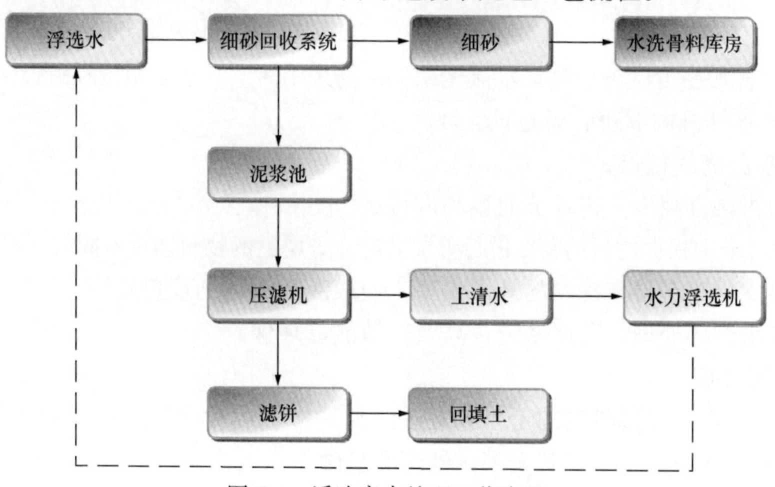

图 5-4　浮选废水处理工艺流程

建筑垃圾破碎筛分生产线将采用封闭处理方式，车间内配备了集中收尘（除尘）系统，同时配备了先进的喷雾抑尘系统装置，可有效控制生产过程中的扬尘，实现清洁生产。针对分拣出的金属及塑料、木块、纸屑等有机杂物，车间内将配备专门的收集箱进行统一收集，厂区内设有存放车间，定期由专业回收单位统一外运处理。

建筑垃圾破碎筛分生产线采用集中控制系统，联动及单动控制方案，控制室内采用整体显示设备确保监控整体运行状态，生产线设置紧急启停控制装置。

5.4.4　预处理系统关键设备介绍

1. 砖混分离系统

（1）初步分离单元。建筑垃圾通过进料斗进入砖混分离机构，通过分离机构的转轴从左到右运转，细颗粒渣土部分随砖块进入皮带输出，砖块偏心，上下直线跳动，利用角度改变砖块运行轨迹，使其自动转身达到失衡适合自落的尺度范围，使砖块充分下落，而混

图 5-5 砖混分离机传输分离结构

凝土则沿运转方向通过右侧的出料斗输出。砖混分离机传输分离结构如图5-5所示。

（2）后端深度分离单元。经前端分选环节选出的 5～10mm 和 10～31.5mm 粒径的砖混混合物到本单元中处理，利用跳汰分选的原理可以将密度较大的混凝土颗粒与砖瓦颗粒进行有效分离。

本项目砖石分离单元具有跳汰室，鼓动水流运动的机构和产品排出机构，跳汰室内筛板由冲孔钢板、编织铁筛网或算条做成，水流通过筛板进入跳汰室应使床层升起不大的高度并略呈松散状态，密度大的颗粒因局部压强及沉降速度较大而进入底层，密度小的颗粒则转移到上层。当水位下降时，密度大的细小颗粒还可通过逐渐紧密的床层间隙进入下层，补充按密度的分层鼓动水流运动的机构采用活塞，活塞室设在跳汰室旁侧，下部连通，由偏心连杆机构带动活塞上下运动。

湿式颗粒分离的特点：

1）均匀布料有利于分拣环节的顺利进行；

2）分拣环节中根据物料的密度进行分层处理，分层后的物料通过不同的出料通道溢出；

3）剥离主要用于分离物料的外层包浆，使成品物料达到理想效果。

4）自带水循环处理、利用系统，高效、节能、环保。

2. 水力浮选机

皮带式水力除杂浮选机适用于对破碎后的建筑垃圾进行重选、清洗和漂浮物的清除，将建筑垃圾回收利用，在实现其无害化处理的基础上，生产再生骨料用于再生绿色建材生产，达到资源化利用的目的。水力浮选机示意图如图 5-6 所示。

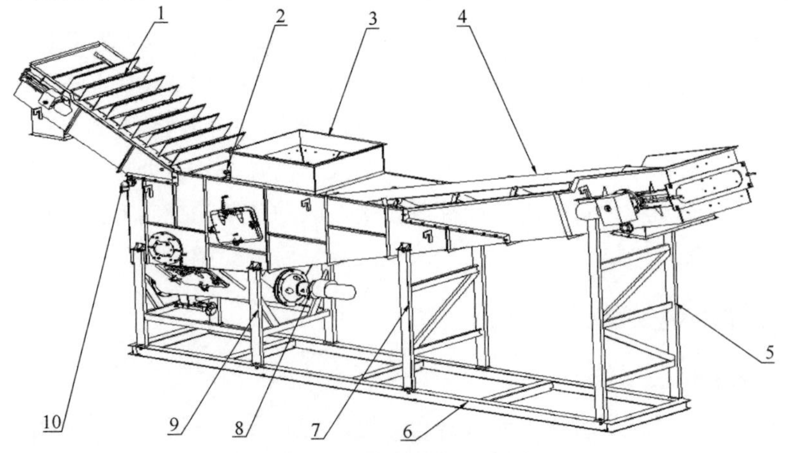

图 5-6 水力浮选机示意图

1— 刮板除杂装置；2—补水喷淋装置；3—上料筒装置 ；4—输送沥水装置；5—前长支腿焊接；6—底架焊接；7— 支腿 1 焊接；8—排泥装置；9—支腿 2 焊接；10—溢流口外接管

（1）刮板除杂装置。由刮板主辊筒、刮板被动辊筒、橡胶输送皮带、尼龙刮板和拉紧装置组成。通过电机驱动刮板主辊筒，带动刮板除杂机，及时清除漂浮在水中的轻质杂物并沥水。该装置采用变频电动机，可根据现场轻质杂物的情况适当调节刮板皮带的速度。头端设计有拉紧装置，通过螺杆可轻松调节刮板皮带的张紧和跑偏问题。

（2）上料筒装置。由角钢和钢板围焊而成，内部设置导料斜板，斜板下部连接钢板网（螺栓固定，可拆卸，便于更换），用于将上级破碎后的物料导入水槽内，并且阻挡漂浮轻质杂物混入带式输送机上的重质物料。小颗粒的重质物料可通过钢板网直接落到输送皮带上。为更好地与上级破碎输送设备配合使用，该装置在水平方向可适当调节位置。

（3）补水喷淋装置。该装置共包含两排水管，两排水管由焊接钢管上钻孔组成，用于对浮在水面上的轻质物料进行冲洗，便于刮板刮除。该装置在对物料进行冲洗的同时，也起到对水箱内补充水源的作用。

（4）输送沥水装置。采用变频电动机减速直联方式驱动，结构简单紧凑；皮带改向辊筒采用锥形结构，减小水中泥砂与改向辊筒及皮带的接触面积，延长皮带和辊筒的使用寿命；前端设计有皮带拉紧装置，通过螺杆可轻松调节输送皮带的张紧和跑偏问题。

通过变频电动机驱动皮带主辊筒，带动输送沥水机，拖动沉入水底的重质块状物料上行。为防止皮带上黏附物料进入水槽，增加沉淀负荷，在设备机头设置刷流装置，刷流驱动与输送沥水机头轮相连，并设置张紧装置。沿毛刷设置挡条，及时清除毛刷附着物料。

3. 整形机

该工程整形机为立轴冲击式破碎机。基于其破碎原理，石料在破碎腔内沿内裂纹破碎，棱角被打掉，因为成品多为上等的立方体颗粒，所以这类设备就称为整形机，而立轴冲击式破碎机最大进料粒径一般不超过4cm，因为在选用时首先要参考的就是最大进料粒径。从整形效果上讲，立轴冲击式破碎机由于转子转速极高，处理能力超强，是目前国内外最佳的整形设备。

4. 颚式破碎机

颚式破碎机有近乎正方形的大进料口，深腔并且无死区的破碎腔设计能提高进料能力与产量。动颚顶部装有一块可以更换的厚护板，用以保护动颚不受进料的冲击，因而进料口动颚上方可不安装挡料板，进入破碎机的大块物料可以直接落入破碎腔的活动区。传统颚式破碎机采用的是非对称破碎腔设计，其有效进料口尺寸小于额定开口，该系列破碎机采用的是对称破碎腔设计，使实际开口等于额定开口，提高了进料能力。

颚式破碎机使产量、破碎比获得了良好的平衡。肘板机构的设计和其运动速度的结合，使破碎机获得最大产量和颚板的低磨损，理想的破碎夹角保证物料顺利通过破碎腔，使破碎比达到最大。

颚式破碎机的4个滚柱轴承采用油脂润滑，迷宫式密封可有效防止粉尘进入，锥面配合的轴端结构方便飞轮的拆装。肘板采用柱面啮合，无油润滑，无须维护保养。颚板由可更换的卡块和拉杆固定、锁紧。颚板背面垫薄钢板，这些部件有助于保护动颚和机体框架，而且在工地就可以方便更换，无须返厂检修，因而可以大大减少使用周期内的维护费用。图5-7为颚式破碎机实物。

5. 反击式破碎机

反击式破碎机是一种利用冲击能来破碎物料的破碎机械。机器工作时，在电动机的带

图 5-7　颚式破碎机实物

动下，转子高速旋转，物料进入板锤作用区时，与转子上的板锤撞击破碎，后又被抛向反击装置上再次破碎，然后又从反击衬板上弹回到板锤作用区重新破碎，此过程重复进行，物料由大到小进入一、二、三反击腔重复进行破碎，直到物料被破碎至所需粒度，由出料口排出。调整反击架与转子之间的间隙可达到改变物料出料粒度和物料形状的目的。石料由机器上部直接落入高速旋转的转盘；在高速离心力的作用下，另一部分与以伞形分流在转盘四周的飞石产生高速碰撞与高强度的粉碎，石料在互相撞击后，又会在转盘和机壳之间形成涡流运动而造成多次互相撞击、摩擦、粉碎，从下部直通排出。形成闭路多次循环，由筛分设备控制达到所要求的粒度。反击式破碎机实物如图 5-8 所示。

6. 圆锥式破碎机

圆锥式破碎机适用于冶金、建筑、筑路、化学及硅酸盐行业中原料的破碎，根据破碎原理的不同和产品颗粒大小的不同，又分为很多型号。破碎机广泛运用于矿山、冶炼、建材、公路、铁路、水利和化学工业等众多部门。圆锥式破碎机破碎比大、效率高、能耗低、产品粒度均匀，适合中碎和细碎各种原料。

图 5-8　反击式破碎机实物

在圆锥式破碎机的工作过程中，电动机通过传动装置带动偏心套旋转，动锥在偏心轴套的迫动下做旋转摆动，动锥靠近静锥的区段即成为破碎腔，物料受到动锥和静锥的多次挤压和撞击而破碎。动锥离开该区段时，该处已破碎至要求粒度的物料在自身重力作用下下落，从锥底排出。圆锥式破碎机实物如图 5-9 所示。

图 5-9　圆锥式破碎机实物

7. 磁选机

图 5-10　磁选机实物

破碎后的建筑垃圾经过皮带输送，通过磁选机（图 5-10）选出铁质类金属，可回收利用。

（1）磁选类型。磁力分选简称磁选。磁选有两种类型：一种是永磁场磁选，另一种是电磁场磁选。

（2）磁选的基本原理。磁选是利用固体物料中各种物质的磁性差异在不均匀磁场中进行分选的一种处理方法。磁选过程是将固体物料的输送经过特定的磁场附近，铁质类金属在磁场作用下被磁化，从而受磁场吸引力的作用，使铁质类金属吸在磁场体上，并随自动卸料装置从排料端排出。非磁性颗粒由于所受的磁场作用力很小，仍留在物料中而被继续输送。

（3）磁选机。通过磁选选出的铁质类金属，可回收利用。过磁选后再进入下一道工序。

8. 风选机

风选机是进行风选的设备。风选是重力分选的一种，是以空气为分选介质，在气流作用下使固体物颗粒按密度和粒度进行分选的方法。本项目中的风选主要以风选塑料及木材类为主，能达到很好的效果。

9. 多层振动筛（图 5-11）

图 5-11　振动筛实物

（1）筛分目的。筛分是利用筛网将粒度范围较宽的颗粒群分成窄级别的作业。该分离过程可看成是由物料分层和细粒透过筛网两个阶段组成。物料分层是完成分离的条件，细粒透过筛网是分离的目的。

（2）筛分设备的类型。筛分设备主要包括辊筒筛、圆盘筛、振动筛和张弛筛。通常，辊筒筛和圆盘筛用在预处理的前端，振动筛和张弛筛主要用在预处理的后端，多用于筛出垃圾中的灰土。该项目分选系统采用圆振动筛进行筛分。将物料分成 4 个类别：0～5mm 的物料，5～10mm 的物料，10～31.5mm 的物料和大于 31.5mm 的物料。前 3 种作为最终骨料产品，后一种则重新返回反击式破碎机再次破碎。

10. 移动式破碎机

该工程设置一套移动式破碎机作为建筑垃圾预处理系统应急破碎分选设备。

当原料尺寸过大（通常不应超过 600mm）时，应对原料进行预破碎，再送入移动式破碎机的上料系统。视破碎原料的种类不同，移动式破碎机的处理能力也不同，通常可达到 250～350t/h。

建筑垃圾破碎系统由喂料装置、反击式破碎机、直接驱动系统、终筛分装置、可视化控制系统组成。

喂料装置上料料斗容积可达 4m^3，上料高度约 4.2m，原料通过喂料槽后进入反击式破碎机。破碎机罩壳为液压翻转式，侧壁及后壁上有维护保养门，每侧装有两个紧凑且易于接近的罩壳螺栓，进口处装备液压升降的、重型铸造活门，装备链式料帘及多级橡胶料帘，系统将来自预筛分下层筛面上的材料输送到破碎机下方的振动卸料槽（旁通）。破碎机的 C 形板锤是实现系统破碎功能的核心设备，经破碎后的原料进入系统后续的终筛分装置，进行破碎产品的最终分类。

破碎系统还配置了电磁除铁器及低压喷水系统。电磁除铁器可以回收破碎后建筑垃圾中的金属成分；低压喷水系统安装在破碎机、卸料皮带机、侧向皮带机等处，通过将水雾化喷出，可起到破碎过程中的降尘作用。

整个建筑垃圾破碎系统采用柴油发动机作为动力源，功率可达 298kW，全套装置可由可视化控制系统统一操作，方便快捷。

移动式破碎机的主要特点如下：

（1）系统具有重力分配优化的、整体、连续焊接式履带底盘。

（2）系统具有坚固的液压折叠式喂料斗，配液压操纵的锁紧机构，可于地面上操纵。

（3）系统具有独立的预筛分机，将原材料进行高效分离和清理，筛分机的振动使物流更加顺畅，有利于材料向破碎机的持续流动，通过双层筛面的变化，能够实现多种不同的预筛分效果。

（4）材料流动流畅，材料通道从进口到出口逐渐放大，即使针对非均匀的材料，也能够确保理想的材料处理效果。

（5）异常坚固的、高效反击式破碎机，具有全液压反击板调节、一体式过载保护及出口开度自动调节功能，最新一代 C 形板锤技术，破碎能力强、材料形状标准。

（6）强劲高效的柴油机、液力偶合器直接驱动破碎机，动力损失小。

（7）所有其他驱动均装备低维护电动机（液压驱动的风扇除外）。

（8）所有功能的电气联锁，也包括装备的电驱动筛分设备、皮带机等。

（9）标准的遥控-绳控系统便于设备的安全运行、重新就位或装卸。

（10）装备高能、燃油高效的柴油发电机（298kW，可变连续输出），这是最新型排放技术及高能发电机，配隔声发动机罩。

（11）有大尺寸卸料皮带，堆料高度高。

5.5 再生产品技术

5.5.1 再生无机混合料系统

1. 设计规模

该建筑垃圾处理工程再生无机混合料系统生产规模为 1875t/d，即 45 万 t/年。

2. 工艺流程

该工程再生无机混合料系统工艺流程如图 5-12 所示。

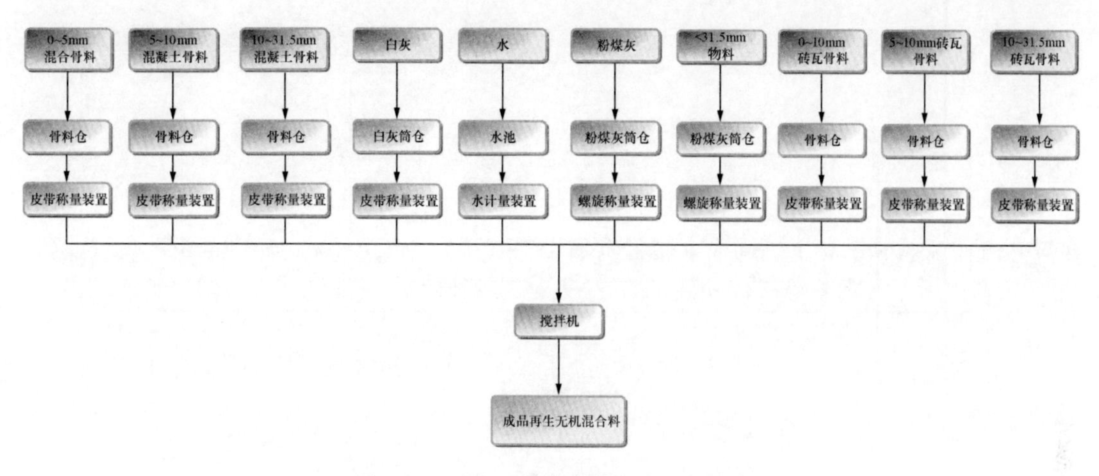

图 5-12　再生无机混合料生产工艺流程

3. 工艺流程描述

将废砖瓦类骨料各粒径范围骨料、混凝土各粒径范围骨料用装载机分别装入 1～7 号骨料仓中，按规定比率连续按量通过 1～7 号带式输送机，再通过 8 号集料带式输送机将骨料配送到搅拌机中。

白灰和粉煤灰由 1、2 号粉料仓存储，经计量装置称量后输送至粉仓中，再螺旋输送至搅拌机中，水由潜水泵经调定流量连续输送到强制搅拌机中，经强制混合搅拌并达到工艺要求的物料通过 9 号成品料带式输送机被输送至成品接收工具车中，转至成品库房。

4. 产品质量标准

产品标准执行《公路路面基层施工技术规范》（JTJ 034—2000）［现行为《公路路面基层施工技术细则》（JTG/T F20—2015）］、《道路用建筑垃圾再生骨料无机混合料》（JC/T 2281—2014）、《城镇道路建筑垃圾再生路面基层施工与质量验收规范》（DB11/T 999—2013）（北京市地方标准）。

5.5.2　再生混凝土系统

1. 设计规模

该建筑垃圾处理工程再生混凝土系统生产规模为 1458.33m^3/d，即 35 万 m^3/年。

2. 工艺流程

该工程再生混凝土系统工艺流程如图 5-13 所示。

混凝土生产采用订单式生产管理，按需生产，避免产能过剩。接到生产经营部门的生产通知书后，由实验室负责对各种生产骨料（原生骨料和再生骨料）、粉料、添加剂、水等质量进行检验，确保符合标准规定。

按照混凝土强度设计规范，按照配合比和含水率出具配料单，生产过程严格按照配料单进行计量式配料，产品经检验合格后出厂。混凝土搅拌站共分为骨料配料系统、皮带输送系统、计量系统、搅拌系统、控制系统和生产辅助系统。下面主要介绍前 5 个系统。

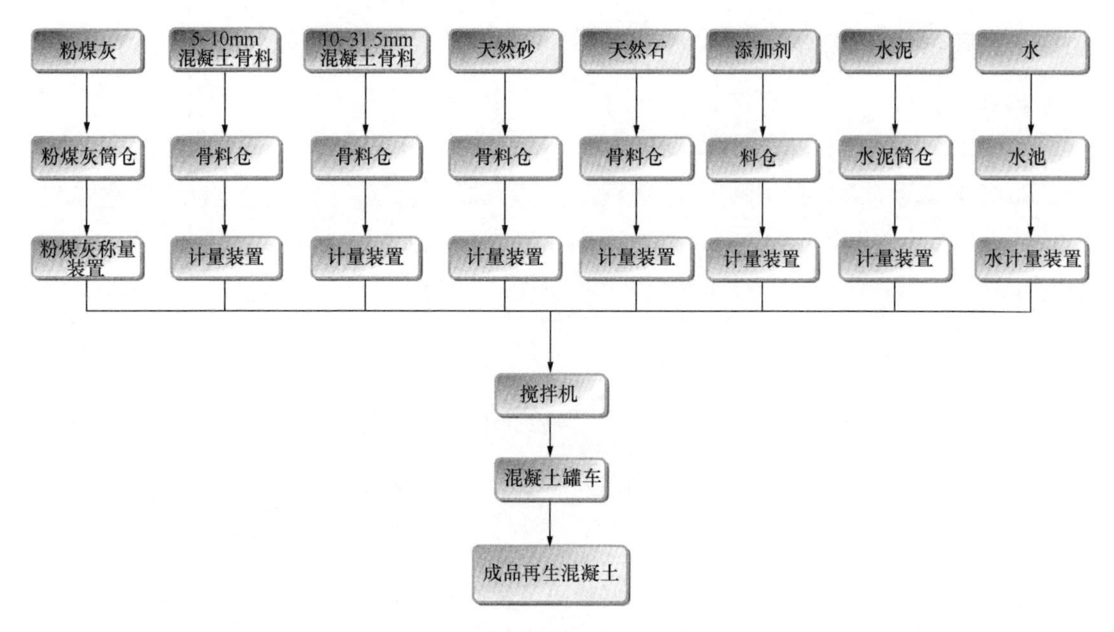

图 5-13 再生混凝土生产工艺流程

（1）骨料配料系统。骨料配料系统采用骨料仓一字形模块式结构，骨料仓仓体为锥形结构，每个储料斗底部设有两个卸料门，用气缸控制料门的开启。各骨料仓设有振动装置，以保证下料干净、顺畅。骨料计量方式为单独计量。

（2）皮带输送系统。皮带输送采用小倾角 18°斜皮带机，由驱动辊筒、改向辊筒、头架、尾架、支腿、槽托辊、平托辊、皮带、爬梯及防尘罩等组成。斜皮带机、骨料配料系统的平皮带机均设有双向拉绳开关，工作状态出现紧急情况时，拉动拉绳开关，设备即停止工作。整个带式输送机采用机罩密封，有效降低环境污染，并配有检修走道和安全扶手，方便日常的维护保养等工作，斜皮带尾部装有调节挡料板，可有效调节骨料落点，有效防止皮带跑偏。

（3）计量系统。再生骨料、水、粉料、添加剂等全部采用单独计量，大容量计量斗设计，可满足不同强度等级的混凝土生产。

（4）搅拌系统。搅拌系统是保证混凝土质量的关键环节，搅拌主机性能决定了搅拌站的生产能力和运行效果。本工程搅拌主机采用国内自主开发设计的双轴混合搅拌机，它效率高、性能可靠。

（5）控制系统。采用智能化的控制系统实现混凝土整个生产过程的自动控制，实现混凝土的生产数据化管理。采用“工业触摸屏＋微机控制系统”的监控组合，上位计算机监控系统对搅拌站生产全过程的数据信息进行实时同步监视；系统的各种参数、状态和数据信息处于同步传输状态，生产模拟画面同步动态显示；当主机出现故障不能控制搅拌站正常生产时，仍可用工业触摸屏进行生产控制，从而保障生产正常进行，实现一机双控；配备高清摄像监视器，在控制室监控整个搅拌站的工作情况。

3. 产品质量标准

再生骨料预拌混凝土强度达到 C30。

5.5.3　再生预制构件系统

1. 设计规模

该建筑垃圾处理工程再生预制构件系统生产规模为 208.33m³/d，即 5 万 m³/年。

2. 工艺流程

该工程再生预制构件系统工艺流程如图 5-14 所示。

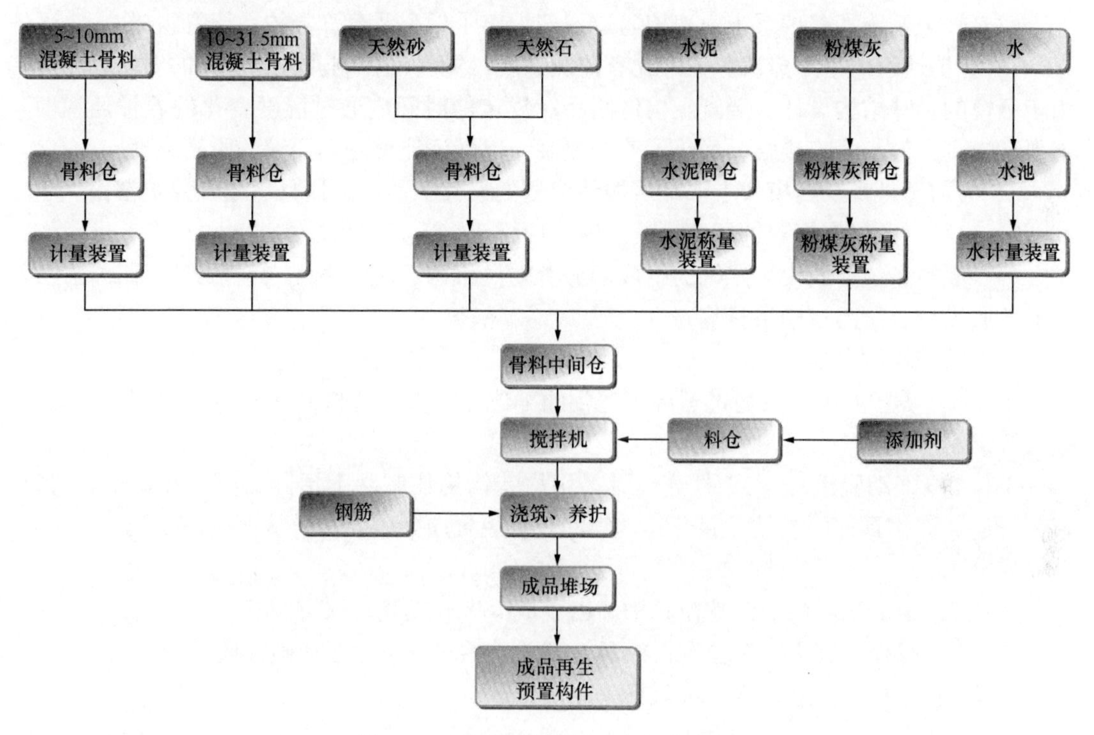

图 5-14　再生预制构件生产工艺流程

该工程再生预制构件生产线采用机组流水生产工艺，隧道连续养护方式。单线生产运行节拍按照 3～3.5min 设计。

生产流线分为：供料系统、布料振动系统、养护系统、脱模系统、成品输送系统、电控系统等。设计采用模具平面流转的方式，养护窑前后采用自动运行的摆渡车。生产线自动运行，在各个工位同时可以进行人工干预，便于控制生产节拍及生产组织管理。模具四壁可打开一定角度，便于清理。

（1）供料系统。供料小车用于完成搅拌站至布料机构的混凝土物料运输，变频调速电动机驱动，液压油缸开启料门。

（2）布料振动系统。布料振动系统由布料机、振动台及输送机、升降平台组成，主要功能是完成混凝土的布料、振动成型；布料机的功能是自动向钢模内浇筑混凝土物料，并能在布料行车上自动行走；振动台的功用是完成混凝土物料的排气、密实及成型；输送机的功用是将载有经振动成型的混凝土构件的模具运送到待取工位。

1）布料机构按纵向移动，实现在作业范围内任意移动，准确完成混凝土浇筑；料斗内设置搅动装置，开口设置两个导料槽，导料槽开合大小及角度可以控制，混凝土料可以准确地流入不同尺寸的模具型腔。采用西门子可编程控制及变频驱动技术，设备行走位置精确，设备安全性完善。

2）振动台为整条生产线的核心部位，直接影响混凝土构件的最终质量，为此部件配备、控制进行了优化，以最优化的组合从根本上保证了混凝土构件生产工艺要求。

浇筑振动工位由可升降的升降平台及振动台组成，升降平台结构采用气囊顶升。振动台采用台式振动，安装附着式振动电动机。

（3）养护系统。养护系统由养护通道、养护窑子母车及蒸汽养护系统等组成。

1）养护通道内采用蒸汽养护，配有监测系统，能自动控制养护通道内的温度和湿度；由于钢模的特殊结构设计，混凝土构件制品在规定的时间内通过温度变化的养护通道时，能保证模具充分与蒸汽接触，优化了养护效果，以保证能够达到要求的脱模强度。

2）窑前子母车从回模线上取浇筑振动成型的模具，然后把模具运输到养护窑内。

3）出窑时子母车把养护好的模具运输到回模辊道上，然后模具进入脱模工艺。

（4）脱模系统。脱模生产线的组成部分有输送机构、脱模系统（包括具有保护输送线功能的脱模台、制品运输吊具等）。

具体的脱模过程如下：

工位1：养护好的模具通过子母车送到此工位上，操作者松开外模与内模连接的紧固装置等。

工位2（气动脱模）：人工打开模具，用吊装钩钩住制品上预留的吊装孔，吊具带动制品升起，如模具连同制品一起升起，气动脱模装置向下砸模具，从而振动模具，使模具与制品分离。

工位3：成品吊具将成品从模具中吊出至成品区，模具进入下一工位。

工位4：操作者在下个工位进行模具清理，然后进入下个工位喷涂脱模剂。

工位5：合模，钢筋加入，进入下一循环。

（5）成品输送系统。制品吊装出来，本着一个正放一个倒放的原则，正放的模具是吊装后要旋转180°，所以制品上吊点设置在制品几何重心位置。

（6）电控系统。

1）控制系统总体设计融合了传感检测、精密控制、现代信息处理、网络控制技术、变频驱动、安全防护技术、PLC控制。

2）电控系统总体分类如下：中央控制系统（PLC输入/输出及CPU＋人机界面）；模具返回系统；布料成型系统。

3）电控系统操作模式分类如下：调整模式（Set up mode）；手动模式（Hand mode）；自动模式（Auto mode）。根据不同的工况需要，提供最优化的工作模式。

4）系统中央控制单元采用西门子S7-300可编程控制器（PLC），从根本上保证了生产线的先进性，现场分布式控制采用总线控制模式，连接BECKHOLF远程I/O，最大限度地保证了数据适时稳定的传输，同时保证了现场维修的极大方便化；使用机械设备避雷专用装置，最大限度地避免了雷电及电涌对设备的破坏；安全继电器使操作人员的安全生产得到了根本性保障；低压附件全部采用进口产品，保证了设备的运行稳定性。

3. 产品质量标准

建筑工业化预制混凝土构件生产线执行《建筑工业化混凝土预制构件制作、安装及质量验收规程》(DBJ51/T008－2012，现行为 DBJ51/T008－2015)。

5.5.4　再生预拌砂浆系统

1. 设计规模

该建筑垃圾处理工程再生预拌砂浆系统生产规模为 166.67t/d，即 5 万 t/年。

2. 工艺流程

该工程再生混凝土系统工艺流程如图 5-15 所示。

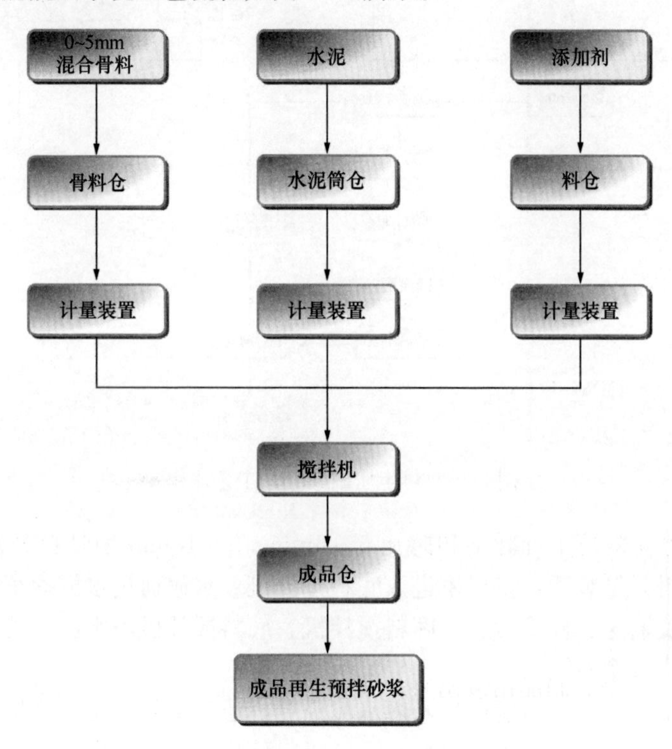

图 5-15　再生预拌砂浆生产工艺流程

将分选后 0～5mm 混凝土再生细骨料用装载机装入骨料仓中，经计量装置称重后通过集料带式输送机配送到搅拌机中。

水泥由罐车以气力输送到水泥筒仓内，筒仓配有除尘器和破拱装置，筒仓底部的螺旋输送机将粉料输送到称料斗内送往搅拌系统。添加剂经搅拌系统料仓出料计量后，送往搅拌机内。

调配好的物料搅拌处理后经一次存储罐倒料可进入最后包装系统、散装系统或者成品存储系统。整条生产线设计为全自动计算机控制系统和完备的除尘系统。

3. 产品质量标准

产品标准执行《预拌砂浆》(GB/T 25181—2010，现行为 GB/T 25181—2019)。

5.5.5　再生压制砖系统

1. 设计规模

该建筑垃圾处理工程再生压制砖系统生产规模为 2916.67m^2/d，即70 万m^2/年。

2. 工艺流程

该工程再生压制砖系统工艺流程如图 5-16 所示。

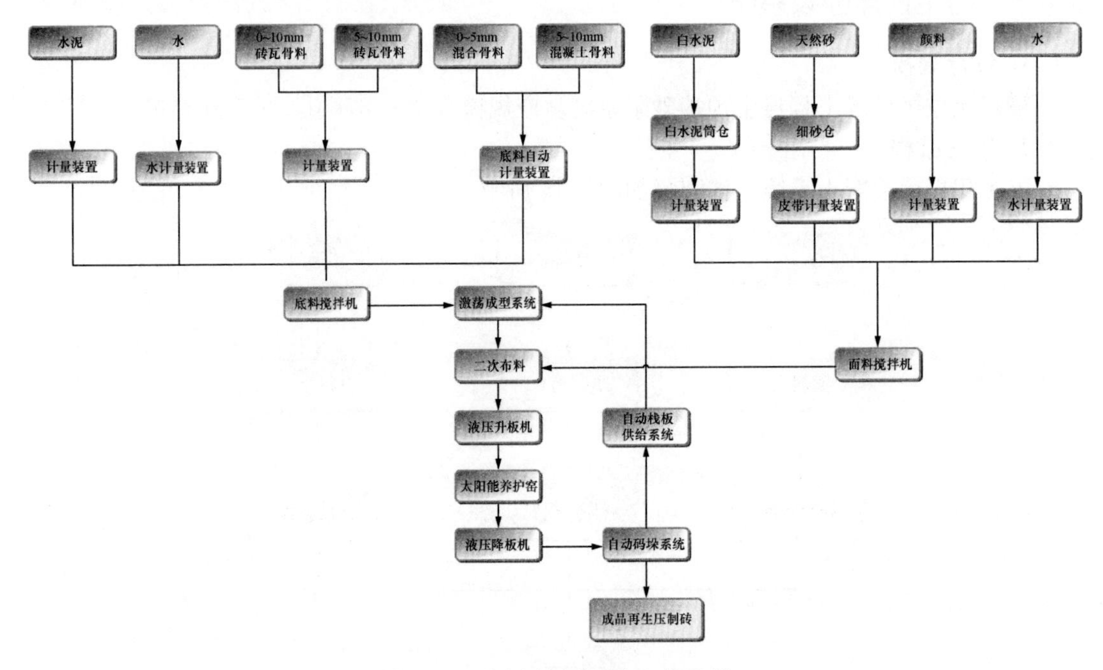

图 5-16　再生压制砖生产工艺流程

预处理系统产生的再生混凝土和砖瓦 0～5mm、5～10mm 细骨料分别经装载机上料至骨料仓，经出料计量装置，按比率进入底料搅拌机。水泥通过水泥罐车气力输送打入水泥筒仓，通过螺旋输送、称量后进入底料搅拌机。底料搅拌机内水泥、再生骨料加水搅拌后被提升至激振式成型系统。

白水泥通过水泥罐车气力输送打入白水泥筒仓，通过螺旋输送、称量后进入面料搅拌机；天然细砂、颜料由铲车装入各自料仓，经出料计量后，会同白水泥于面料搅拌机中加水搅拌，之后进入成型系统为物料添加面层。

物料成型后通过液压式升板机、窑子母车输送进入太阳能养护窑，养护 12h 后，依次经过液压式降板机、自动码垛系统、成品养护堆场（养护 28d），得到最终步道砖产品。

3. 产品质量标准

该工程生产不同种类的再生压制砖的产品技术指标符合《建筑垃圾处理技术规范》（CJJ 134—2009）[现行为《建筑垃圾处理技术标准》（JJ/T 134—2019)]、《再生骨料地面砖和透水砖》（CJ/T 400—2012）、《工程施工废弃物再生利用技术规范》（GB/T 50743—2012）的相关规定。

5.6　自动化系统

5.6.1　建设范围

自动化系统的建设范围包括工厂智慧化全部系统的设计、开发、安装、编程、调试等方面的工作，主要包括自动化硬件基础设施系统、SCADA综合监控系统、MES、车间自动化系统、移动应用系统等。

5.6.2 建设原则

（1）实用性。要求坚持以需求为导向，以应用促发展，贴近工厂实际运营的需求，满足实际生产管理和办公的要求。

（2）先进性。立足采用先进的技术，构建先进的应用，要求系统着眼点高，不仅能够满足当前生产和办公的要求，而且要具有一定的前瞻性。

（3）可扩展性。要求系统建设不仅满足现在的要求，还应使系统保持好的可扩展性，以利于逐步升级，实现向未来技术平滑过渡。

（4）高集成性。强调各信息系统的标准化，系统应能保证与工厂运营的业务系统实现有效的衔接，实现各种信息的共享和集成。

（5）开放性。在设备选择及联网方案上一定要坚持开放性原则，保证该系统对各种硬件设备的互联互通；在软件上支持跨平台和开放数据接口，便于与其他系统软件集成在一起。

（6）稳定性。要求系统选择成熟、稳定、先进的操作系统、数据库、网络协议、中间件等，采用高可用性技术，保证系统具备长期稳定工作的能力，当出现误操作或异常情况时，有良好的系统纠错和恢复能力。

（7）可管理性。系统的使用及管理以简便、易于操作、方便实用为准则，保证系统具有高可管理性，降低系统管理和维护成本。

（8）模块化。要求系统中各功能按照模块化原则设计，采用模块化、组件化和开放性设计，方便实现应用模块的增加和删除。

5.6.3 智慧工厂总体架构

丰台建筑垃圾资源化处理厂智慧化主要包括MES、SCADA系统以及现场控制系统3部分。其总体架构如图5-17所示。

5.6.4 SCADA系统

SCADA系统主要对预处理生产车间、生产备料车间、压制砖生产车间、混凝土生产车间、预制构件生产车间、无机料生产车间及其辅助系统、安防系统、消防系统等的基础数据及视频信息进行采集。主要采集的基础数据包括各工艺过程中的电流、电压、温度、设备运行状态等数据。综合控制中心的操作人员通过SCADA系统所采集的数据，主要实现以下功能：

（1）生产线工艺流程的动态显示及单体设备的状态信息；

（2）报警显示、管理，以及事件的查询、打印；

（3）数据的采集、归档、管理以及趋势图显示；

（4）生产统计报表的生成和打印；

（5）用户信息管理，控制权限的确定，操作命令的下达；

（6）自控设备、仪表的故障诊断和分析；

（7）为信息化系统提供数据，与厂区自动化管理系统平台连接、进行数据交换。图

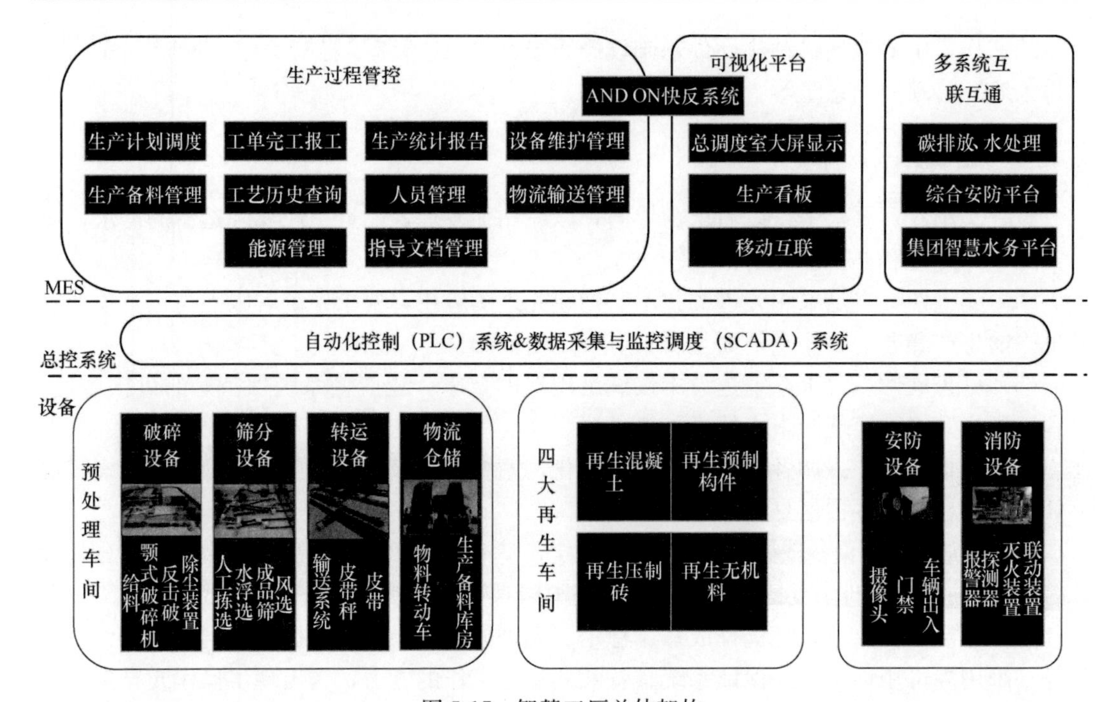

图 5-17　智慧工厂总体架构

5-18 为 SCADA 系统界面。

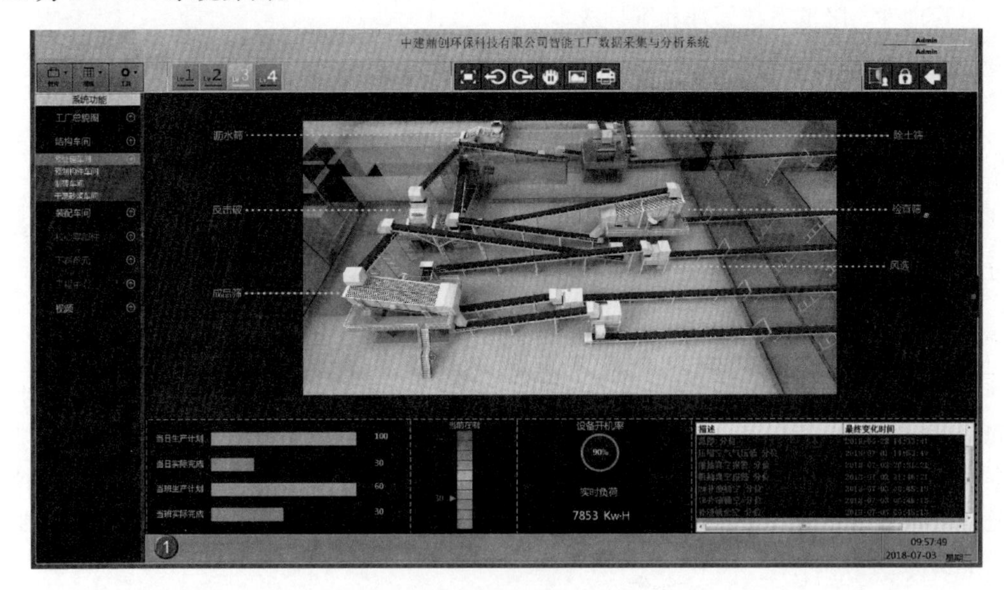

图 5-18　SCADA 系统界面

5.6.5　MES

MES 主要完成丰台建筑垃圾资源化项目的生产计划调度、指导文档管理、工艺历史查询、生产备料管理、设备维护管理、工单完工报工、生产统计报告、能源管理、物流输送管理和人员管理等。

MES 模块中的生产计划调度模块依据生产订单将生产计划进行分解，通过综合控制中心的 MES 管理终端将生产任务分配到预处理车间、各再生产品生产车间、生产备料车间等，各生产车间根据分配任务合理安排车间生产任务。在此过程中各生产车间完成各自的生产任务，协同完成生产订单，使各生产车间之间有机地结合在一起，极大地提高生产效率，实现资源的合理配置。

设备维护管理是一套对生产设备、操作规程、管理制度、运行监控、故障诊断、维修维护、运行统计等进行全面管理的模块。该模块能够完善设备维护保养项目和周期，建立良好的设备预防维护机制，规范设备维修流程，加强对设备的监控和分析，保证设备运行在正常状态，提高设备利用率。

能源管理模块基于实时数据库完成全厂范围内水、电等基础能源的计量，实现能源精细化管理，提高能源利用率。通过与实时数据库高度集成同步的 Web 界面，实现全厂能源的动态监控与统计分析，实现厂区综合能耗、单位产品、单位产值综合能耗等数据查询与分析。

生产备料管理模块主要是针对生产备料车间的管理。主要备料包括天然砂石骨料、不同粒径的再生骨料等。此模块主要功能为备料入库管理、备料出库管理、备料盘点及备料预警等。

5.6.6　车间自动化系统

车间自动化系统主要包括设备的自动化控制、输送系统的自动化控制。其中，设备的自动化控制要素包括设备的启动与关闭、设备的运行参数调整。设备的启动与关闭由车间的控制室操作人员通过操作员站，利用 PLC 的输入/输出模块控制软启动器，从而控制电动机的启动与关闭，以此实现设备的启动与关闭。同理，通过控制变频器来调整设备的运行状态。输送系统的自动化控制主要是对车间内的输送皮带进行控制。其控制要素包括皮带的启动与关闭、皮带的传输速度、皮带的偏移量等参数。皮带的启动与关闭、传输速度的控制与设备的控制原理相同。皮带的偏移量控制则通过皮带纠偏器来控制皮带的偏移量。

下面以丰台建筑垃圾资源化处理厂预处理车间的自动控制系统为例进行介绍。控制系统 PLC 选用西门子 S7-1500 系列，并配置多个 ET200S 远程 I/O 模块，通过现场总线连接变频器控制需要调速的设备。建筑垃圾经过破碎分选、反击破、筛分等工序，得到 4 种不同粒径大小的骨料。通过布料控制系统，不同粒径的骨料被输送到特定的料仓。粒径为 0～5mm 及 5～10mm 的骨料优先被输送到制砖车间料仓，粒径为 10～25mm 及 25～31.5mm 的骨料优先被输送到无机料车间，直到检测信号检测到料仓已满时，布料控制系统控制相应卸料器动作，将骨料输送到备料棚中相应的料仓。

5.6.7　移动应用

该项目充分利用手机、平板电脑介质为代表的移动终端，开发工厂的管理系统移动应用程序。企业管理人员可以及时传递企业管理各方面信息，并及时了解企业的运行状况，实现企业管理效率的提高，达到提高效率、降低成本和风险的作用，同时为企业信息化建设带来巨大变革。

实现主要功能需求：

(1) 将 MES 上的审批业务推送至移动终端，在移动终端实现远程在线审批，提高公司的业务流程审批效率，促进公司的业务发展。同时，可在手机端查看关键报表及信息。

（2）移动终端能够浏览 SCADA 综合监控系统。

5.7 其他系统

5.7.1 除尘除臭系统

1. 设计依据

（1）《大气污染物综合排放标准》（DB 11/501—2007，现行为 DB 11/501—2017）。

（2）《环境空气质量标准》（GB 3095—2012）。

（3）《恶臭污染物排放标准》（GB 14554—1993）。

（4）《工业企业设计卫生标准》（GBZ 1—2010）。

（5）《大气污染物综合排放标准》（GB 13223—2011）。

（6）《工业企业噪声控制设计规范》（GB/T 50087—2013）。

（7）《袋式除尘器安装要求验收规范》（JB/T 8471—2010）。

（8）《袋式除尘器用滤料及滤袋技术条件》（GB 12625—1990，目前已废止）。

（9）《袋式除尘器性能测试方法》（GB 12138）[已被《袋式除尘器技术要求》（GB/T 6719—2009）代替]。

（10）《分室反吹类袋式除尘器认定技术条件》（HCRJ 041—1999）[已被《环境保护产品技术要求 分室反吹类袋式除尘器》（HJ/T 330—2006）代替]。

2. 除尘除臭要求

该项目需要除臭处理车间主要为污水处理车间，污水来源包括生产污水和生活污水两部分。其中，生产污水主要是骨料清洗后循环水的排水、地面冲洗水、设备冲洗水等，生活污水主要来自厂区内办公区域的生活污水。该车间开阔作业区域辅助采用植物液喷淋除臭，关键点定点收集后汇总进入组合除臭设施，处理后达标排放。

该项目待除尘处理车间为原料暂存车间、预处理破碎车间、再生免烧砖生产车间、无机混料车间、混凝土生产车间、预制构件生产车间、预拌砂浆车间。开阔作业区域辅助采用水雾降尘，关键点定点收集后汇总进入除尘设施。

3. 除尘除臭指标

该工程将执行《恶臭污染物排放标准》（GB 14554—1993）、恶臭污染物厂界二级标准，见表 5-3、表 5-4。

表 5-3 厂界二级标准值与恶臭污染物排放标准值

序号	项目	恶臭污染物厂界标准值（新扩改建）		恶臭污染物排放标准值（15m 高空排放）	
		单位	二级	单位	二级
1	氨	mg/m^3	1.5	kg/h	4.9
2	三甲胺	mg/m^3	0.08	kg/h	0.54
3	硫化氢	mg/m^3	0.06	kg/h	0.33

续表

序号	项目	恶臭污染物厂界标准值（新扩改建）		恶臭污染物排放标准值（15m 高空排放）	
		单位	二级	单位	二级
4	甲硫醇	mg/m^3	0.007	kg/h	0.04
5	甲硫醚	mg/m^3	0.07	kg/h	0.33
6	二甲二硫	mg/m^3	0.06	kg/h	0.43
7	二硫化碳	mg/m^3	3	kg/h	1.5
8	苯乙烯	mg/m^3	5	kg/h	6.5
9	臭气浓度	无量纲	20	无量纲	2000

表 5-4 除尘指标一览表

序号	项目	单位	设计指标	指标或政策	
				指标	标准、政策代号名称
1	捕集率	%	95 以上	无	
2	排放浓度	mg/m^3	<10	<10	《水泥工业大气污染物排放标准》（DB11/1054—2013）

5.7.2 除臭系统工艺设计

1. 概述

丰台区建筑垃圾资源化处理厂项目的污水处理车间会产生一定量的臭气。臭气的主要成分为 H_2S 和 NH_3，此外还有少量的有机气体如甲硫醇、甲胺、甲基硫等。这些气体挥发性较大，易扩散在大气中，而且部分气体有毒、刺激性气味大。为防止臭气危害人的健康、污染空气，必须采用除臭技术有效遏制空气污染，改善空气质量。

2. 除臭方法的选择

污水处理车间臭气常用除臭方法见表 5-5。

表 5-5 常用除臭方法

名称		方法	适用范围
物理法	扩散法	用烟囱使恶臭气体向大气扩散，以保证下风向和附近不受影响	工业有组织排放源产生的臭气
	水吸收法	将恶臭物质与水接触，使其溶解于水中，达到除臭的目的	水溶性物质、有组织排放工业源产生的臭气
	活性炭吸附法	利用活性炭吸附法，达到除臭的目的	有组织排放、臭气浓度较低的场合
化学法	直接燃烧法	将臭气与油或燃料混合后，在高温下完全燃烧，以达到脱臭的目的	工业有组织排放源、高浓度恶臭物质如炼油厂排气
	催化燃烧法	将臭气和燃烧气混合后在催化剂的作用下燃烧而达到脱臭的目的	工业有组织排放源、高浓度恶臭气体

续表

名称		方法	适用范围
化学法	O_3氧化法	O_3具有很强的氧化作用，可将恶臭物质彻底氧化分解	工业有组织排放源、中低浓度恶臭气体
	催化氧化法	在催化剂作用下将恶臭物质氧化成无臭或弱臭物质	工业有组织排放源、中低浓度恶臭气体
	其他氧化法	将恶臭物质通过高锰酸钾、次氯酸盐或过氧化氢溶液使其氧化分解	工业有组织排放源、中低浓度恶臭气体
	酸吸收法	将恶臭物质与酸溶液接触，使其溶解于酸溶液中达到除臭的目的	酸性物质，有组织排放工业源产生的臭气
	碱吸收法	将恶臭物质与碱溶液接触，使其溶解于碱溶液中达到除臭的目的	碱性物质，有组织排放工业源产生的臭气
生物法	活性污泥法	利用活性污泥吸附分解，达到除臭的目的	有组织排放源产生的臭气
	生物过滤法	有机填料中存在着大量的微生物，这些微生物有很强的吸附和分解臭气的能力，利用土壤的特性，达到除臭的目的	高、中、低浓度的恶臭物质
	堆肥法	将堆肥盖在臭气发生源上，使臭气分解达到除臭的目的	有组织排放源产生的臭气
	填充式微生物法	陶粒、塑料、贝壳等，利用微生物分解臭气，达到除臭的目的	高、中、低浓度的恶臭物质
联合法		几种方法联合使用，以去除恶臭物质	有组织排放，成分复杂的排放源产生的臭气

3. 除臭工艺流程

除臭工艺流程如图5-19、图5-20所示。

4. 工艺流程描述

污水处理车间的臭气采用正负压除臭结合的方式进行处理。负压除臭是对各臭源发生的设备、水池、操作空间等进行气体的强制负压收集，随后通过管道输送至综合除臭塔对臭味气体进行处理，最终实现气体达标排放；正压除臭是通过植物液汽化装置将植物液汽化后由鼓风装置随新风一同通入车间内的开放式区域，对整个车间内的环境空气进行治理，营造良好的车间工作环境。

（1）负压除臭原理。工艺原理说明：污水处理车间系统设备运行过程中产生的恶臭气体，被收集在相对密封系统内，通过收集风口、输送风管和风机，收集密封系统里的恶臭气体，分别送至各处理单元净化，以达到环保排放的目标。处理风量为$10000m^3/h$。

第一步：各构筑物内产生的恶臭气体，在抽吸口、输送风管和风机的作用下被送至化学洗涤塔，通过化学洗涤去除硫化氢等易溶于水的还原性物质。

第二步：经过初步处理的气体进入低温等离子体设备，大部分烃类恶臭有机物被等离子体环境下产生的氧自由基和羟基自由基氧化分解。

第三步：未被完全氧化的恶臭物质进入蜂窝活性炭装置，通过活性炭的吸附作用进一步去除恶臭污染物。

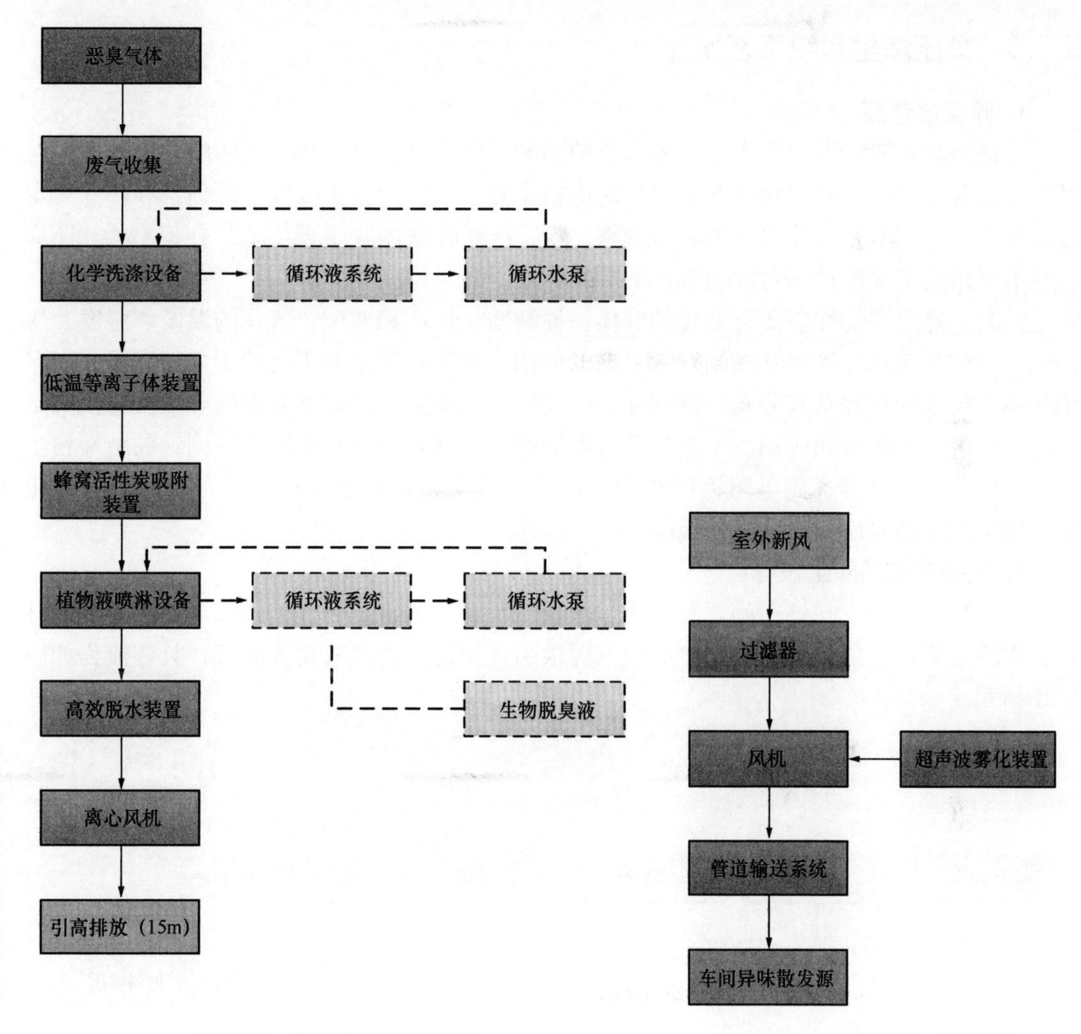

图 5-19　负压除臭工艺流程　　　　图 5-20　正压除臭工艺流程

第四步：经过 3 级处理后，进入植物液喷淋设备，该设备使用的喷淋循环液中加了少量吸收剂（植物提取液），臭味气体与植物提取液充分接触，空气中或水中的恶臭粒子被植物提取液吸收并除去。本级处理系统的主要作用是去除尾气中微量的恶臭分子。

第五步：由植物液喷淋设备处理后的废气经过高效脱水除湿层处理，降低尾气的含湿量。

第六步：经处理达标的废气通过烟囱引高 15m 高空排放。

(2) 正压除臭原理。工艺原理说明：超声波雾化器是利用电子高频振荡（通常振荡频率设置在 1.7MHz，超过人的听觉范围，该电子振荡对人体及动物无伤害），引起陶瓷雾化片的高频谐振而产生超声波；超声波在水中传播时产生空化现象；雾化器利用发生在水和空气之间的空穴爆炸将空穴周围的水粉碎成 1～3μm 雾滴，于是水面产生水雾；通过将雾化后的植物液在风机的作用下输送至恶臭污染源，由于分子间范德华力和表面活性，植物液雾滴迅速捕捉空间中的恶臭分子，通过乳化、氧化等反应，将空间中的恶臭分子去除，以达到除臭的效果。正压除臭系统与负压除臭系统共用一个植物液储箱。

5.7.3 负压除尘系统工艺设计

1. 除尘器选型

选择除尘器时必须全面考虑各种因素的影响，除尘器出口净化后气体的粉尘浓度要与环保规定的排放浓度要求相匹配。设计时应根据处理气体的粉尘浓度、处理量和环保规定的排放要求确定所要求除尘器的除尘效率，然后选择合适的除尘器类型。在运行中，还应注意由于运动工况不稳定对除尘效率的影响。

同时，除尘器的性能要与处理的气体特性和粉尘性质相匹配。气体的温度、湿度、腐蚀性、可燃与爆炸性等都直接制约除尘器的使用，如袋式除尘器不能用于处理高温、高湿的气体。粉尘的粒径及其分布、黏结性、湿润性、比电阻、可燃性和浓度等性质直接决定了除尘器的除尘效果和应用。不同的除尘器所能去除的粉尘粒径范围也不同；黏结性粉尘不宜采用袋式除尘器；比电阻大的粉尘，电除尘效果差；疏水性粉尘不宜采用湿式除尘器；粉尘浓度高时应考虑采用双级除尘。

2. 预处理车间除尘设计

（1）技术路线。在该车间，粉尘通过吸风口和吸风罩进入粉尘处理管道，然后进入脉冲袋式除尘器，经袋式除尘器除尘后的气体被引风机通过排风管排入大气，具体流程如图5-21所示。

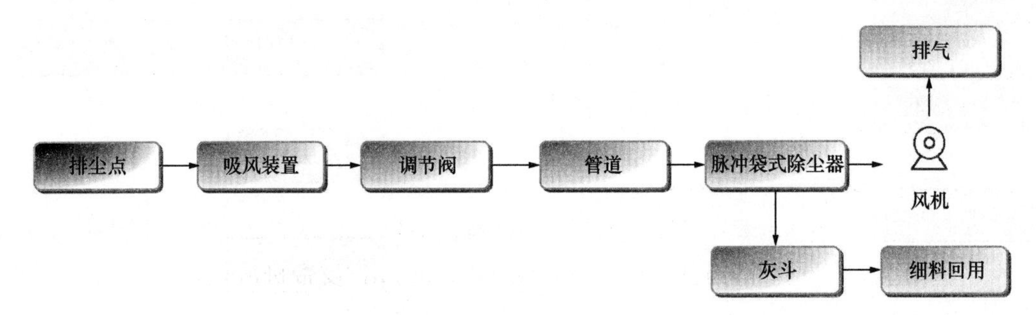

图5-21　负压除尘工艺流程

袋式除尘器是一种干式除尘装置，工作原理是含尘气体由灰斗上部进风口进入后，在挡风板的作用下，气流向上流动，流速降低，部分大颗粒灰尘由于惯性力的作用被分离出来落入灰斗。含尘气体进入箱体经滤袋的过滤净化，粉尘被阻在滤袋的外表面，净化后的气体经滤袋口进入上箱体，由出风口排出。随着滤袋表面粉尘不断增加，除尘器进出口压差随之上升，当除尘器阻力达到设定值时，控制系统发出清灰指令，清灰系统开始工作。

袋式除尘器具有以下优点：除尘效率高，可达99.99%以上；附属设备少，投资少；结构简单，操作方便，工作稳定，便于回收干料，可以捕集不同性质粉尘；布袋除尘器性能稳定可靠，对负荷变化适应性好，便于管理，所收的干尘便于处理和回收利用；能适合生产全过程除尘新理论，降低总量排放；袋式除尘器适合于净化含有爆炸危险或带有火花的含尘气体。

（2）风量设计。经初步测算，车间风量取82000m^3/h。

（3）除尘点。除尘点包括颚式破碎机、反击式破碎机、振动筛、整形机、轻质物料分离器和封闭的皮带机易产生粉尘的地方。这些地方应加装吸尘罩连接袋式除尘器。

3. 再生无机混合料车间除尘设计

（1）技术路线。该系统采用全封闭作业，产生的粉尘尽量采用袋式除尘器除尘，所有设备均可在雨天检修和作业。

在该车间，粉尘通过吸风口和吸风罩进入粉尘处理管道，然后进入脉冲袋式除尘器，经袋式除尘器除尘后的气体被引风机通过排风管排入大气，具体工艺流程同前。

（2）风量设计。经初步测算，料仓风量取 18000m^3/h，皮带机风量取 3000m^3/h，总计风量取 21000m^3/h。

（3）除尘点。在再生骨料仓、封闭的皮带机和搅拌机上加装吸尘罩连接布袋除尘器。在水泥仓和粉煤灰仓顶部安装脉冲袋式除尘器。

4. 再生混凝土车间除尘设计

（1）技术路线。该系统采用全封闭作业，产生的粉尘尽量采用袋式除尘器除尘，所有设备均可在雨天检修和作业。

在该车间，粉尘通过吸风口和吸风罩进入粉尘处理管道，然后进入脉冲袋式除尘器，经袋式除尘器除尘后的气体被引风机通过排风管排入大气，具体工艺流程同前。

（2）风量设计。经初步测算，料仓风量取 18000m^3/h，皮带机风量取 3000m^3/h，总计风量取 21000m^3/h。

（3）除尘点。在再生骨料仓、封闭的皮带机和搅拌机上加装吸尘罩连接袋式除尘器；在水泥仓和粉煤灰仓顶部安装脉冲袋式除尘器。

5. 再生预制构件车间除尘设计

（1）技术路线。该系统采用全封闭作业，产生的粉尘尽量采用袋式除尘器除尘，所有设备均可在雨天检修和作业。

在该车间，粉尘通过吸风口和吸风罩进入粉尘处理管道，然后进入脉冲袋式除尘器，经袋式除尘器除尘后的气体被引风机通过排风管排入大气，具体工艺流程同前。

（2）风量设计。经初步测算，料仓风量取 20000m^3/h，皮带机风量取 6000m^3/h，总计风量 26000m^3/h。

（3）除尘点。在再生骨料仓、天然骨料仓、封闭的皮带机和搅拌机上加装吸尘罩连接袋式除尘器。在水泥仓和粉煤灰仓顶部安装脉冲袋式除尘器。

6. 再生预拌砂浆车间除尘设计

（1）技术路线。该系统采用全封闭作业，产生的粉尘尽量采用袋式除尘器除尘，所有设备均可在雨天检修和作业。

在该车间，粉尘通过吸风口和吸风罩进入粉尘处理管道，然后进入脉冲袋式除尘器，经袋式除尘器除尘后的气体被引风机通过排风管排入大气，具体工艺流程同前。

（2）风量设计。经初步测算，料仓风量取 18000m^3/h，皮带机风量取 3000m^3/h，总计风量 21000m^3/h。

（3）除尘点。在再生骨料仓、封闭的皮带机和搅拌机上加装吸尘罩连接袋式除尘器；在水泥仓顶部安装脉冲袋式除尘器。

7. 再生压制砖车间除尘设计

（1）技术路线。该系统采用全封闭作业，产生的粉尘尽量采用袋式除尘器除尘，所有设备均可在雨天检修和作业。

在该车间，粉尘通过吸风口和吸风罩进入粉尘处理管道，然后进入脉冲袋式除尘器，经袋式除尘器除尘后的气体被引风机通过排风管排入大气，具体工艺流程同前。

（2）风量设计。经初步测算，料仓风量取 25000m³/h，输送设备风量取 9000m³/h，总计风量 34000m³/h。

（3）除尘点。在再生骨料仓、细砂仓、颜料仓、封闭的皮带机、底料搅拌机和面料搅拌机上加装吸尘罩连接袋式除尘器；在水泥仓和白水泥仓顶部安装脉冲袋式除尘器。

5.7.4 水雾降尘系统工艺设计

1. 降尘原理

该工艺对开阔作业区域辅助采用水雾降尘，通过高压雾化系统喷射水雾，使扩散到空气中的粉尘被洗涤，从而达到降尘的目的。

2. 工艺流程

水雾降尘系统工艺流程如图 5-22 所示。

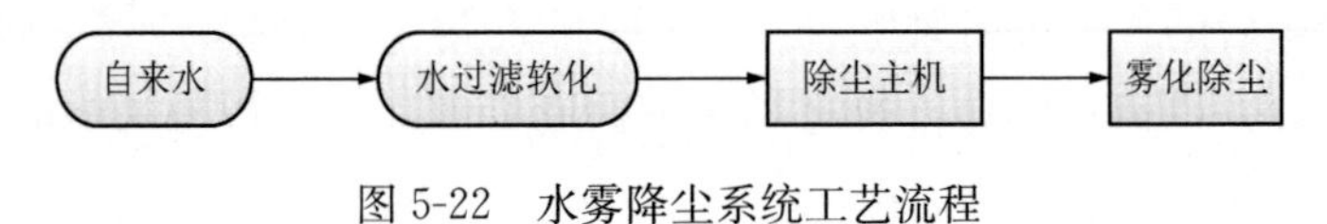

图 5-22 水雾降尘系统工艺流程

3. 除尘管路布置及设备选型

除尘管路的布置原则：充分覆盖空间；安装方便、易于维修；节约成本、合理布置。

除尘区域结合实际情况和要求，布置合理的管路。考虑到节约系统成本及运行成本，除尘区内设置 15 套 HPS 喷淋主机，每隔 4.5m 布设一个喷嘴，喷淋管路间隔 6m 一路，喷淋管路需用钢丝绳支承固定。HPS 喷淋系统共需要 1224 个喷嘴，需要 $\phi 9.5\times5$ 的管路 6600m。

需除尘区域：建筑垃圾存储车间、预处理破碎车间、再生免烧砖生产车间、无机混料车间、混凝土生产车间、预制构件生产车间、预拌砂浆车间。

4. 系统主体设备

该系统主要包括以下部分：304 不锈钢保护箱、低噪声高压泵、PA 高压管路和精细雾化喷嘴等。其中除尘系统的主要配件（泵、喷嘴、高压管路等）具有防腐蚀、抗老化、不易堵塞、方便维护等性能。

（1）控制系统：本单元主要功能是提高降尘使用效率，简化操作过程。人工设定好喷洒时间和间歇时间，系统就可根据设定好的时间自动运行。用户可依据现场实际情况自行调节设置。系统设置有低温、过热、缺水等多项保护措施；设置有急停开关；系统可随机显示设备温度和环境温度，当发生故障时，设备自动发出蜂鸣报警并在电子显示屏上表示，同时系统待机；当环境温度过高时，为保护设备内各部件，散热风扇自动启动直至温度下降到最适温度。

（2）高压泵：其工作压力为 3～5MPa。该高压泵品质卓越、噪声低，流量与喷嘴匹配，可长期运行，故障率低。

（3）管路和喷嘴：管路选用 $\phi 9.5\times5$ 的 PA 管，其最大爆破压力达到 20MPa，而且内径较大，保证了足够的流速和极低的压损。采用高压喷嘴，安装或拆卸都极为方便。喷嘴的雾化颗粒直径是 8～15μm。

5.7.5　污水处理系统

1. 设计规模

厂区污水包括生产污水和生活污水两部分。其中，生产污水主要是骨料清洗后循环水的排水、地面冲洗水、设备冲洗水等，污水量约为 42m³/d；生活污水主要来自厂区内办公区域的生活污水，约 8m³/d。

考虑到上述两类污水性质差异较大，该工程将对其分别处置。生活污水处理系统设计规模为 10m³/d，生产污水处理系统设计规模为 50m³/d。设计出水需达到《城市污水再生利用 城市杂用水水质》（GB/T 18920—2002）中绿化用水的标准限值，出水可回收用于厂区生产。

2. 设计范围

本工程中污水处理系统的设计范围为污水处理工艺、设备、电气等各专业的全部内容。

3. 设计依据

（1）《城市污水再生利用 城市杂用水水质》（GB/T 18920—2002）。

（2）《污水综合排放标准》（GB 8978—1996）。

（3）《室外排水设计规范》（GB 50014—2006）。

（4）《建筑设计防火规范》（GB 50016—2014）（现行为 2018 年版）。

（5）《给水排水管道工程施工及验收规范》（GB 50268—2008）。

（6）《给水排水构筑物工程施工及验收规范》（GB 50141—2008）。

（7）《给水排水工程构筑物结构设计规范》（GB 50069—2002）。

（8）《给水排水工程钢筋混凝土水池结构设计规程》（CECS 138—2002）。

4. 设计原则

（1）严格执行国家环境保护的有关规定，确保各项出水指标达到《城市污水再生利用 城市杂用水水质》（GB/T 18920—2002）中的标准限值。

（2）设计采用目前国内较为成熟、先进的生化处理工艺，处理效果好，操作维护方便。

（3）根据工程实际情况充分考虑防腐措施，防止腐蚀，力求占地面积小、工程投资省、运行能耗低、处理费用少、整体设备使用寿命长。

（4）污水处理设施在运行上有较大的灵活性和调节余量，以适应水质水量的变化。

（5）操作管理方便，运行稳定可靠，避免二次污染。

5. 进出水水质情况

该工程生产废水主要是骨料清洗后循环水的排水、地面冲洗水、设备冲洗水等，其本身生化性较差，主要需处理其沉砂、悬浮物即可回用生产。

（1）进水水质预测。预测生活污水处理系统进水水质见表 5-6。

表 5-6　进水水质一览表

项　目	BOD_5（mg/L）	COD_{cr}（mg/L）	NH_3-H（mg/L）	悬浮物（mg/L）	pH
进水水质	250	400	40	≤1000	6.0 ～ 9.0

（2）出水水质要求。该工程生活、生产污水处理系统出水均应达到《城市污水再生利用 城市杂用水水质》（GB/T 18920—2002）中的城市绿化标准限值，见表 5-7。

表 5-7 出水水质标准一览表

序号	项 目	城市绿化
1	pH	6.0～9.0
2	色度	≤30
3	嗅	无不快感
4	浊度（NTU）	≤10
5	溶解性固体（mg/L）	≤1000
6	五日生化需氧量 BOD_5（mg/L）	≤20
7	氨氮（mg/L）	≤20
8	阴离子表面活性剂（mg/L）	≤1.0
9	铁（mg/L）	—
10	锰（mg/L）	—
11	溶解氧（mg/L）	≥1.0
12	总余氯（mg/L）	接触 30min≥1.0，管网末端≥0.2
13	总大肠菌群（个/L）	≤3

6. 生活污水处理工艺流程（图 5-23）

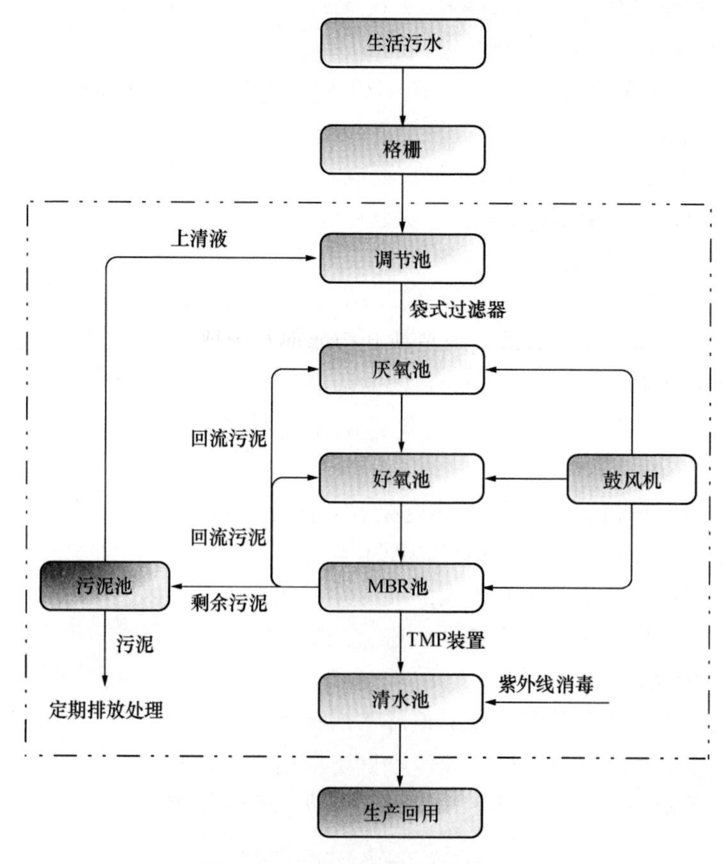

图 5-23 生活污水处理工艺流程

注：双点画线框内设备为生化池一体机装置；MBR 是 Membrane Bio-Reactor，即膜生物反应器；TMP 是 Trans-Membrane Pressure，即跨膜压力。

该处理工艺主要由人工格栅、调节池和生化池一体机（缺氧池、好氧池、MBR池、清水池和污泥池）组成。

污水先经过格栅池去除大颗粒杂质后进入调节池，再由生活污水提升泵提升至生化池一体机装置处理。

（1）缺氧池。在缺氧池中原污水与回流混合液充分混合，在适当缺氧条件下，利用反硝化菌使污水中硝酸盐还原为分子氮，逸入大气，起到脱氮作用，同时起到酸性发酵作用，将碳水化合物降解为脂肪酸，将大分子物质、固体物质降解为可溶性物质，从而提高生物接触氧化池的生化性能。

（2）好氧池。在好氧池中，亚硝化菌和硝化菌在有氧的条件下经过亚硝化反应和硝化反应将污水中的氨氮转化为亚硝态氮和硝态氮。

（3）MBR池。在MBR池中，污水被来自曝气系统的空气进行曝气处理，该过程是COD_{cr}降解的主要过程，同时发生硝化反应。微滤膜组件直接浸没在水池内，混合液体与空气充分混合后，清洁水依靠抽吸泵提供的负压克服跨膜压力被超滤膜原件高效分离，清洁的水透过膜排放到消毒池，残余固体、有机物颗粒、微生物、细菌和病毒则不能通过膜，被截留在液体混合物中。

为了去除水中的NH_3-N，MBR池的污泥大多数回流到厌氧池，剩余部分定期排往污泥池。

（4）清水池。由于微滤膜组件能够全部截留细菌和大部分病毒，所以MBR池出水被认为是不需再经消毒的，但考虑用水标准、管道卫生等因素，向消毒池前端投加消毒片剂进行消毒处理后可回用于厂区生产。

（5）污泥池。由于MBR系统的排泥周期长、排泥量少，应定期将剩余污泥通过污泥回流泵泵入污泥池，定期清理。

7. 生产废水处理工艺流程（图5-24）

该处理工艺主要由人工格栅、调节池和污水处理一体机装置（旋流沉砂池、混凝反应槽、二沉池、砂滤系统、加药装置、清水池和污泥池）组成。

污水先经过格栅池去除大颗粒杂质后进入调节池，再由污水提升泵提升至污水处理一体机装置处理。

（1）旋流沉砂池。调节池内污水经泵提升进入旋流沉砂池，砂水分离器将大部分砂石去除。旋流沉砂池底部设有出砂装置，将底部沉砂输送出来后外运处理。

（2）絮凝反应槽。絮凝反应槽为两联反应槽，槽内均设有搅拌装置，两联反应槽内依次投加PAC（聚合氯化铝）、PAM（常用的非离子型高分子絮凝剂）。

絮凝反应即在絮凝剂的作用下，使废水中的胶体、悬浮物凝聚成大粒径的絮凝体，然后予以去除的水处理方法。

（3）二沉池。絮凝反应槽出水进入二沉池，经重力作用，污水中的絮凝物得以去除。二沉池上清液出水进入砂滤罐进行进一步处理；底部沉泥定期排至污泥池暂存。

（4）砂滤系统。砂滤系统由砂滤池、反洗系统组成。二沉池上清液出水经砂滤池处理，悬浮物进一步得到去除，滤出液排至清水池经消毒处理后待用。

（5）清水池。考虑用水标准、管道卫生等因素，向清水池前端投加消毒片剂或安装紫外线杀菌器，进行消毒处理后回用于生产。

（6）污泥池。该系统二沉池产生的污泥通过污泥泵进入污泥池，定期清理。

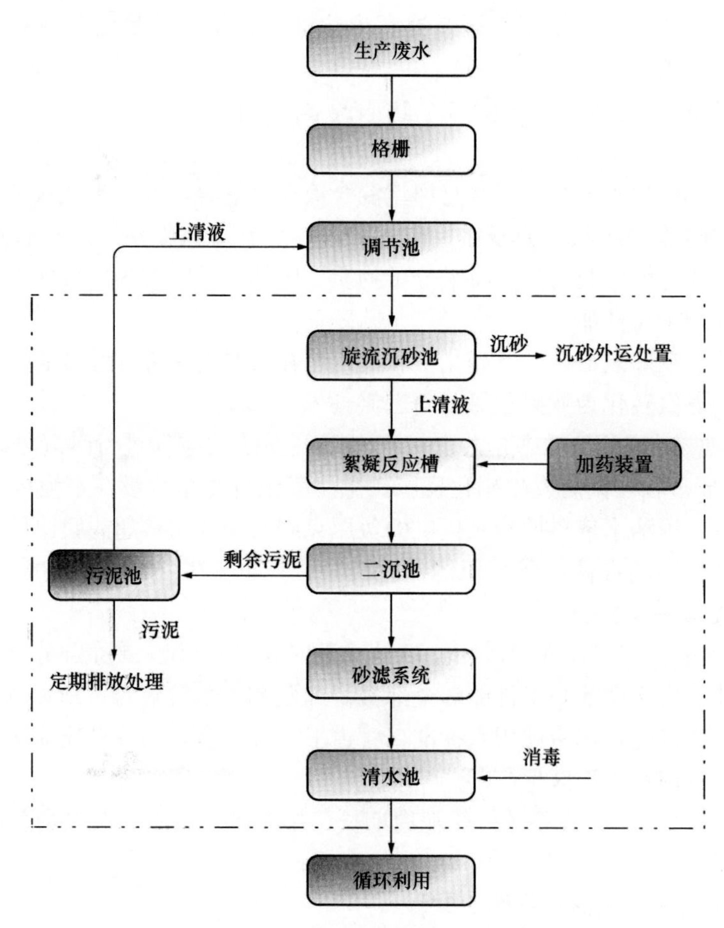

图 5-24　生产废水处理工艺流程

注：双点画线框内设备为污水处理一体机装置。

第 6 章　应用案例
——浙江金华建筑固废资源化处理厂

6.1　项目简介

浙江金华建筑固废资源化处理厂项目产业园占地 115 亩，总投资 1.85 亿元，建筑面积 37500m^2，配有如下生产线：年处理能力 100 万 t 的建筑垃圾破碎生产线，资源化利用率超过 85%；年产量 60 万 m^3 的再生混凝土生产线；年产量 80 万 t 的再生水稳材料生产线；年产量 12 万 m^3 的再生砖制品生产线；年产量 30 万 t 的干粉砂浆生产线。

6.2　项目工艺及相关设备

预处理生产线工艺流程如图 6-1 所示。

工艺设备选型方案：生产线采用颚式破＋反击式破 3 段的破碎方式，配备人工分拣房、除铁、水浮选、风选方式的轻质物除杂装置及配套除尘设备，在封闭车间内作业。采用板式喂料的方式，防止采用振动喂料机杂质和泥土过多的输送堵料问题，并在相关节点配备视频监控系统，便于随时掌握生产线动态。控制系统采用西门子 PLC 控制。采用压滤及水处理系统，对水浮选的水及沉淀泥浆进行压滤处理，循环利用。

该项目固定式建筑垃圾处理线工艺流程说明如下：

1. 建筑垃圾分类存放

建筑垃圾根据其来源和品质分为两种，即混凝土料和砖瓦料，分别在建筑垃圾进料车间分类存放；建筑垃圾一次来料高于建筑垃圾进料车间 7d 储存能力部分，临时堆放在建筑废弃物原料应急堆场。

2. 建筑垃圾处理工艺

建筑垃圾通过两级破碎，多级筛分，风力、磁力分选，水浮选等去除杂物后，生产出洁净度较高的再生骨料。该工艺生产适用性较广，不受建筑垃圾种类和形态的限制，具有较强的生产连续性。固定式建筑垃圾处理线包括：破碎系统；除铁系统；人工分拣系统；风选系统；水浮选系统；污水处理系统；除土系统；筛分系统；输送系统；自动化控制系统；计量系统；降尘、抑尘、除尘及收集系统；气动系统；布料系统等。

建筑垃圾原料由铲车倒入喂料机的料斗中。

建筑垃圾通过格筛后进入喂料斗，通过板链给料机进入颚式破碎机，破碎后的骨料经过除铁后进入人工分拣房，经过人工分拣后除铁、除土、风选。根据要求，如需要进行水洗，则进入水浮选系统除杂后进入反击式破碎机；如不需要水洗，则直接进入反击式破碎机。合格骨料中 20～31.5mm 的粗骨料通过返料筛分级，经风选后入库；小于 20mm 的骨料经成品筛筛分成 0～5mm、5～10mm、10～20mm 的 3 种骨料，0～5mm 骨料直接入

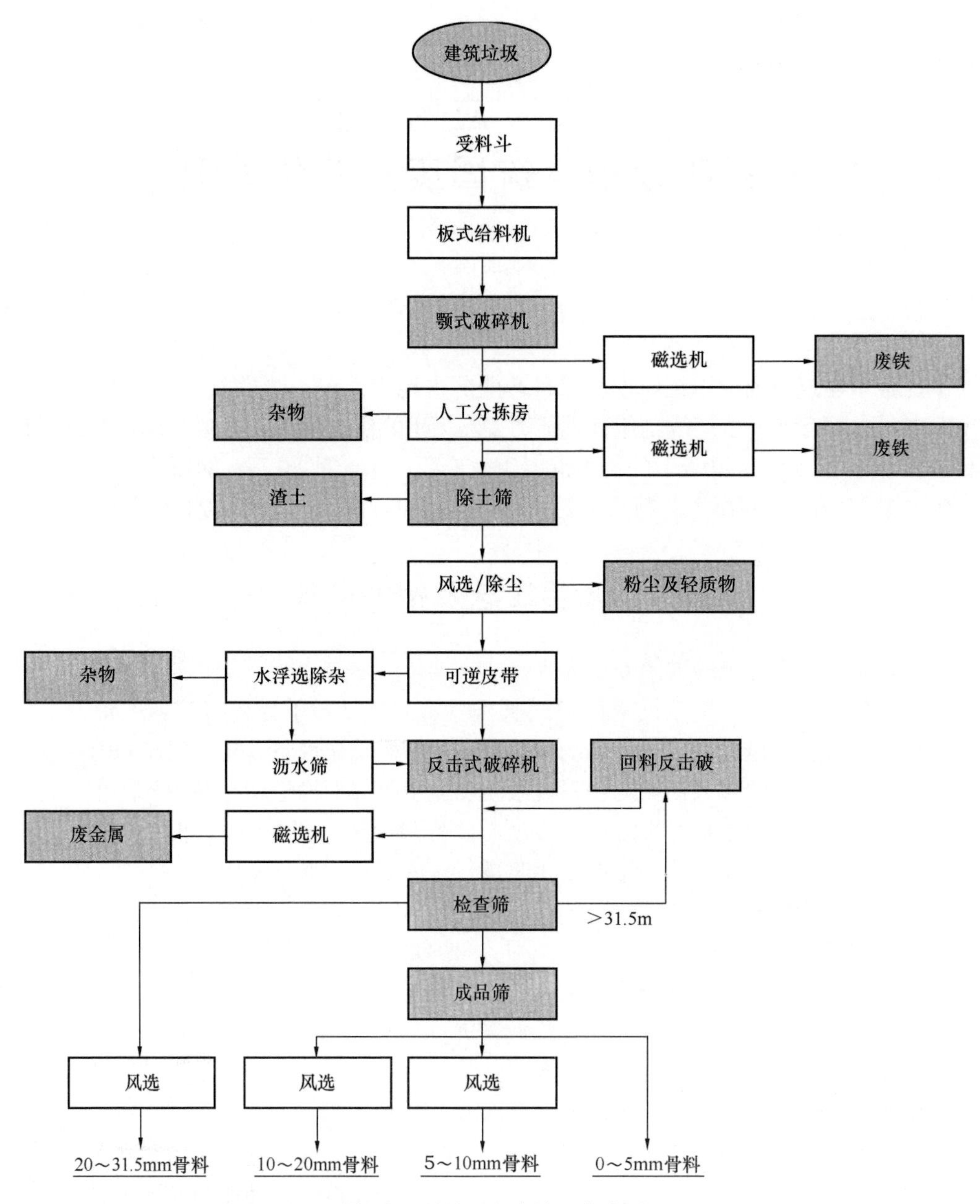

图 6-1　预处理生产线工艺流程

库，5～10mm、10～20mm 骨料经风选后入库。

再生骨料库分为 4 部分，要求预处理生产线的产品通过皮带输送，满足 4 部分料库的存料功能。

进分拣房之前用除铁器进行了一次除铁，反击破碎后再次进行除铁，大部分钢筋等铁磁性物质被选择出来。分拣房内采用加宽低速的胶带输送机，物料在输送机上面分布均匀，大部分木块、纸屑、碎布、发泡砖等可以被轻松分拣出来。

二次破碎后的物料经过皮带机输送至振动筛，每个扬尘点均采取除尘、抑尘措施，设备选用有效降噪设备。

固定式建筑垃圾处理线采用封闭式厂房设计，通过中央控制系统能实现生产过程的全程监视和控制。

6.2.1 给料系统

建筑垃圾通过格筛后进入喂料斗，通过板式给料机进入颚式破碎机，板式喂料机给料前通过格筛防止超粒径物料进入破碎系统，超粒径物料经格筛过滤后做预处理，板式喂料机为连续输送物料机械的一种，用于沿水平或倾斜方向向破碎机、输送机或其他工作机械连续均匀地配给和转运物料，适用于大中型水泥厂生产线中松散、块状、量大喂料工序，可在高温、高湿恶劣环境中可靠工作，尤其对运送大块、高温和尖锐的物料最为适合，并能在露天和潮湿恶劣的环境下可靠地工作。该项目采用重型板式喂料机给料，相对传统振动给料机，避免了因建筑垃圾泥土及杂物含量过多时造成的堵料、输送不连续问题，板式喂料机连续输送，保证物料输送的均衡和稳定，保证产量（图 6-2）。

图 6-2 给料系统

6.2.2 颚式破碎机

该系列产品基于欧洲原装技术采用有限元分析方法设计，相对于传统 PE 颚式破碎机，破碎比大、产量更高、占空间更小，如图 6-3 所示。

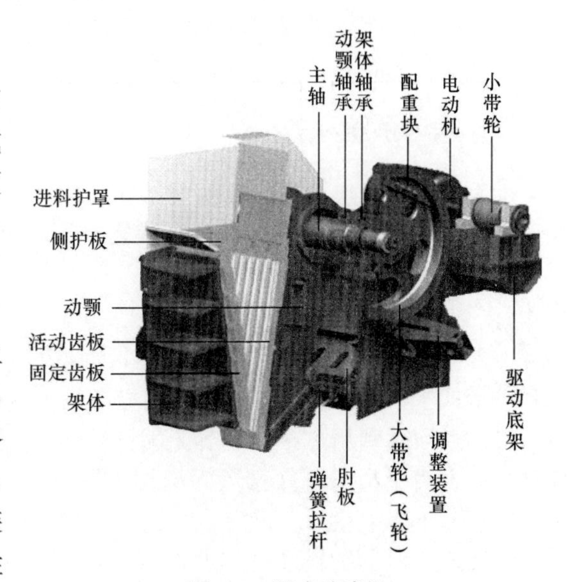

图 6-3 颚式破碎机

6.2.3 HC 系列反击式破碎机

HC 系列反击式破碎机（图 6-4）是上海山美环保装备股份有限公司集多年经验，在吸取德国技术基础上精心研发的具有世界先进水平的新产品，对破碎腔进行了优化，转子采用重型化设计，改进了板锤的固定装置，使板锤固定的可靠性更高，增加了人性化的设计，使维修更方便。

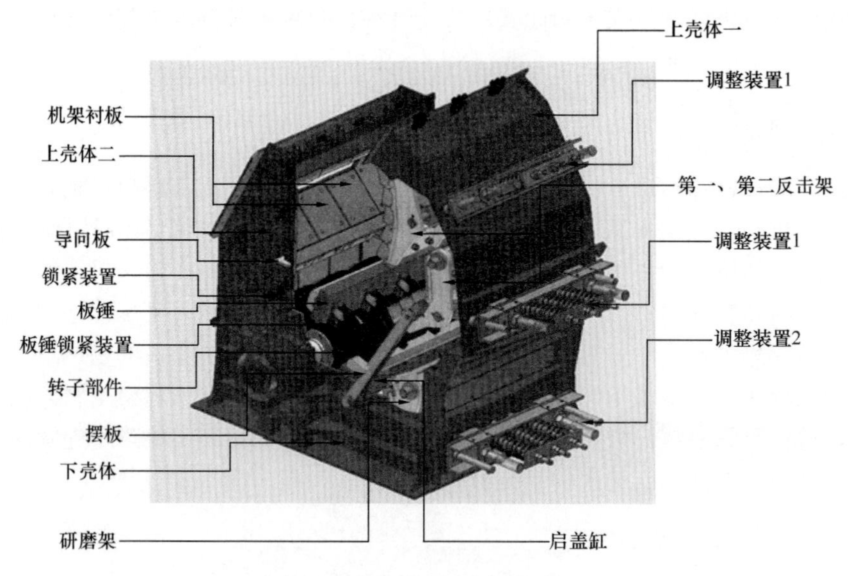

图 6-4 HC 系列反击式破碎机

6.2.4 除铁系统

一种能产生强大磁场吸引力的设备，它能够将混杂在物料中的铁磁性杂质清除，以保证输送系统中的破碎机、研磨机等机械设备安全正常工作，同时可以有效地防止因大、长铁件划裂输送皮带的事故发生，亦可显著提高原料品位。被皮带输送机输送的散状物料通过自动除铁器时，物料中的铁磁杂物被吸住，由弃铁胶带将铁磁杂物拽至电动辊筒卸下，达到自动除铁的目的。

6.2.5 人工分拣系统

人工分拣系统辅助风选和水浮选，用于选别建筑垃圾中的大件轻杂物，分拣车间有通风和空气净化装置，让工人操作更舒适。

6.2.6 风选系统

设备主要是将垃圾中的轻质物（如纸片、塑料袋、薄膜等）与重质物分开，也就是根据空气动力学原理，按轻质物、重质物密度的不同进行分离，以达到分类回收再利用的目的。

6.2.7 水浮选及沥水系统

皮带式水力除杂浮选机适用于对破碎后的建筑垃圾进行重选、清洗和漂浮物的清除，将建筑垃圾回收利用，在实现其无害化处理的基础上，生产再生骨料用于再生绿色建材生产，达到资源化利用的目的。

6.2.8 ZK 系列沥水

ZK 系列直线振动筛是根据我国生产需要，在消化、吸收国外振动筛工作原理的基础上，总结我们多年的研究设计和使用的经验，结合我国国情研制出来的新型系列振动筛。

直线振动筛采用双电动机驱动，当两台电动机做同步、反向旋转时，其偏心块所产生的激振力在平行于电动机轴线的方向相互抵消，在垂直于电动机轴的方向成为合力，因此筛机的运动轨迹为一条直线。其两个电动机轴相对筛面有一个倾角，在激振力和物料自重力的合力作用下，物料在筛面上被抛起，跳跃式向前做直线运动，从而达到对物料进行筛选和分级的目的。它可用于流水线中实现自动化作业，具有能耗低、效率高、结构简单、易维修、全封闭结构、无粉尘溢散等特点。

6.2.9　污水处理系统

板框压滤机在工业生产中实现固体、液体分离，应用于化工、陶瓷、石油、医药、食品、冶炼等行业。它也适用于污水处理；液压式为机、电、液一体式。采用液压设备压紧，手动机械锁紧保压。其操作维护方便，运行安全可靠。

6.2.10　除土及筛分系统

YK 系列圆振动筛系引进德国技术制造的高效振动筛，振幅强弱可调节，物料筛线长，多层筛分，各挡规格筛选清晰，筛分效率高，适宜采石场筛分砂石料，也可供选煤、选矿、建材、电力及化工等行业作产品分级用。

参 考 文 献

[1] 郎宝贤，郎世平．破碎机[M]．北京：冶金工业出版社，2008.

[2] 李洪聪，蒋恒深，臧猛，等．颚式破碎机的技术现状与发展特点[J]．工程机械，2017，048(004)：3-6.

[3] 永登水泥厂．锤式破碎机[M]．北京：中国建筑工业出版社，1976.

[4] 庄红峰，李子武．浅谈锤式破碎机的保养与维修[J]．砖瓦，2018，365(05)：36-38.

[5] 陈文龙，龚友良，陈万海．砂石料系统中反击式破碎机[J]．矿山机械，2004，032(009)：80-82.

[6] 张拙，龙连春，尹新伟，等．齿辊式破碎机主要参数对受力的影响分析[C]．北京力学会第二十四届学术年会会议论文集，2018.

[7] 王远标．圆锥破碎机工作机理与生产能力优化研究[J]．建筑工程技术与设计，2016，000(021)：2692.

[8] 马浩，毛龙林，戴厚德，等．基于色选技术的建筑垃圾分选系统研发[J]．计算机测量与控制，2018，26(11)：249-253.

[9] 胡魁．建筑垃圾高效分选关键技术及在公路工程中的应用研究[D]．西安：长安大学，2017.

[10] 巴太斌，李银保，张伟超，等．建筑垃圾中轻物质处理探讨[J]．河南建材，2017(1)：45-47.

[11] 郑先报．建筑垃圾机器人分拣技术研究[D]．厦门：华侨大学，2019.

[12] 刘琼．再生微粉作为建筑垃圾再生利用新途径的探索[J]．粉煤灰，2014(2)：24-25.

[13] 王梦瑶．建筑垃圾再生微粉应用于混凝土空心砌块的研究现状[J]．建筑工程技术与设计，2018，000(020)：4361.

[14] 满博．建筑垃圾资源化风选设备的设计[D]．济南：山东大学，2018.

[15] 夏伟东，陆沈磊．关于城市装修垃圾现状及处置的思考[J]．江苏建材，2018，000(003)：56-58.

[16] 孙增昌，王汝恒，古松．再生骨料混凝土增强技术研究现状分析[J]．混凝土，2010，000(002)：57-59，77.

[17] 马永锋．建筑垃圾在陕西省高速公路建设中的应用[J]．内蒙古公路与运输，2020(03)：9-11，41.

[18] 安新正，马晓楠，申彦利．含砖粒再生粗骨料取代率对混凝土断裂性能的影响[J]．科学技术与工程，2020，20(14)：5751-5756.

[19] 赵时勇．国内建筑垃圾再生资源化利用现状[J]．企业科技与发展，2020(05)：129-131.

[20] 宋军．建筑垃圾再生利用处理系统的研究[J]．居舍，2020(13)：190.

[21] 张玮．建筑垃圾再生材料加工在道路工程中的应用[J]．决策探索(中)，2020(04)：55.

[22] 于媛，柯燊，燕武，等．建筑垃圾资源化再生混凝土抗压性能与抗剪性能试验研究[J]．节能，2020，39(03)：92-94.

[23] 吴孙权．建筑垃圾烧结再生砖工艺分析研究[J]．新型工业化，2020，10(03)：137-140.

[24] 文文，郭丽华．我国建筑垃圾再生产品的出路初探[J]．居业，2020(03)：174-175.

[25] 詹丽萍．利用建筑垃圾制备再生混凝土路面砖的试验研究[J]．福建建材，2020(02)：6-8.

[26] 张力，袁晓洒，贾星亮，等．浅谈建筑垃圾资源化再生混凝土现状[J]．科学技术创新，2020(04)：95-96.

[27] 陶李尧，罗健林，王新波，等．再生预拌砂浆综合性能研究进展[J]．混凝土，2020(01)：127-130.

[28] 詹翔宇，高睿泽．再生混凝土骨料强化方法研究[J]．墙材革新与建筑节能，2019(12)：67-69.
[29] 杨佳慧，胡锋，王亚晨．浅谈我国建筑垃圾处理存在的问题及对策[J]．城市建筑，2019，16(26)：187-188.
[30] 张健，张述雄，杜鹏，等．建筑垃圾对混凝土强度的影响试验研究[J]．硅酸盐通报，2019，38(09)：3004-3009，3014.
[31] 邓子辉，吴华军，梁敬之，等．我国建筑垃圾回收及再利用情况的研究[J]．中国住宅设施，2019(08)：12-13.
[32] 李伟杰．建筑垃圾再生骨料混凝土试验初步研究[J]．湖北农业科学，2019，58(15)：66-67，114.
[33] 白岩．再生混凝土利用技术及应用现状[J]．科技经济导刊，2019，27(21)：59.
[34] 谢晓文．建筑垃圾再生材料加工及在道路工程中的应用技术研究[D]．西安：西安理工大学，2019.
[35] 翟莲，张竹军，杨莹莹，等．再生混凝土的研究现状及发展前景[J]．河南建材，2019(03)：309-311.
[36] 冯波．再生混凝土研究进展与展望[J]．河南建材，2019(03)：63-64.
[37] 李建明，龙渊，岳畑，等．建筑垃圾资源化研究[J]．建材发展导向，2019，17(12)：7-9.
[38] 赵磊．建筑垃圾再生微粉基本性能及应用研究[D]．北京：北京建筑大学，2019.
[39] 李伟．再生混凝土及再生砌块在绿色建筑中的应用研究[J]．节能，2019，38(05)：16-17.
[40] 李盛听．建筑垃圾再生骨料混凝土根石的研制与应用研究[D]．济南：山东大学，2019.
[41] 建筑垃圾再生利用全新解决方案[J]．江西建材，2019(04)：26.
[42] 鲁敏，熊祖鸿，林霞，等．建筑垃圾再生砖的早期强度性能研究[J]．环境工程，2019，37(08)：173-176.
[43] 黄小琴，黄琴，蒋必凤，等．再生混凝土研究现状与展望[J]．山西建筑，2019，45(10)：99-100.
[44] 王圣博，钱宁．建筑垃圾再生微粉在砂浆中的应用研究现状[J]．中国住宅设施，2019(03)：82-83，118.
[45] 薛飞，宋福申，郭高峰，等．建筑垃圾再生砖砂预拌砂浆的性能研究[J]．河南建材，2019(01)：50-53.
[46] 叶胜兰．我国建筑垃圾综合利用的现状及发展趋势[J]．绿色科技，2018(18)：124-127.
[47] 卞立波，袁东海．建筑垃圾资源化利用[J]．世界环境，2018(05)：31-34.
[48] 黄柯柯，陶冶，张德强，等．建筑垃圾再生骨料产业环境及综合利用研究进展[J]．商品混凝土，2018(09)：15-18.
[49] 王鹤亭．再生混凝土研究综述[J]．山西建筑，2018，44(25)：131-132，180.
[50] 郝鄰波，张波，齐艳丽．浅析建筑垃圾预处理技术的发展及影响[J]．中国环保产业，2018(07)：63-66.
[51] 曹鑫铖，孙呈凯，苑成博．再生骨料的研究[J]．建材与装饰，2018(32)：61.
[52] 崔宁．建筑垃圾在道路基层中的应用[J]．江西建材，2018(08)：74-77.
[53] 廖天．建筑垃圾再生骨料在绿色混凝土中的应用推广[J]．建材与装饰，2018(21)：44-45.
[54] 叶旺．再生砖骨料混凝土的研究与应用前景[J]．砖瓦，2018(03)：35-36.
[55] 孙丽蕊，田明阳，梁勇，等．水泥稳定再生骨料无机混合料在道路基层中的应用[J]．市政技术，2016，34(06)：194-196.
[56] 刘海芳，徐乃涛．我国预制装配式结构应用现状分析与推广措施研究[J]．价值工程，2016，35(13)：115-117.
[57] 韩清忠，程晓琳．浅析我国建筑垃圾现状及再利用措施[J]．砖瓦，2015(02)：40-42.
[58] 韩瑞民，祁峰，张名成．建筑垃圾再生混合料配合比设计及性能试验研究[J]．公路，2014，59

(03)：185-188.

[59] 韩瑞民，祁峰，张名成．建筑垃圾再生混合料配合比设计及性能试验研究[J]．建设科技，2014(01)：25-28.

[60] 马刚平，岳昌盛，王荣，等．建筑垃圾再生骨料生产工艺及应用研究[J]．环境工程，2013，31(03)：116-117，143.

[61] 孙丽蕊，岳昌盛，孟立滨，等．建筑垃圾再生无机混合料在道路工程中的应用[J]．中国资源综合利用，2013，31(02)：32-34.

[62] 孙金坤，欧先军，马海萍，等．建筑垃圾资源化处理工艺改进研究[J]．环境工程，2016，34(12)：103-107.

[63] 赵利，鹿吉祥，顾洪滨．建筑垃圾综合治理产业化运作与对策研究[J]．建筑经济，2011(05)：16-20.

[64] MES 系统——智慧工厂实现的基础[J]．智慧工厂，2016(12)：37-38.

[65] 华镕．工厂自动化之三：机器人、传感器和机器视觉[J]．国内外机电一体化技术，2017，20(04)：40-42.

[66] 袁钰坤．我国工业机器人发展及趋势[J]．中国新技术新产品，2017(20)：106-107.

[67] 刘超．智能制造中的工业机器人技术[J]．中国新通信，2017，19(14)：154.

[68] 施亮星，王洁．基于像素点的机器视觉系统能力评价[J]．工业工程，2018，21(02)：75-80，86.

[69] 郝鄰波，张波，齐艳丽．浅析建筑垃圾预处理技术的发展及影响[J]．中国环保产业，2018(07)：63-66.

[70] 王武功．企业管理中信息技术的应用探讨[J]．中国管理信化，2020，23(11)：124-125.